高职高专水利工程类专业"十二五"规划系列教材

水利工程施工现场管理

主　编　刘宏丽　张　松　余周武　龙振华
副主编　胡晶晶　陈俭勇
主　审　庹祖明

华中科技大学出版社

中国·武汉

内 容 提 要

　　本书是高职高专水利工程类专业"十二五"规划系列教材,根据我国现行的标准、规范和最新技术编写而成,全面介绍了水利工程施工现场全过程的科学管理方法。全书主要内容包括水利工程施工现场管理概述、施工组织设计、施工进度管理、施工现场质量管理、施工现场资源管理、施工现场合同及成本管理、施工现场技术管理、施工单位工程资料管理、施工现场安全管理和环境保护、建设项目收尾管理。本书系统性较强,知识体系完整,内容循序渐进。

　　本书可作为高等职业学院、高等专科学校等的水利水电工程建筑、农田水利工程、水利工程施工、工程造价、工程监理等专业的教材,也可供土木建筑类其他专业、中等专业学校相应专业的师生及工程技术人员参考。

图书在版编目(CIP)数据

　　水利工程施工现场管理/刘宏丽等主编. —武汉:华中科技大学出版社,2014.6(2024.7 重印)
　　ISBN 978-7-5680-0190-8

　　Ⅰ.①水…　Ⅱ.①刘…　Ⅲ.①水利工程-施工现场-施工管理-高等职业教育-教材　Ⅳ.①TV5

　　中国版本图书馆 CIP 数据核字(2014)第 135711 号

水利工程施工现场管理　　　　　　　　刘宏丽　张　松　余周武　龙振华　主编

策划编辑:谢燕群
责任编辑:熊　慧
封面设计:李　嫚
责任校对:刘　竣
责任监印:周治超
出版发行:华中科技大学出版社(中国·武汉)　　电话:(027)81321913
　　　　　武汉市东湖新技术开发区华工科技园　　邮编:430223
录　　排:禾木图文工作室
印　　刷:武汉邮科印务有限公司
开　　本:787mm×1092mm　1/16
印　　张:17.25
字　　数:438 千字
版　　次:2024 年 7 月第 1 版第 2 次印刷
定　　价:35.80 元

高职高专水利工程类专业"十二五"规划系列教材

编审委员会

主　任　汤能见

副主任（以姓氏笔画为序）

　　　　汪文萍　陈向阳　邹　林　徐水平　黎国胜

委　员（以姓氏笔画为序）

　　　　马竹青　陆发荣　吴　杉　张桂蓉　宋萌勃

　　　　孟秀英　易建芝　胡秉香　姚　珧　胡敏辉

　　　　高玉清　桂剑萍　颜静平

前　言

本教材是根据《教育部关于加强高职高专教育人才培养工作的意见》和《面向21世纪教育振兴行动计划》等文件精神，按照"中央财政支持高等职业学校提升专业服务发展能力"项目的要求，在深入开展调查研究、广泛征求企业行家意见的基础上，立足于企业用人的实际需要和学生素质培养的需要，以培养水利水电建筑工程建设一线主要技术岗位核心能力为主线，兼顾学生职业迁移和可持续发展为目的而编写的职业教育系列教材之一。

"施工现场管理"课程是职业院校水利水电类专业学生必修的一门专业课程，是一门理论与实践紧密结合的应用型课程。本书介绍了水利工程的施工现场管理。通过本课程的学习，学生应具有水利工程施工现场管理的基本职业能力。

本教材的编写在注重基础知识的同时，结合水利工程施工实际，按照职业教育的要求，严格遵照水利水电工程的新标准、新规范、新技术的要求，力求体现施工现场管理的先进经验和技术手段，突出实用性。

本书共十章，由刘宏丽、张松、余周武、龙振华担任主编。第一、三、四、九章由辽宁水利职业学院刘宏丽编写；第二、八章由四川水利职业技术学院张松编写；第五章由武昌理工学院城市建设学院陈俭勇编写；第六章由湖北水利水电职业技术学院龙振华编写；第七章由武昌理工学院城市建设学院胡晶晶编写；第十章由湖北水利水电职业技术学院余周武编写。湖北水利水电职业技术学院庹祖明审阅了本书，并提出了宝贵意见，在此表示感谢！

由于编者水平有限，书中难免有疏漏和不妥之处，敬请广大师生及读者批评指正。

编　者
2014 年 5 月

目　　录

第一章　水利工程施工现场管理概述

教学重点：水利工程施工项目管理的特点和内容、施工项目组织形式及组织机构设置、施工项目经理责任制以及施工现场管理的内容。

教学目标：了解施工项目管理的特点、施工项目经理责任制；掌握施工项目管理的内容、施工项目组织形式及组织机构设置；熟悉施工现场管理的内容。

第一节　施工项目管理概述

施工项目管理的质量是建筑企业能力和竞争实力的体现。搞好施工项目管理不仅对项目、对企业会产生良好的经济效益，而且对国家也会产生良好的社会效益。成功的管理能促进项目和企业的发展，能推动建筑市场不断前进。

一、施工项目管理的概念和特点

1. 施工项目管理的概念

施工项目管理是以施工项目为管理对象，以施工项目经理责任制为中心，以合同为依据，按施工项目的内在规律，实现资源的优化配置和对各生产要素进行有效的计划、组织、指导、控制，取得最佳的经济效益的过程。施工项目管理的核心任务就是项目的目标控制，施工项目的目标界定了施工项目管理的主要内容，就是"三控三管一协调"，即成本控制、进度控制、质量控制、职业健康安全与环境管理、合同管理、信息管理和组织协调。

2. 施工项目管理的特点

施工项目管理是建筑企业运用系统的观点、理论和方法对施工项目进行的计划、组织、监督、控制、协调等全过程、全面的管理。其主要特点如下：

（1）施工项目的管理者是建筑施工企业。建设单位和设计单位都不进行施工项目管理。由建设单位或监理单位进行的工程项目管理中涉及的施工阶段的管理仍属建设项目管理，不能算作施工项目管理。监理单位只把施工单位作为监督对象，虽与施工项目管理有关，但不能算作施工项目管理。

（2）施工项目管理的对象是施工项目。施工项目管理的周期也就是施工项目的生命周期，包括工程投标、签订工程项目承包合同、施工准备、施工、交工验收及保修等阶段。施工项目具有的多样性、固定性及庞大性的特点给施工项目管理带来了特殊性。施工项目管理的主要特殊性是生产活动与市场交易活动同时进行；先有交易活动，后有产成品，买卖双方都投入生产管理，生产活动和交易活动很难分开。所以施工项目管理是对特殊的商品、特殊的生产活动，在特殊的市场上进行的特殊的交易活动的管理，其复杂性和艰难性都是其他生产管理所不能比拟的。

（3）施工项目管理的内容是在一个长时间进行的有序过程之中，按阶段变化的。每个工程项目都按建设程序、施工程序进行，管理者需根据施工项目管理时间推移带来的施工内容变化，作出设计、签订合同、提出措施、进行有针对性的动态管理，并使资源优化组合，以提高施工效率和施工效益。

（4）施工项目管理要求强化组织协调工作。由于施工项目生产活动具有单件性，参与施工人员流动性大，需采取特殊的流水方式，组织量很大，施工在露天进行，工期长，需要资源多，还由于施工活动涉及复杂的经济关系、技术、法律、行政和人际关系，因此，施工项目管理的组织协调工作最为艰难、复杂、多变，必须采取强化组织协调的办法才能保证施工顺利进行。主要强化方法是优选施工项目经理、建立调度机构、配备称职的人员、建立动态的控制体系。

二、施工项目管理的内容和实施

（一）施工项目管理的内容

在施工项目管理的全过程中，为了取得各阶段目标和最终目标的实现，在进行各项活动时，必须加强管理工作。施工项目管理的主体是以施工项目经理为首的项目经理部，即作业管理层，管理的客体是具体的施工对象、施工活动及相关生产要素。

1. 建立施工项目管理组织——项目经理部

由企业采取适当的方式选聘称职的施工项目经理，明确项目经理部各组织机构的责权利和义务，制定项目管理制度。

2. 进行施工项目管理规划

（1）进行工程项目分解，形成施工对象分解体系，以确定阶段控制目标，从局部到整体，进行施工活动和施工项目管理。

（2）建立施工项目管理工作体系，绘制施工项目管理工作体系图和工作信息流程图。

（3）编制施工组织设计，确定管理点，以利执行。

3. 进行施工项目的目标控制

施工项目的目标有阶段性目标和最终目标，实现各项目标是施工项目管理的目的所在，施工项目的控制目标有：① 进度控制目标；② 质量控制目标；③ 成本控制目标；④ 安全控制目标；⑤ 施工现场控制目标。

由于在施工过程中，会受到各种客观因素的干扰，各种风险有随时发生的可能性，因此应经过组织协调和风险管理，对施工项目目标进行动态控制。

4. 对施工项目的生产要素进行优化配置和动态管理

施工项目的生产要素是施工项目目标得以实现的保证，主要包括劳动力、材料、设备、资金和技术以及信息、环境、资源。生产要素管理的内容有：① 分析各要素的特点；② 按一定原则、方法对施工项目生产要素进行优化配置，并对配置状况进行评价；③ 对各生产要素进行动态管理。

5. 施工项目的合同管理

从投标开始就要对工程承包合同的签订、履行加强管理，还要注意做好索赔的准备工作，要讲究方法和技巧，提供充分的证据，以取得较好的经济效益。

6. 施工项目的信息管理

施工项目管理是一项复杂的现代化管理活动,要依靠大量的信息以及对大量信息的管理,并应用计算机进行辅助管理。

7. 组织协调

组织协调是指以一定的组织形式、手段和方法,对项目管理中产生的关系不畅进行疏通,对产生的干扰和障碍予以排除的活动。在控制与管理的过程中,由于各种条件和环境的变化,必然形成不同程度的干扰,使原计划的实施产生困难,这就必须协调。协调为顺利"控制"服务,协调与控制的目的都是保证目标实现。

(二)施工项目管理的实施

1. 建立现代企业制度

现代企业制度是以"适应市场经济要求,产权清晰、责权明确、政企分开、管理科学"为特征的企业制度,建立现代企业制度的目的是使企业按市场法则运行,形成社会主义市场经济体制的基础,进而使市场经济体制对企业的资源配置发挥基础性的作用,建立现代企业制度也是企业改革的方向。

(1)建立现代企业制度为施工项目管理创造市场条件,施工项目是产品,也是商品。建立现代企业制度,可以搞活企业,规范企业行为,使企业按市场法则运行,让市场在企业资源配置上起基础作用。

(2)建立现代企业制度,确立企业法人财产权,使产权主体多元化、社会化,使资产的所有者和资产经营者分离、经营管理层和作业层分离。企业可以按项目的特点建立项目经理部,项目经理部可以按合同要求独立地实现各项目标。

(3)建立现代企业制度,用于调节所有者、经营者和生产者之间的关系,形成激励和约束相结合的经营机制、有利于资源优化配置和动态组合的项目管理机制,从而极大地调动职工的积极性。

2. 确立施工项目经理的地位

1)建立项目经理部

项目经理部是施工项目管理的工作班子,置于施工项目经理的领导之下,在施工项目管理中发挥主体作用。项目经理部的组建必须按照优化和动态管理的原则,坚持三个"一次性"的科学定位,即项目经理部是一次性的施工生产组织机构,项目是一次性的成本中心,施工项目经理是一次性的授权管理者,而且一个项目经理部只能承担一个工程项目,项目完工后项目经理部必须解体。

项目经理部的组织形式应按照项目的所在地域、规模、结构、技术复杂程度组建,项目所在地与公司总部在同一区域应实行矩阵制管理。项目经理部应是有弹性的、可变的、动态的,其人员随项目管理的需要而有序流动,项目远离公司总部的可实行事业部管理,公司可授权项目经理部较大的人、财、物及经营管理权限。项目经理部的组建不提倡搞建设项目股份合作制,以免造成企业国有资产流失等经济损失。

2)选择称职的施工项目经理

施工项目经理是施工项目的管理中心,是对施工项目管理全面负责的管理者,确立施工项目经理的地位是搞好施工项目管理的关键。

施工项目经理应具有良好的政治、领导、专业素质和实践经验。施工项目经理可以通过竞争招聘、经理委任、内部协调、基层推荐等方式选定。

施工项目经理一经任命产生,施工项目经理与企业法人代表之间的关系是委托与被委托、授权与被授权的关系,直接对企业经理负责,既是上下级关系,又是工程承包中利益平等的经济合同关系。施工项目经理必须按企业法定代表人授权的时间、权限和范围对项目进行具体的组织实施工作,不能越权。

3. 实行施工项目经理责任制

随着社会主义市场经济的建立和项目管理的不断深化,施工企业已初步形成"两线一点"的承包经营体系。一方面,施工企业和建设单位(业主)签订的合同的各项条款最终要通过各项经营活动转到以项目为中心的管理上来;另一方面,企业对国家要确保完成的各项经济技术指标,也要通过项目管理承包、目标分解到项目上来。这就迫使企业必须建立和完善以工程项目管理为基点的施工项目经理责任制和工程质量保证体系,通过强化建立由施工项目经理全面组织生产诸要素的、优化配置的责任、权力、利益和风险机制,以利于对工程项目工期、质量、成本、安全以及各项目标实施全程、强有力的管理,否则项目管理就缺乏动力和压力,也缺乏法律保证。因此,施工项目经理责任制是施工企业两条承包主线的内部结合点,它具有对象终一性、内容全面性、主体直接性和责任风险性的特点,充分体现了"指标突出、责任明确、利益直接、考核严格"的基本要求。

第二节　施工现场管理组织

一、施工项目组织的概念

组织是为了实现一定的共同目标而按照一定的规则、程序所构成的一种权责结构安排和人事安排,其目的是通过有效地配置内部的有限资源,确保以最高的效率实现目标。

施工项目管理组织是指为实施施工项目管理建立的组织机构,以及该机构为实现施工项目目标所进行的各项组织工作的简称。

施工项目管理组织作为施工现场管理的组织机构,是根据项目管理目标通过科学设计而建立的组织实体。该机构是由有一定的领导体制、部门设置、层次划分、职责分工、规章制度、信息管理系统等构成的有机整体。一个以合理有效的组织机构为框架所形成的权力系统、责任系统、利益系统、信息系统是实施施工项目管理及实现最终目标的组织保证。作为组织工作,它是通过该机构所赋予的权力,所具有的组织力、影响力,在施工项目管理中,合理配置生产要素,协调内外部及人员间关系,发挥各项业务职能的能动作用,确保信息畅通,推进施工项目目标的优化实现等的全部管理活动。施工项目管理组织机构及其所进行的管理活动唯有有机结合才能充分发挥施工项目管理的职能。

二、施工项目管理组织的内容

施工项目管理组织的内容包括组织设计、组织运行、组织调整三个环节。

1. 组织设计

组织设计是指选择确定一个合理的组织系统,划分各部门的权限和职责,确立基本规章制度的工作。其内容包括：

(1) 设计、选定合理的组织系统(含生产指挥系统、职能部门等)。

(2) 科学确定管理跨度、管理层次,合理设置部门、岗位。

(3) 明确各层次、各单位、各部门、各岗位的职责和权限。

(4) 规定组织机构中各部门之间的相互联系、协调原则和方法。

(5) 建立必要的规章制度。

(6) 建立各种信息流通、反馈的渠道,形成信息网络。

2. 组织运行

组织运行就是指按分担的责任完成各自的工作,规定各组织体的工作顺序和业务管理活动的运行过程。

组织运行要落实好三个关键问题:一是人员配备,二是业务范围,三是信息反馈。

组织的运行内容包括:

(1) 做好人员配置、业务衔接,职责、权力、利益明确。

(2) 各部门、各层次、各岗位人员各司其职、各负其责、协同工作。

(3) 保证信息沟通的准确性、及时性,达到信息共享。

(4) 经常对在岗人员进行培训、考核和激励,以提高其素质和士气。

3. 组织调整

组织调整是指根据工作的需要、环境的变化,分析原有组织系统的缺陷、适应性和效率性,对原组织系统进行调整和重新组合。

它包括组织形式的变化、人员的变动、规章制度的修订、责任系统的调整以及信息系统的调整等。

三、施工项目管理组织机构设置

1. 施工项目管理组织机构设置的原则

施工项目管理的首要问题是建立一个完善的施工项目管理组织机构。在设置施工项目管理组织机构时,应遵循以下原则:

1) 目的性原则

(1) 明确施工项目管理总目标,并以此为基本出发点和依据,将其分解为各项分目标、各级子目标,建立一套完整的目标体系。

(2) 各部门、层次、岗位的设置,上下左右关系的安排,各项责任制和规章制度的建立,信息交流系统的设计,都必须服从各自的目标和总目标,做到与目标一致,与任务相统一。

2) 效率性原则

(1) 尽量减少机构层次,简化机构,各部门、层次、岗位的职责分明,分工协作。

(2) 要避免业务量不足、人浮于事或相互推诿、效率低下的现象发生。

(3) 通过考核选聘素质高、能力强、称职敬业的人员。

(4) 领导班子要有团队精神,减少内耗,力求工作人员精干、一专多能、一人多职、工作效率高。

3）管理跨度与管理层次的统一原则

管理跨度，又称管理幅度，就是一个上级直接指挥的下级数目。

管理层次，就是在职权等级链上所设置的管理职位的级数。

管理跨度与管理层次的关系是，在最低层操作人员一定的情况下，管理的跨度越大，管理层次越少。反之，管理跨度越小，管理层次越多。

管理跨度在很大程度上决定着组织要设置多少管理层次，配备多少管理人员。在其他条件相同时，管理跨度越宽，组织效率越高。

一个组织的各级管理者究竟选择多大的管理跨度，应视实际情况而定，影响管理跨度的因素有：① 管理者的能力；② 下属的成熟程度；③ 工作的标准化程度；④ 工作条件；⑤ 工作环境。

确定管理跨度与管理层次时应注意：

（1）根据施工项目的规模确定合理的管理跨度和管理层次，设计切实可行的组织机构系统；

（2）使整个组织机构的管理层次适中，减少设施，节约经费，加快信息传递速度和提高效率；

（3）使各级管理者都拥有适当的管理跨度，能在职责范围内集中精力、有效领导，同时还能调动下级人员的积极性、主动性。

4）业务系统化管理原则

（1）依据项目施工活动中，各不同单位工程，不同组织、工种、作业活动，不同职能部门、作业班组，以及和外部单位、环境之间的纵横交错、相互衔接、相互制约的业务关系，设计施工项目管理组织机构。

（2）管理组织机构的层次、部门划分、岗位设置、职责权限、人员配备、信息沟通等方面，适应项目施工活动的特点，有利于各项业务的进行，充分体现责、权、利的统一。

（3）管理组织机构与工程项目施工活动、生产业务、经营管理相匹配，形成一个上下一致、分工协作的严密完整的组织系统。

5）弹性和流动性原则

（1）施工项目管理组织机构应能适应施工项目生产活动单件性、阶段性、流动性的特点，具有弹性和流动性。

（2）在施工的不同阶段，当生产对象数量、要求、地点等条件发生改变，资源配置的品种、数量发生变化时，施工项目管理组织机构都能及时作出相应调整和变动。

（3）施工项目管理组织机构能适应工程任务的变化，能根据情况对部门进行增减、安排人员合理流动，始终保持组织机构在精干、高效、合理的水平上。

6）与企业组织一体化的原则

（1）施工项目管理组织机构是企业组织的有机组成部分，企业是施工项目管理组织机构的上级领导。

（2）企业组织是项目管理组织机构的母体，项目组织形式、结构应与企业母体的相协调、相适应，体现一体化的原则，以便企业对其进行领导和管理。

（3）在组建施工项目管理组织机构，以及调整、解散施工项目管理组织机构时，施工项目经理由企业任免，人员一般都来自企业内部的职能部门，并根据需要在企业组织与项目组织之间流动。

（4）在管理业务上,施工项目管理组织机构接受企业有关部门的指导。

2. 施工项目管理组织机构设置的程序

（1）确定项目管理目标。项目目标是项目组织设立的前提,应根据确定的项目目标,明确划分分解目标,列出所要进行的工作的内容。项目管理目标取决于项目目标,主要是工期、质量、成本三大目标。这些目标应分阶段根据项目特点进行划分和分解。

（2）确定工作内容。根据项目目标和规定任务,明确列出项目工作内容,并进行分类归并及组合,这是一项重要的组织工作。对各项工作进行归并及组合,并考虑项目的规模、性质、工程复杂程度,以及单位自身技术业务水平、人员数量、组织管理水平等因素。

（3）选择组织机构形式,确定岗位职责、职权。根据项目的性质、规模、建设阶段,可以选择不同的组织结构形式以适应项目管理的需要。组织结构形式的选择应考虑有利于项目目标的实现、有利于决策的执行、有利于信息的沟通。根据组织结构形式和例行性工作,确定部门和岗位及其职责,并根据职权一致的原则确定其职权。

（4）设计组织运行的工作程序和信息沟通的方式。以规范化程序的要求确定各部门工作程序,规定它们之间的协作关系和信息沟通方式。

（5）人员配备。按岗位职务要求和组织原则,选配合适的管理人员,关键是各部门的主管人员。人员配备是否合理直接关系到组织能否有效运行,组织目标能否实现。根据授权原理,将职权授予相应的人员。

一般来说,进行施工项目管理组织结构设计时,应考虑的主要因素有项目的规模、紧迫性、重要性和复杂性。

施工项目管理组织机构设置的程序如图 1-1 所示。

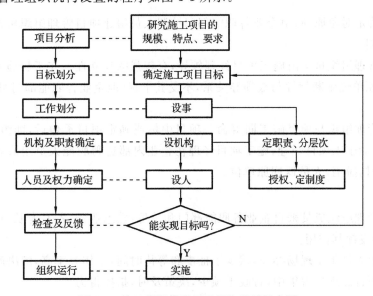

图 1-1　施工项目管理组织机构设置程序图

四、施工项目管理组织主要形式

施工项目管理组织形式是指在施工项目管理组织中处理管理层次、管理跨度、部门设置和上下级关系的组织结构的类型。其主要管理组织形式有工作队式、部门控制式、矩阵制式、事业部制式等。

（一）工作队式项目管理组织

1. 构成

工作队式项目管理组织构成如图 1-2 所示。

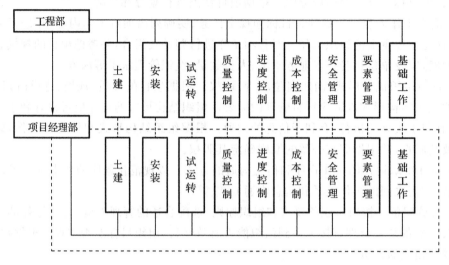

图 1-2　工作队式项目管理组织

注：虚线框内为项目管理组织机构。

2. 特征

（1）按照特定对象原则，由企业各职能部门抽调人员组建项目管理组织机构（工作队），不打乱企业原建制。

（2）项目管理组织机构由施工项目经理领导，有较强的独立性。在工程施工期间，项目管理组织成员与原单位中断领导与被领导关系，不受其干扰，但企业各职能部门可为之提供业务指导。

（3）项目管理组织与项目施工同寿命。项目中标或确定项目承包后，即组建项目管理组织机构；企业任命施工项目经理；施工项目经理在企业内部选聘职能人员组成管理机构；竣工交付使用后，机构撤销，人员返回原单位。

3. 优点

（1）项目管理组织成员来自企业各职能部门和单位，熟悉业务，各有专长，可互补长短、协同工作，能充分发挥其作用。

（2）各专业人员集中现场办公，减少了扯皮和等待时间，工作效率高，解决问题快。

（3）施工项目经理权力集中，行政干预少，决策及时，指挥得力。

（4）由于这种组织形式弱化了项目与企业职能部门的结合部，因而施工项目经理便于协调关系、开展工作。

4. 缺点

（1）组建之初，来自不同部门的人员彼此之间不够熟悉，可能配合不力。

（2）由于项目施工具有一次性的特点,有些人员可能存在临时观点。

（3）当人员配置不当时,专业人员不能在更大范围内调剂余缺,往往造成忙闲不均、人才浪费。

（4）对于企业来讲,专业人员分散在不同的项目上,相互交流困难,职能部门的优势难以发挥。

5. 适用范围

（1）大型施工项目。

（2）工期要求紧迫的施工项目。

（3）要求多工种、多部门密切配合的施工项目。

（二）部门控制式项目管理组织

1. 构成

部门控制式项目管理组织构成如图 1-3 所示。

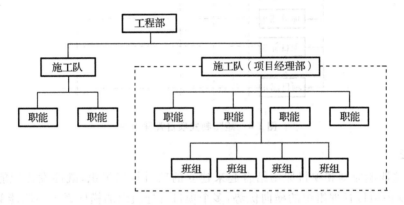

图 1-3　部门控制式项目管理组织

2. 特征

（1）按照职能原则建立项目管理组织。

（2）不打乱企业现行建制,即由企业将项目委托其下属某一专业部门或某一施工队。被委托的专业部门或施工队领导在本单位组织人员,并负责实施项目管理。

（3）项目竣工交付使用后,恢复原部门或施工队建制。

3. 优点

（1）利用企业下属的原有专业队伍承建项目,可迅速组建施工项目管理组织机构。

（2）人员熟悉,职责明确,业务熟练,关系容易协调,工作效率高。

4. 缺点

（1）不适应大型项目管理的需要。

（2）不利于精简机构。

5. 适用范围

（1）小型施工项目。

（2）专业性较强,不涉及众多部门的施工项目。

（三）矩阵制式项目管理组织

1. 构成

矩阵制式项目管理组织构成如图 1-4 所示。

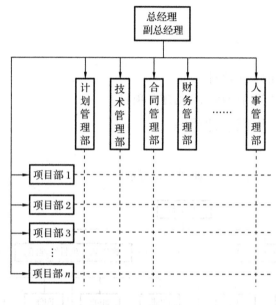

图 1-4 矩阵制式项目管理组织

2. 特征

（1）按照职能原则和项目原则结合起来建立的项目管理组织，既能发挥职能部门的纵向优势，又能发挥项目管理组织的横向优势，多个项目管理组织的横向系统与职能部门的纵向系统形成了矩阵结构。

（2）企业专业职能部门是相对长期稳定的，项目管理组织是临时性的。职能部门负责人对项目管理组织中本单位人员负有组织调配、业务指导、业绩考察责任。施工项目经理在各职能部门的支持下，将参与本项目管理组织的人员在横向上有效地组织在一起，为实现项目目标协同工作，施工项目经理对其有权控制和使用，在必要时可对其进行调换或辞退。

（3）矩阵中的成员接受原单位负责人和施工项目经理的双重领导，可根据需要和可能为一个或多个项目服务，并可在项目之间调配，充分发挥专业人员的作用。

3. 优点

（1）兼有部门控制式和工作队式两种项目管理组织形式的优点，将职能原则和项目原则结合并融为一体，从而可实现企业长期例行性管理和项目一次性管理的一致。

（2）能通过对人员的及时调配，以尽可能少的人力实现多个项目管理的高效率。

（3）项目组织具有弹性和应变能力。

4. 缺点

（1）矩阵制式项目管理组织的结合部多，组织内部的人际关系、业务关系、沟通渠道等都较复杂，容易造成信息量膨胀，引起信息流不畅或失真，需要依靠有力的组织措施和规章制度规范管理。若施工项目经理和职能部门负责人双方产生重大分歧且难以统一，则还需企业领导出面协调。

（2）项目管理组织成员接受原单位负责人和施工项目经理的双重领导，当领导之间发生矛盾，意见不一致时，当事人将无所适从，影响工作。在双重领导下，若项目管理组织成员过于受控于职能部门，则将削弱其在项目上的凝聚力，影响项目管理组织作用的发挥。

（3）在项目施工高峰期，一些服务于多个项目的人员可能应接不暇而顾此失彼。

5．适用范围

（1）大型、复杂的施工项目，需要多部门、多技术、多工种配合施工，在不同施工阶段，对不同人员有不同的数量和搭配需求的，宜采用矩阵制式项目管理组织形式。

（2）企业同时承担多个施工项目时，各项目对专业技术人才和管理人员都有需求。在矩阵制式项目管理组织形式下，职能部门就可根据需要和可能将有关人员派到一个或多个项目上去工作，可充分利用有限的人才对多个项目进行管理。

（四）事业部制式项目管理组织

1．构成

事业部制式项目管理组织构成如图1-5所示。

2．特征

（1）企业下设事业部，事业部可按地区设置，也可按建设工程类型或经营内容设置，相对于企业，事业部是一个职能部门，但对外享有相对独立的经营权，可以是一个独立单位。

（2）事业部中的工程部或开发部，或对外工程公司的海外部下设项目经理部。施工项目经理由事业部委派，一般对事业部负责，经特殊授权时，也可直接对业主负责。

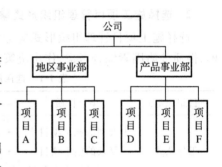

图1-5　事业部制式项目管理组织

3．优点

（1）事业部制式项目管理组织能充分调动事业部的积极性和发挥其独立经营作用，便于延伸企业的经营职能，有利于开拓企业的经营业务领域。

（2）事业部制式项目管理组织形式能迅速适应环境变化，提高公司的应变能力，既可以加强公司的经营战略管理，又可以加强项目管理。

4．缺点

（1）企业对项目经理部的约束力减弱，协调指导机会减少，以致有时会造成企业结构松散。

（2）事业部的独立性强，企业的综合协调难度大，必须加强制度约束和规范化管理。

5．适用范围

（1）适合大型经营型企业承包施工项目时采用。

（2）适合远离企业本部的施工项目、海外工程项目采用。

（3）适合在一个地区有长期市场或有多种专业化施工力量的企业采用。

五、施工项目管理组织形式的选择

1. 对施工项目管理组织形式的选择要求

（1）适应施工项目的一次性特点，有利于资源合理配置、动态优化、连续均衡施工。

（2）有利于实现公司的经营战略，适应复杂多变的市场竞争环境和社会环境，能加强施工项目管理，取得综合效益。

（3）能为企业对项目的管理和施工项目经理的指挥提供条件，有利于企业对多个项目的协调和有效控制，提高管理效率。

（4）有利于强化合同管理、履约责任，有效地处理合同纠纷，提高企业信誉。

（5）要根据项目的规模、复杂程序及其所在地与企业的距离等因素，综合确定施工项目管理组织形式，力求层次简化，责权明确，便于指挥、控制和协调。

（6）根据需要和可能，在企业范围内，可考虑将几种组织形式结合使用，如将事业部制式与矩阵制式项目管理组织结合，将工作队式与事业部制式项目管理组织结合，但工作队式与矩阵制式项目管理组织不可同时采用，否则会造成管理渠道和管理秩序的混乱。

2. 选择施工项目管理组织形式需考虑的因素

选择施工项目管理组织形式应考虑企业类型、规模、人员素质、管理水平，并结合项目的规模、性质等诸因素综合考虑，作出决策。表 1-1 所列内容可供决策时参考。

表 1-1　选择施工项目管理组织形式的参考因素

项目组织形式	项目性质	企业类型	企业人员素质	企业管理水平
工作队式	· 大型的施工项目 · 复杂的施工项目 · 工期紧的施工项目	· 大型综合建筑企业 · 施工项目经理能力强的建筑企业	· 人员素质较高 · 专业人才多 · 技术素质较高	· 管理水平较高 · 管理经验丰富 · 基础工作较强
部门控制式	· 小型的施工项目 · 简单的施工项目 · 只涉及个别少数部门的项目	· 小型建筑施工企业 · 工程任务单一的企业 · 大中型直线职能制企业	· 人员素质较差 · 技术力量较弱 · 专业构成单一	· 管理水平较低 · 基础工作较差 · 施工项目经理人员较缺
矩阵制式	· 需多工种、多部门、多技术配合的项目 · 管理效率要求高的项目	· 大型综合建筑企业 · 经营范围广的企业 · 实力强的企业	· 人员素质较高 · 专业人员紧缺 · 有一专多能人才	· 管理水平高 · 管理经验丰富 · 管理渠道畅通，信息流畅
事业部制式	· 大型的施工项目 · 远离企业本部的项目 · 事业部制企业承揽的项目	· 大型综合建筑企业 · 经营能力强的企业 · 跨地区承包企业 · 海外承包企业	· 人员素质高 · 专业人才多 · 施工项目经理的能力强	· 经营能力强 · 管理水平高 · 管理经验丰富 · 资金实力雄厚 · 信息管理先进

第三节　施工项目经理和项目经理部

一、施工项目经理

施工项目经理又称项目主管,是企业法定代表人在工程项目上的委托代理人。施工项目经理居于整个项目的核心地位,在工程项目管理中起着举足轻重的作用,是决定项目实施成败的关键角色。

施工项目经理应由法定代表人任命。施工项目经理应根据法定代表人授权的范围、时间和内容,对项目全面负责。实施全过程、全面管理大中型项目的施工项目经理必须取得相应专业的注册执业资格,小型项目的施工项目经理必须取得相应专业的职业岗位资格。

(一)施工项目经理的素质

施工项目经理是施工承包企业法定代表人在施工项目上的一次性授权代理人,是对施工项目管理实施阶段全面负责的管理者。一个称职的施工项目经理必须在政治水平、知识结构、业务技能、管理能力、身心健康等诸方面具备良好的素质。

1. 政治素质

(1)具有高度的政治思想觉悟和职业道德,政策性强。

(2)有强烈的事业心、责任感,敢于承担风险,有改革、创新、竞争、进取精神。

(3)有正确的经营管理理念,讲求经济效益。

(4)有团队精神,作风正派,能密切联系群众,发扬民主作风,不谋私利,实事求是,大公无私。

(5)言行一致,以身作则;任人唯贤,不计个人恩怨;铁面无私,赏罚分明。

2. 管理素质

(1)对项目施工活动中发生的问题和矛盾有敏锐的洞察力,并具有能迅速作出正确分析判断和有效解决问题的严谨思维能力。

(2)在与外界洽谈(谈判)以及处理问题时,有多谋善断的应变能力、当机立断的科学决策能力。

(3)在安排工作和生产经营活动时,有协调人财物、排除干扰实现预期目标的组织控制能力。

(4)有善于沟通上下级关系、内外关系、同事间关系,调动各方积极性的公共关系能力。

(5)知人善任、任人唯贤,善于发现人才,有敢于提拔、使用人才的用人能力。

3. 知识素质

(1)具有大专以上工程技术或工程管理专业学历,受过有关施工项目经理的专门培训,取得任职资质证书。

(2)具有可以承担施工项目管理任务的工程施工技术、经济、项目管理和有关法规、法律知识。

(3)具备规定的工程实践经历、经验和业绩,有处理实际问题的能力。

(4)一级或承担涉外工程的施工项目经理应掌握一门外语。

4. 身心素质

(1) 年富力强、身体健康。

(2) 精力充沛、思维敏捷、记忆力良好。

(3) 有坚强的毅力和意志品质、健康稳定的情绪、良好的心理素质。

(二)项目管理目标责任书

项目管理目标责任书应在施工项目经理的工作启动之前,由企业法定代表人或其授权人与施工项目经理协商,签字后生效。

1. 编制项目管理目标责任书的依据

(1) 项目的合同文件。

(2) 企业的项目管理制度。

(3) 项目管理规划大纲。

(4) 企业的经营方针和目标。

2. 项目管理目标责任书的内容

(1) 项目的进度、质量、成本、职业健康安全与环境目标。

(2) 企业管理层与项目经理部之间的责任、权利和利益分配。

(3) 项目需用的人力、材料、机械设备和其他资源的供应方式。

(4) 法定代表人向施工项目经理委托的特殊事项。

(5) 项目经理部应承担的风险。

(6) 企业管理层对项目经理部进行奖惩的依据、标准和办法。

(7) 施工项目经理解职和项目经理部解体的条件及办法。

二、施工项目经理责任制

1. 施工项目经理责任制的含义

施工项目经理责任制是指以施工项目经理为主体的施工项目管理目标责任制度。它是以施工项目为对象,以施工项目经理为主体,以项目管理目标责任书为依据,以求得项目产品的最佳经济效益为目的,实行从施工项目开工到竣工验收交工的施工活动以及售后服务在内的一次性全过程的管理责任制度。

2. 施工项目经理责任制的作用

(1) 建立和完善以施工项目管理为基点的适应市场经济的责任管理机制。

(2) 明确施工项目经理与企业、职工三者之间的责、权、利、效关系。

(3) 利用经济手段、法制手段对项目进行规范化、科学化管理。

(4) 强化施工项目经理的责任与风险意识,对工程质量、工期、成本、安全、文明施工等方面全面负责,全过程负责,促使施工项目高效、优质、低耗地全面完成。

3. 施工项目经理的责、权、利

1) 施工项目经理的任务

(1) 确定项目管理组织机构,配备人员,制定规章制度,明确所有人员岗位职责,组织项目经理部开展工作。

（2）确定项目管理总目标，进行目标分解，制订总体计划，实行总体控制，确保施工项目成功。

（3）及时、明确地作出项目管理决策，包括投标报价、合同签订及变更、施工进度、人事任免、重大技术组织措施、财务工作、资源调配等决策。

（4）协调本组织机构与各协作单位之间的协作配合及经济技术关系，代表企业法人进行有关签证，并进行相互监督检查，确保质量、安全、工期和成本控制。

（5）建立完善对内及对外信息管理系统。

（6）实施合同，处理好合同变更，洽商纠纷和索赔，处理好总分包关系，搞好与有关单位的协作配合。

2）施工项目经理的职责

（1）代表企业实施施工项目管理，在管理中，贯彻执行国家和工程所在地政府的有关法律、法规和政策，执行企业的各项规章制度，维护企业整体利益和经济权益。

（2）签订和组织履行项目管理目标责任书。

（3）主持组建项目经理部和制定项目的各项管理制度。

（4）组织项目经理部编制施工项目管理实施规划。

（5）对进入现场的生产要素进行优化配置和动态管理，推广和应用新技术、新工艺、新材料和新设备。

（6）在授权范围内与承包企业、协作单位、建设单位和监理工程师沟通联系，协调处理好各种关系，及时解决项目实施中出现的各种问题。

（7）严格财经制度，加强成本核算，积极组织工程款回收，正确处理国家、企业、分包单位以及职工之间的利益分配关系。

（8）加强现场文明施工，及时发现和处理例外性事件。

（9）工程竣工后及时组织验收、结算和总结分析，接受审计。

（10）做好项目经理部的解体与善后工作。

（11）协助企业有关部门进行项目的检查、鉴定等有关工作。

3）施工项目经理的权限

（1）参与企业进行的施工项目投标和签订施工合同等工作。

（2）有权决定项目经理部的组织形式，选择、聘任有关管理人员，明确职责，根据任职情况定期进行考核评价和奖惩，期满辞退。

（3）在企业财务制度允许的范围内，根据工程需要和计划安排，对资金投入和使用作出决策和计划；对项目经理部的计酬方式、分配办法，在企业相关规定的条件下作出决策。

（4）按企业规定选择施工作业队伍。

（5）根据项目管理目标责任书和《施工项目管理实施规划》组织指挥项目的生产经营管理活动，进行工作部署、检查和调整。

（6）以企业法定代表人代理的身份，处理、调整与施工项目有关的内部、外部关系。

（7）有权拒绝企业经理和有关部门违反合同行为的不合理摊派，并对对方所造成的经济损失有索赔权。

（8）企业法人授予的其他管理权力。

4）施工项目经理的利益

施工项目经理的最终利益是施工项目经理行使权力和承担责任的结果，也是市场经济条件下责、权、利、效相互统一的具体体现。施工项目经理应享有以下利益：

（1）施工项目经理的工资主要包括基本工资、岗位工资和绩效工资，其中绩效工资应与施工项目的效益挂钩。

（2）在全面完成项目管理目标责任书确定的各项责任目标、交工验收并结算，接受企业的考核、审计后，应获得规定的物质奖励和相应的表彰、记功、优秀施工项目经理等荣誉称号之类的精神奖励。

三、项目经理部

（一）项目经理部的作用

项目经理部是由企业授权，并代表企业履行工程承包合同，进行项目管理的工作班子。项目经理部的作用如下：

（1）项目经理部是企业在某一工程项目上的一次性管理组织机构，由企业委任的施工项目经理领导。

（2）项目经理部对施工项目从开工到竣工的全过程实施管理，对作业层负有管理和服务的双重职能，其工作质量将对作业层的工作质量有重大影响。

（3）项目经理部是代表企业履行工程承包合同的主体，是对最终建筑产品和建设单位全面负责、全过程负责的管理实体。

（4）项目经理部是一个管理组织体，要完成项目管理任务和专业管理任务；凝聚管理人员的力量，调动其积极性，促进合作；协调部门之间、管理人员之间的关系，发挥每个人的岗位作用，为共同目标进行工作；贯彻组织责任制，搞好管理；及时沟通部门之间，以及项目经理部与作业层之间、与公司之间、与环境之间的信息。

（二）项目经理部的设置

1. 设置项目经理部的依据

1）根据所选择的项目组织形式组建

不同的组织形式决定了企业对项目的不同管理方式、提供的不同管理环境，以及对施工项目经理授予权限的大小，同时对项目经理部的管理力量配备、管理职责也有不同的要求，要充分体现责、权、利的统一。

2）根据项目的规模、复杂程度和专业特点设置

大型施工项目的项目经理部要设置职能部、处；中型施工项目的项目经理部要设置职能处、科；小型施工项目的项目经理部只要设置职能人员即可。在施工项目的专业性很强时，可设置相应的专业职能部门，如水电处、安装处等。项目经理部的设置应与施工项目的目标要求相一致，便于管理，提高效率，体现组织现代化。

3）根据施工工程任务需要调整

项目经理部是弹性的一次性的工程管理实体，不应成为一级固定组织，不设固定的作业队伍。应根据施工的进展、业务的变化，实行人员选聘进出，优化组合，及时调整，动态管理。项

目经理部一般在项目施工开始前组建,工程竣工交付使用后解体。

4）根据现场施工的需要设置

项目经理部人员配置可考虑设专职或兼职,功能上应满足施工现场的计划与调度、技术与质量、成本与核算、劳务与物资、安全与文明施工的需要。不应设置经营与咨询、研究与发展、政工与人事等与项目施工关系较少的非生产性部门。

2. 项目经理部的部门设置

项目经理部的设置没有统一的要求,通常有以下职能部门。

（1）工程技术:负责生产调度、技术管理、施工组织设计、计划、统计、文明施工。

（2）监督管理:负责质量管理、安全管理、消防保卫、环境保护、计量、测量、试验等。

（3）经营核算:负责预算、合同、索赔、成本、资金、劳动及分配等。

（4）物资设备:负责材料询价、采购、运输、计划供应、物资管理、工具、机械租赁、配套使用等。

（三）项目经理部的运行机制与工作内容

1. 项目经理部的运行机制

项目经理部的工作应按制度运行,项目部各成员之间、项目部与作业队伍和分包人等之间要及时进行沟通。施工项目经理组织项目成员学习项目部的规章制度,检查执行情况和效果,并应根据反馈信息改进管理。项目经理部的管理岗位设置要贯彻因事设岗、有岗就有责任和目标要求的原则,明确各岗位的责、权和考核标准。施工项目经理应根据项目管理人员岗位责任制度对管理人员的责任目标进行检查、考核和奖惩。施工项目经理应对作业队伍和分包人实行合同管理,并应加强控制与协调。分包人应按项目经理部的要求,通过自主作业管理,正确履行分包合同。

2. 项目经理部的工作内容

项目经理部的工作内容主要有以下几个方面:

（1）在施工项目经理领导下制定项目管理实施规划及项目管理的各项规章制度;

（2）对进入项目的资源和生产要素进行优化配置和动态管理;

（3）有效控制项目工期、质量、成本和安全等目标;

（4）协调企业内部、项目内部以及项目与外部各系统之间的关系,增进项目有关各部门之间的沟通,提高工作效率;

（5）对施工项目目标和管理行为进行分析、考核和评价,并对各类责任制度的执行结果实行奖罚。

四、施工项目管理制度

施工项目管理制度是项目经理部为实现施工项目管理目标,完成施工任务而制定的内部责任制度和规章制度。

1. 建立施工项目管理制度的原则

建立施工项目管理制度时必须遵循以下原则:

（1）制定施工项目管理制度必须以国家、上级部门、公司制定颁布的与施工项目管理有关的方针政策、法律法规、标准规程等文件精神为依据,不得有抵触与矛盾。

（2）制定施工项目管理制度应符合该项目施工管理需要，对施工过程中例行性活动应遵循的方法、程序、标准、要求作出明确规定，使各项工作有章可循；有关工程技术、计划、统计、核算、安全等各项制度，要健全配套，覆盖全面，形成完整体系。

（3）施工项目管理制度要在公司颁布的管理制度基础上制定，要有针对性，任何一项条款都应该文字简捷、具体明确、可操作、可检查。

（4）管理制度的颁布、修改、废除要有严格的程序。施工项目经理是总决策者。凡不涉及公司的管理制度，由施工项目经理签字决定，报公司备案；凡涉及公司的管理制度，应由公司经理批准才有效。

2. 项目经理部的主要管理制度

项目经理部组建以后，首先进行的组织建设就是立即着手建立围绕责任、计划、技术、质量、安全、成本、核算、奖惩等方面的管理制度。项目经理部的主要管理制度如下：

（1）施工项目管理岗位责任制度；

（2）施工项目技术与质量管理制度；

（3）图纸和技术档案管理制度；

（4）计划、统计与进度报告制度；

（5）施工项目成本核算制度；

（6）材料、机械设备管理制度；

（7）施工项目安全管理制度；

（8）文明施工和场容管理制度；

（9）施工项目信息管理制度；

（10）例会和组织协调制度；

（11）分包和劳务管理制度；

（12）内外部沟通与协调管理制度。

五、项目经理部的解体

（一）一般规定

项目经理部在工程项目竣工交付使用后，就应进入项目经理部解体阶段，并对项目成果进行总结、评价，对外结清债权债务，结束交易关系，对内做好资产、人员安排。

项目经理部解体条件如下。

（1）工程项目已经竣工验收，并经验收单位确认形成书面材料。

（2）与各分包商及材料供应、劳务、设备租赁、技术转让、科技服务等单位的债权债务已核对清楚。

（3）与业主（总包方）签订了工程质量保修书。

（4）项目管理目标责任书的履行基本完成，并向建设公司书面提交项目总结报告，并提出项目审计申请报告。

（5）项目经理部与上级公司职能部门和相关管理机构的各种交接手续准备完毕，包括：在各种终结性文件上签字，工程档案资料的封存移交，财会账目的清结，资金、材料、设备等的回收，人事手续的办理，以及其他善后工作的处理。

（6）施工现场清理完毕。

（二）项目经理部解体程序

（1）成立以施工项目经理为组长的善后工作小组，做好项目经理部解体善后工作。善后工作小组人员可由工程、造价、财会、材料等方面的人员组成，主要负责剩余材料的处理、工程结算和价款的回收、财务账目的清算、各种资料及档案的移交，以及解决与业主（总包方）、分包商、材料供应商、设备租赁、劳务等单位的有关遗留事宜。从批准项目经理部解体之日起计算，善后工作一般为期3个月。

（2）施工项目在全部竣工验收签字之日起15日内，项目经理部写出项目经理部解体申请报告，同时向项目管理处提出善后留用和解聘人员的名单及时间，经审核批准后执行。

（3）解聘、安排项目经理部工作人员（管理人员原则上回原单位，由原单位安排）。

（4）处理项目经理部剩余资产。

（5）妥善完成施工技术资料移交工作。

① 建设公司发放的管理手册、程序文件、各类管理办法、规定等交回原发放部门。

② 施工图、竣工图、交工资料、工程验收书等资料归档。

③ 会计档案交建设公司档案科归档。

④ 项目经理部其他资料归档。

（6）项目经理部的工程结算、价款回收及其他债权债务等的处理，一般由善后工作小组在3个月内完成，3个月未处理完成部分，仍由施工项目经理继续负责处理。

（7）项目经理部善后工作处理完毕并上报建设公司后，由审计部对该项目的运营进行终结审计。

（8）按项目管理目标责任书进入终结考核与兑现阶段。

（9）项目经理部善后工作结束后，在施工项目经理离任前办理项目经理部解体审批手续。

（10）项目经理部解体程序框图如图1-6所示。

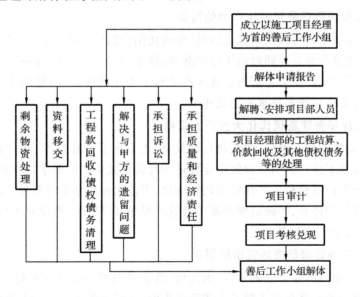

图 1-6　项目经理部解体程序框图

（三）其他规定

因业主（总包方）原因使施工结算工作延迟的，施工项目经理应指派留守人员处理善后事宜，直至办完结算手续为止。期间所发生的费用仍列入项目成本，并争取向业主（总包方）索赔。

施工结算后的债权处理工作移交建设公司财务部，若有需要，项目经理部有关人员必须配合工作，并参与工程保修期内的保修工作。

项目经理部解体后，项目所发生的经济诉讼和质量投诉案件，施工项目经理为应诉人。

第四节　施工现场管理

一、施工现场管理的概念

施工现场管理是运用科学的管理思想、管理方法和手段，对施工现场的各种生产要素进行有效管理，如对施工现场的文明施工，施工安全生产管理，施工生产的组织和实施，技术质量管理的实施、检查、复核和监督，物料进场、检验、试验和使用的管理，预算、统计、核算管理，施工现场治安、消防和卫生管理，分包队伍的管理等方面进行计划、组织、控制、协调、激励，从而保证按预定目标实现优质、高效、低耗、安全、文明的生产。

施工现场管理是建筑企业管理的重要环节，也是建筑企业管理的落脚点。企业管理中很多问题必然会在现场得到反映，各项专业工作也要在现场贯彻落实。施工现场管理，其首要任务是保证能高效率、及时、有秩序地解决现场出现的各种生产技术问题，实现预定的目标任务。从这个意义上说，施工现场管理也就是现场的生产管理。

二、施工现场管理的意义

1. 加强施工现场管理是解放生产力的需要

施工现场是建筑工人直接从事施工活动、创造使用价值的场所，它是生产力的载体。社会和市场所需要的建筑产品必须通过施工建造起来，即企业投入生产的各种生产要素只有在施工现场加强组合后才能转换为生产力。建筑产品施工进度的快慢、质量的优劣、成本的高低、效益的好坏，都与施工现场管理水平息息相关。

2. 加强施工现场管理是现代化大生产的需要

现代工程建设规模日益增长，建筑物日趋复杂，工程施工中新技术、新材料、新工艺、新设备不断涌现，并得到了推广应用。建筑企业要适应现代化大生产的要求，就必须实现企业管理现代化，要求整个生产过程和生产环境实现标准化、规范化和科学化的管理。加强施工现场管理，即建立科学的管理体系、严格的规章制度及管理程序，以保证专业化分工与协作，只有这样才能符合现代化大生产的要求。

3. 加强施工现场管理是市场竞争的需要

建筑企业要在激烈的竞争中求生存、求发展，就必须向市场提供质量好、造价和工期合理的建筑产品，而这种产品是在施工现场中建造出来的，需要靠施工现场管理来保证其质量。施工现场管理水平的高低决定着建筑企业对市场的应变能力和竞争能力。对企业来说，施工现场也代表了企业的形象。提高施工现场管理水平,才能增强企业的竞争能力,扩大市场占有率,才能在市场竞争中立于不败之地。

三、施工现场管理的基本原则

1. 经济效益原则

施工现场管理一定要杜绝只抓进度和质量而不计成本的单纯的生产观和进度观。项目部应在精品奉献、降低成本、拓展市场等方面下工夫,并同时在生产经营诸要素中,时时处处精打细算,力争少投入多产出,坚决杜绝浪费和不合理开支。

2. 科学合理原则

施工现场的各项工作都应当按照既科学又合理的原则办事,以期做到现场管理的科学化,真正符合现代化大生产的客观要求。还要做到操作方法和作业流程合理,现场资源利用有效,现场设置安全科学,员工的能动性能够充分发挥出来。

3. 标准化、规范化原则

标准化、规范化是对施工现场的最基本管理要求。事实上,为了有效协调地进行施工生产活动,施工现场的诸要素都必须坚决服从一个统一的意志,克服主观随意性。只有这样,才能从根本上提高施工现场的生产、工作效率和管理效益,从而建立起一个科学而规范的现场作业秩序。

四、施工现场管理的内容

1. 平面布置与管理

现场平面管理的经常性工作主要包括:根据不同时间和不同需要,结合实际情况,合理调整场地;做好土石方的平衡工作,规定各单位取弃土石方的地点、数量和运输路线;审批各单位在规定期限内,对清除障碍物,挖掘道路,断绝交通、水电动力线路等的申请报告;对运输大宗材料的车辆,作出妥善安排,避免拥挤堵塞交通;做好工地的测量工作,包括测定水平位置、高程和坡度,已完工工程量的测量和竣工图的测量等。

2. 建筑材料的计划安排、变更和储存管理

其主要内容是:确定供料和用料目标;确定供料、用料方式及措施;组织材料及制品的采购、加工和储备,做好施工现场的进料安排;组织材料进场、保管及合理使用;完工后及时退料及办理结算等。

3. 合同管理工作

承包商与业主之间合同管理工作的主要内容包括合同分析、合同实施保证体系的建立、合同控制、施工索赔等。现场合同管理人员应及时填写并保存有关方面签证的文件,包括:业主负责供应的设备、材料进场时间,以及材料规格、数量和质量情况的备忘录;材料代用议定书;材料及混凝土试块试验单;完成工程记录和合同议事记录;经业主和设计单位签证的设计变更通知单;隐蔽工程检查验收记录;质量事故鉴定书及其采取的处理措施;合理化建议及节约分成协议书;中间交工工程验收文件;合同外工程及费用记录;与业主的来往信件、工程照片、各种进度报告;监理工程师签署的各种文件等。

承包商与分包商之间的合同管理工作主要是,监督和协调现场分包商的施工活动,处理分

包合同执行过程中所出现的问题。

4. 质量检查和管理

质量检查和管理包括两个方面工作:第一,按照工程设计要求和国家有关技术规定,如施工及验收规范、技术操作规程等,对整个施工过程的各个工序环节进行有组织的工程质量检验工作,不合格的建筑材料不能进入施工现场,不合格的分部分项工程不能转入下道工序施工。第二,采用全面质量管理的方法,进行施工质量分析,找出产生各种施工质量缺陷的原因,随时采取预防措施,减少或尽量避免工程质量事故的发生,将质量管理工作贯穿于工程施工全过程,形成一个完整的质量保证体系。

5. 安全生产管理与文明施工

安全生产是现场施工的重要控制目标之一,也是衡量施工现场管理水平的重要标志。安全生产管理的主要内容包括安全教育、建立安全管理制度、安全技术管理、安全检查与安全分析等。

文明施工是指在施工现场管理中,按照现代化施工的客观要求,使施工现场保持良好的施工环境和施工秩序。

6. 施工过程中的业务分析

为了对施工全过程加以控制,必须进行许多业务分析,如施工质量情况分析、材料消耗情况分析、机械使用情况分析、成本费用情况分析、施工进度情况分析、安全施工情况分析等。

思　考　题

1. 简述水利工程施工项目管理的特点。
2. 施工项目管理的内容有哪些?
3. 施工项目组织形式有哪些? 分别叙述它们的特点。
4. 组织机构设置的程序是什么?
5. 什么是施工项目经理责任制?
6. 简述施工现场管理的内容。

第二章 施工组织设计

教学重点：水利工程施工组织设计的作用和类型、施工组织设计的内容、流水施工组织方式、双代号网络计划。

教学目标：了解水利工程施工组织设计的作用和类型、施工组织方式；熟悉施工组织设计的内容和网络计划技术的应用；掌握流水施工组织方式以及双代号网络计划的编制方法。

第一节 施工组织设计概述

水利水电工程施工组织设计是工程设计文件的重要组成部分，是指导拟建工程项目进行施工准备和施工的技术文件，是探讨施工科学管理、缩短建设周期的独立学科和工程项目建设前的总体战略部署。根据水利水电工程项目工程量大、结构复杂、施工质量要求高、建设地点多处荒山峡谷、交通困难，以及受水文、气象、地形地质等自然因素制约等工程施工特点，确定合理的施工顺序和总进度，选择适当的施工方法、施工工艺和相应的施工设备，选定原材料和半成品的产地、规格、数量，确定施工总布置，估算所需劳动力、能源，对工程项目在人力和物力、时间和空间、技术和组织上做到全面合理的安排，是施工组织设计的重要内容。做好施工组织设计，对正确选定工程布置及工程设计方案，对合理组织工程施工、降低工程造价，都具有重要作用。

一、施工组织设计分类

水利水电工程投资多、规模庞大、周期长，包括的建筑物及设备种类繁多，形式各异，涉及专业众多，如水文、规划、地质、水工、施工、机电、金结、建筑、环评、水保、移民、概算、经济评价等，各专业缺一不可，各专业之间均有一定程度的联系，需要在工程各阶段设计中紧密配合才能提供完整的设计产品。一个水利水电项目一般要经过规划、项目建议书、可行性研究、初步设计、招投标才能进入正式施工实施阶段。

水工设计侧重研究布置及结构的具体形式，施工组织设计侧重研究怎么实施这种结构。比如，水工专业人员设计一座混凝土面板堆石坝，提出设计图纸、枢纽布置、典型结构断面、基础处理等。施工专业人员根据枢纽布置，需要研究提出施工期河流控制（导流）、建筑材料的来源及规划、施工方法与工艺、施工总布置（混凝土系统、风水电、道路等）、主要施工机械设备、合理施工工期等。

施工组织（construction planning），侧重 planning，即组织、实施、规划，施工组织设计的核心是"组织"。

根据编制的对象和范围不同，施工组织设计分为如下三类：

（1）施工组织总设计。针对整个水利水电工程编制的施工组织设计，一般在工程设计阶段编制，相对比较宏观、概括和粗略，对工程施工起指导作用，核心是导流、建材、工期、总体布置。

（2）单项工程施工组织设计。单项工程施工组织设计通常在招标或施工阶段编制，由于仅涉及工程的某一局部或工序，其编制对象具体，内容也比较翔实，具有实时性。

（3）施工措施设计。施工措施设计是以某单项工程、工种或专业为对象，编制得比较详细、具体的施工组织设计。比如，大坝开挖施工组织设计、混凝土拌和系统设计等，实际上就是施工单位所报的具体实施方案。这部分内容非常具体，一般而言，设计部门较少参与。

二、施工组织设计的作用

1. 施工组织设计是用于组织工程施工的指导性文件

（1）施工组织设计在工程设计阶段和工程施工阶段分别由设计、施工单位负责编制。施工组织设计是对施工活动实行科学管理的重要手段，它具有战略部署和战术安排双重作用。它体现了实现基本建设计划和设计的要求，提供了各阶段的施工准备工作内容，协调施工过程中各施工单位、各施工工种、各项资源之间的相互关系。整个施工现场布置部署、人员配备、机械设备安排、材料组织、环境保护、施工方法的确定等都需要施工组织设计文件的指导，它是施工现场的核心文件之一。

（2）通过施工组织设计的编制，可以全面考虑拟建工程的各种具体施工条件，扬长避短地拟定合理的施工方案，确定施工顺序、施工方法和劳动组织，合理地统筹安排，拟订施工进度计划；为拟建工程的设计方案在经济上的合理性、在技术上的科学性和在实施工程上的可能性进行论证提供依据；为建设单位编制基本建设计划和施工企业编制施工工作计划及实施施工准备工作计划提供依据；可以把拟建工程的设计与施工、技术与经济、前方与后方、施工企业的全部施工安排与具体工程的施工组织工作更紧密地结合起来；可以把直接参加的施工单位与协作单位、部门与部门、阶段与阶段、过程与过程之间的关系更好地协调起来。

（3）施工组织设计是建筑施工企业能以高质量、高速度、低成本、少消耗完成工程项目建筑的有力保证措施，是加强管理、提高经济效益的重要手段，也是正确处理施工中人员、机器、原料、方法、环境及工艺与设备，土建与安装协作，消耗与供应，管理与成本等的各种各样矛盾，科学合理地、有计划而有序地均衡地组织项目施工生产的重要保障。

2. 施工组织设计在经营管理工作中起到不可忽视的重要作用

施工组织设计不仅是指导生产经营活动的重要文件，也是编制施工图预算的重要依据。因此，施工单位领导在单位工程开工前要组织工程技术、材料设备、劳资定额、经济计划、工程造价等人员认真熟读图纸，深入现场进行实地勘察，研究各项技术经济组织措施。在项目的施工中，一定要按施工组织设计进行监督和控制，确保项目的施工有序，防止施工组织设计流于形式。施工组织设计是工程质量、安全、进度的有力保障措施。

施工企业的现代化管理主要体现在经营管理素质和经营管理水平两个方面。施工企业的经营管理素质主要表现在竞争能力、应变能力、技术开发能力和扩大再生产能力等方面。施工企业的经营管理水平和计划与决策、组织与指挥、控制与协调和教育与激励等职能有关。经营管理素质和水平是企业经营管理的基础，也是实现企业目标、信誉目标、发展目标和职工福利目标的保证；同时经营管理又是发挥企业的经营管理素质和水平的关键过程。无论是企业经营管理的素质,还是企业经营管理水平的职能,都必须通过施工组织设计的编制、贯彻、检查和调整来实现。这充分体现了施工组织设计对施工企业现代化管理的重要性。

三、施工组织设计的内容

施工组织设计一般包括四个部分:① 施工方法与相应的技术组织措施,即施工方案;② 施工进度计划;③ 施工现场平面布置;④ 有关劳力,施工机具,建筑安装材料,施工用水、电、动力及运输、仓储设施等临时工程的需要量及其供应与解决办法。前两项指导施工,后两项则是施工准备的依据。

施工组织设计的繁简一般要根据工程规模大小、结构特点、技术复杂程度和施工条件的不同而定,以满足不同的实际需要。复杂和特殊工程的施工组织设计需较为详尽,小型建设项目或具有较丰富施工经验的工程则可较为简略。施工组织总设计是要解决整个建设项目施工的全局问题的,要求简明扼要、重点突出,要安排好主体工程、辅助工程和公用工程的相互衔接和配套。单位工程的施工组织设计是为具体指导施工服务的,要具体明确,要解决好各工序、各工种之间的衔接配合,合理组织平行流水和交叉作业,以提高施工效率。施工条件发生变化时,施工组织设计需及时修改和补充,以便继续执行。

概括起来可以将施工组织设计分为以下几个方面:

1. 施工条件分析

施工条件包括工程条件、自然条件、物质资源供应条件以及社会经济条件等,主要包括:

(1) 工程所在地点、对外交通运输、枢纽建筑物及其特征;

(2) 地形、地质、水文、气象条件,主要建筑材料来源和供应条件;

(3) 当地水源、电源情况,施工期间通航、过木、过鱼、供水、环保等要求;

(4) 对工期、分期投产的要求;

(5) 施工用地、居民安置以及与工程施工有关的协作条件等。

2. 施工导流

施工导流设计应在综合分析导流条件的基础上,确定导流标准,划分导流时段,明确施工分期,选择导流方案、导流方式和导流建筑物,进行导流建筑物的设计,提出导流建筑物的施工安排,拟定截流、度汛、拦洪、排冰、通航、过木、下闸封堵、供水、蓄水、发电等措施。

3. 主体工程施工

主体工程包括挡水、泄水、引水、发电、通航等主要建筑物,应根据各自的施工条件,对施工程序、施工方法、施工强度、施工布置、施工进度和施工机械等问题进行分析比较和选择。

4. 施工交通运输

(1) 对外交通运输:在弄清现有对外水陆交通和发展规划的情况下,根据工程对外运输总量、运输强度和重大部件的运输要求,确定对外交通运输方式,选择线路的标准和线路,规划沿线重大设施和与国家干线的连接,并提出场外交通工程的施工进度安排。

(2) 场内交通运输:应根据施工场区的地形条件和分区规划要求,结合主体工程的施工运输,选定场内交通主干线路的布置和标准,提出相应的工程量。施工期间,若有船、木过坝问题,应作出专门的分析论证,提出解决方案。

5. 施工工厂设施和大型临建工程

(1) 施工工厂设施:应根据施工的任务和要求,分别确定各自位置、规模、设备容量、生产工艺、工艺设备、平面布置、占地面积、建筑面积和土建安装工程量,提出土建安装进度和分期投产的计划。

(2)大型临建工程,要作出专门设计,确定其工程量和施工进度安排。

6. 施工总布置

施工总布置的主要任务包括:

(1)对施工场地进行分期、分区和分标规划;

(2)确定分期分区布置方案和各承包单位的场地范围;

(3)对土石方的开挖、堆料、弃料和填筑进行综合平衡,提出各类房屋分区布置一览表;

(4)估计用地和施工征地面积,提出用地计划;

(5)研究施工期间的环境保护和植被恢复的可能性。

7. 施工总进度

为合理安排施工进度,需注意以下问题:

(1)必须仔细分析工程规模、导流程序、对外交通、资源供应、临建准备等各项控制因素,拟定整个工程的施工总进度;

(2)确定项目的起迄日期和相互之间的衔接关系;

(3)对导流截流、拦洪度汛、封孔蓄水、供水发电等控制环节,工程应达到的形象面貌,需作出专门的论证;

(4)对土石方、混凝土等主要工种工程的施工强度,对劳动力、主要建筑材料、主要机械设备的需用量,要进行综合平衡;

(5)要分析施工工期和工程费用的关系,提出合理工期的推荐意见。

四、编制施工组织设计所需要的主要资料

1. 可行性研究报告施工部分需搜集的基本资料

(1)可行性研究报告阶段的水工及机电设计成果;

(2)工程建设地点的对外交通现状及近期发展规划;

(3)工程建设地点及附近可能提供的施工场地情况;

(4)工程建设地点的水文气象资料;

(5)施工期(包括初期蓄水期)通航、过木、下游用水等的要求情况;

(6)建筑材料的来源和供应条件调查资料;

(7)施工区水源、电源情况及供应条件;

(8)地方及各部门对工程建设期的要求及意见。

2. 初步设计阶段施工组织设计需补充搜集的基本资料

(1)可行性研究报告及可行性研究报告阶段需搜集的基本资料;

(2)初步设计阶段的水工及机电设计成果;

(3)进一步调查落实可行性研究报告阶段搜集的(2)~(7)项资料;

(4)当地可能提供修理、加工能力的情况;

(5)当地承包市场情况、当地可能提供的劳动力的情况;

(6)当地可能提供的生活必需品的供应情况、居民的生活习惯;

（7）工程所在河段水文资料、洪水特性、各种频率的流量及洪量、水位-流量关系、冬季冰凌情况（北方河流）、施工区各支沟各种频率洪水、泥石流以及上下游水利工程对本工程的影响情况；

（8）工程地点的地形、地质、水文工程地质条件，以及气温、水温、地温、降水、风、冻层、冰情和雾的特性资料。

3. 技术施工阶段施工规划需进一步搜集的基本资料

（1）初步设计中的施工组织总设计文件及初步设计阶段搜集到的基本资料；

（2）技术施工阶段的水工及机电设计资料与成果；

（3）进一步搜集国内基础资料和市场资料；

（4）补充搜集国外基础资料与市场信息（国际招标工程需要）。

施工组织设计是工程设计的一部分，其设计需要依托水文、测量、地质、水工、机电等专业的设计，本专业还需要给其他专业提供相关资料，比如给环评、水保、移民、概算专业提供相关资料等等。施工组织设计与相关专业的关系如图 2-1 所示，与相关专业的技术接口如图 2-2 所示。

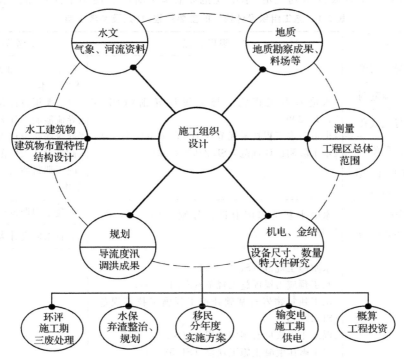

图 2-1　施工组织设计与相关专业的关系

4. 主要参考资料及设计手册

（1）《水利水电工程施工组织设计规范》；

（2）《水利水电工程施工组织设计手册》（5 卷）；

（3）《水利水电工程施工手册》（5 卷）；

（4）《水利水电工程设计范本》（施工专业部分）；

（5）《水利水电工程设计导则》；

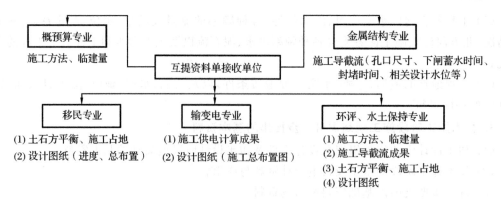

图 2-2 施工组织设计与相关专业的技术接口

（6）《水利水电工程……施工规范》，"……"表示防渗墙、灌浆、土石坝、水电站等；

（7）对于单项道路、桥梁、供水工程，需要研究交通行业、给排水专业相关规范。

5. 主要规程、规范

现行水利水电工程设计水利规范、水电规范如表 2-1 所示。使用中注意相关规范的更新。

表 2-1　施工组织设计依据的主要规程、规范及参考资料

项　目		主要规程、规范	参考资料
施工导流	导流明渠	《水电水利工程施工导流设计导则》（DL/T 5114—2000） 《渠道防渗工程技术规范》（GB/T 50600—2010） 《水工隧洞设计规范》（SL 279—2002）	《施工导流标准及方式设计大纲范本》 《导流明渠设计大纲范本》 《导流隧洞设计大纲范本》 《导流底孔设计大纲范本》 《截流设计大纲范本》 《施工期封堵、蓄水设计大纲范本》
	导流隧洞		
	导流底孔		
	截流		
	施工期封堵、蓄水		
	混凝土围堰	《水电水利工程围堰设计导则》（DL/T 5087—1999）	《混凝土围堰设计大纲范本》
	土石围堰		《土石围堰设计大纲范本》
主体工程施工	土石方明挖	《水闸施工规范》（SL 27—91） 《水工预应力锚固施工规范》（SL 46—94） 《水工建筑物岩石基础开挖工程施工技术规范》（SL 47—94） 《混凝土面板堆石坝施工规范》（SL 49—94） 《水工碾压混凝土施工规范》（SL 53—94） 《水工建筑物水泥灌浆施工技术规范》（SL 62—94） 《小型水电站施工技术规范》（SL 172—2012） 《水利水电工程混凝土防渗墙施工技术规范》（SL 174—96） 《混凝土面板堆石坝施工规范》（DL/T 5128—2001） 《水电水利工程施工机械选择设计导则》（DL/T 5133—2001）	《土石方开挖及边坡处理设计大纲范本》

续表

项　目		主要规程、规范	参考资料
主体工程施工	地基处理	《水利水电工程混凝土防渗墙施工技术规范》(SL 174—96)	《基础处理施工设计大纲范本》
	混凝土施工	《水工混凝土施工规范》(DL/T 5144—2001)《水电水利工程模板施工规范》(DL/T 5110—2013)《水工建筑物滑动模板施工技术规范》(SL 32—92)	《混凝土坝施工设计大纲范本》《电站厂房施工设计大纲范本》
	碾压式土石坝施工	《水电水利工程碾压式土石坝施工组织设计导则》(DL/T 5116—2000)《碾压式土石坝施工技术规范》(SDJ 213—83)	《水利水电工程施工手册——土石方工程》《水利水电工程师实用手册》
	地下工程施工	《水利水电地下工程锚喷支护施工技术规范》(SDJ 57—85)《水工建筑物地下开挖工程施工技术规范》(DL/T 5099—2011)《水利水电工程爆破施工技术规范》(DL/T 5135—2001)	《地下工程施工设计大纲范本》《电站厂房施工设计大纲范本》
	机械选型	《水电水利工程施工机械选择设计导则》(DL/T 5133—2001)	《工程常用数据速查手册丛书　建筑施工机械常用数据速查手册》(2007 版)
施工交通运输	对外交通	《水电水利工程施工交通设计导则》(DL/T 5134—2001)	《对外交通运输设计大纲范本》
	场内交通		
施工工厂设施	砂石料系统设计	《水电水利工程砂石加工系统设计导则》(DL/T 5098—2010)	《砂石料系统设计大纲范本》
	混凝土生产系统	《水电水利工程混凝土生产系统设计导则》(DL/T 5086—1999)	《混凝土生产系统设计大纲范本》
	混凝土预冷、预热系统	《水利水电工程混凝土预冷系统设计规范》(SL 512—2011)《冷库设计规范》(GB 50072—2001)	《混凝土预冷、预热系统设计大纲范本》
	风、水、电、通信	《水电水利工程施工压缩空气、供水、供电系统设计导则》(DL/T 5124—2001)	《施工期风、水、电、通信设计大纲范本》
	修配及综合加工系统	《水利水电工程初步设计报告编制规程》(SL 619—2013)《水利水电工程施工组织设计规范》(DL/T 5397—2007)	《修配及综合加工系统设计大纲范本》
施工总布置	施工总布置规划	《水电水利工程施工总布置设计导则》(DL/T 5192—2004)	《施工总布置编制大纲范本》
施工总进度	施工总进度编制	《工程网络计划技术规程》(JGJ/T 121—99)	《施工总进度编制设计大纲范本》

6. 计算机辅助设计

相关计算机辅助设计软件如表 2-2 所示。

表 2-2　施工组织设计计算机辅助设计

项　　　目		可　用　程　序
施工导流	导流明渠	理正渠道设计程序,四川水利职业技术学院自编的纵断面成图、工程量计算工具等
	导流隧洞	理正隧洞计算分析程序
	导流底孔	ANSYS 5.5 系统软件、理正水力学计算程序
	截流	海卓截流分析计算程序
	施工期封堵、蓄水	水库调洪演算程序
	混凝土围堰	重力坝、拱坝设计程序
	土石围堰	理正岩土软件
主体工程施工	土石方明挖	Civil 3D 三维制图软件
	地基处理	理正岩土软件、理正深基坑软件
	混凝土施工	混凝土温控计算系列程序,如冷却水管布置、制冷系统计算分析
	碾压式土石坝施工	飞时达方格网土方计算软件
	地下工程施工	参看各水电工程局编制的施工方案案例
施工交通运输	对外交通	道路设计大师、桥梁设计大师等
	场内交通	挡土墙设计、道路设计大师、桥梁设计大师、Civil 3D 等
施工工厂设施	砂石料系统	施工工厂的设计,当前设计院从事的不多,一般做到初步设计阶段就可以了,这方面侧重规模的确定及系统布置形式,可参看各水电工程局编制的技术投标范例
	混凝土生产系统	
	混凝土预冷、预热系统	
	风、水、电、通信	
	修配及综合加工系统	
施工总布置	施工总布置规划	当前以手工布置为主,市场上有施工总布置辅助绘图的程序,但都不成熟
施工总进度	施工总进度编制	Project6、3P、梦龙等,可参看四川水利职业技术学院自编《水利水电工程施工总进度计算机辅助制图程序》

第二节　施工组织方式

一、施工组织方式的类型

组织施工可以采用依次施工、平行施工、流水施工三种方式。现就三种方式的施工特点和效果分析如下。

【例 2-1】现对三幢同类型房屋基础进行施工,按一幢为一个施工段。已知每幢房屋基础都可以分为土方开挖、垫层、砖基础、回填土四个部分。各部分所花时间分别为 4 周、1 周、3 周、2 周,土方开挖施工班组的人数为 10 人,垫层施工班组的人数为 15 人,砖基础施工班组人数为 10 人,回填土施工班组人数为 5 人。要求分别采用依次、平行、流水的施工方式组织施工,分析各种施工方式的特点。

(一)依次施工

依次施工也称顺序施工,是各施工段或是各施工过程依次开工、依次完工的一种组织施工的方式。具体说,依次施工可分为以下两种:

1. 按施工段依次施工

1)按施工段依次施工的定义

按施工段依次施工是指第一个施工段的所有施工过程全部施工完毕后,再进行第二个施工段的施工,依次类推的一种组织施工的方式。其中,施工段是指同一施工过程的若干个部分,这些部分的工程量一般应大致相等。按施工段依次施工的进度安排如图 2-3 所示。

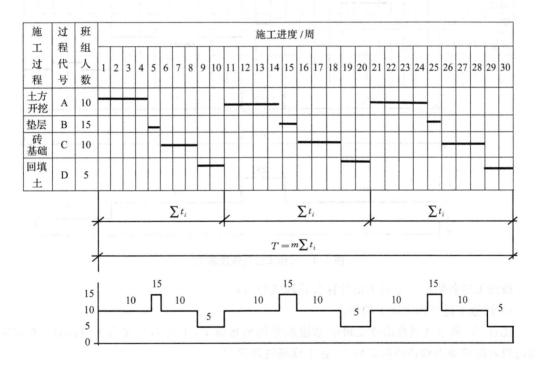

图 2-3 按施工段依次施工

2)按施工段依次施工的工期

$$T = m \sum t_i \tag{2-1}$$

式中:m——施工段数或房屋幢数;

t_i——各施工工程在一个段上完成施工任务所需时间;

T——完成该工程所需总工期。

3）按施工段依次施工的特点

优点：① 单位时间内投入的劳动力和各项物资较少，施工现场管理简单；② 工作面能充分利用。

缺点：① 从事某过程的施工班组不能连续均衡地施工，工人存在窝工情况；② 施工工期长。

2．按施工过程依次施工

1）按施工过程依次施工的定义及计算公式

按施工过程依次施工是指第一个施工过程在所有施工段全部施工完毕后，再开始第二个施工过程，依次类推的一种组织施工的方式。按施工过程依次施工的进度安排如图 2-4 所示。

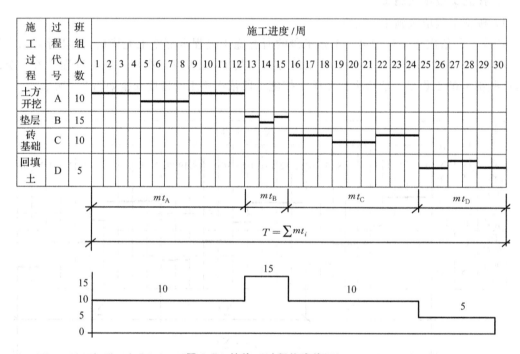

图 2-4　按施工过程依次施工

按施工过程依次施工的工期计算公式同式（2-1）。

2）按施工过程依次施工的特点

优点：① 从事某过程的施工班组都能连续均衡地施工，工人不存在窝工情况；② 单位时间内投入的劳动力和各项物资较少，施工现场管理简单。

缺点：① 施工工期长；② 工作面未充分利用，存在间歇时间。

根据以上特点可知，依次施工适用于规模较小、工作面有限、工期要求紧的小型工程。

（二）平行施工

1．平行施工的定义及计算公式

平行施工是指所有施工过程的各个施工段同时开工、同时完工的一种组织施工方式。将上述三幢房屋基础采用平行施工组织方式施工，其进度计划如图 2-5 所示。

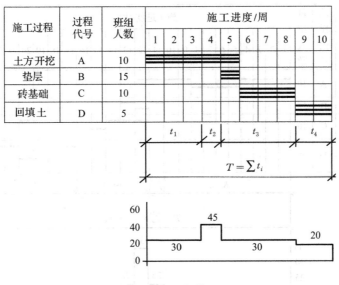

图 2-5 平行施工

由图 2-5 可知,平行施工的工期为

$$T = \sum t_i \tag{2-2}$$

2. 平行施工的特点

优点:① 各过程工作面充分利用;② 工期短。

缺点:① 施工班组成倍增加,机具设备也相应增加,材料供应集中,临时设施设备也需增加,造成组织安排和施工现场管理困难,增加施工管理费用;② 施工班组不存在连续或不连续施工情况,仅在一个施工段上施工。如果工程结束后,再无其他工程,则可能出现窝工。

平行施工方式一般适用于工期要求紧、大规模同类型的建筑群工程或分批分期进行施工的工程。

(三)流水施工

1. 流水施工的基本概念及计算公式

流水施工是指所有的施工过程均按一定的时间间隔投入施工,各个施工过程陆续开工、陆续竣工,使同一施工过程的施工班组保持连续均衡地进行施工,不同施工过程尽可能平行搭接施工的组织方式。上例如果组织流水施工,则进度计划如图 2-6、图 2-7 所示。

从图 2-6 可知,流水施工的工期为

$$T = \sum K_{i,i+1} + T_N \tag{2-3}$$

式中:$K_{i,i+1}$——相邻两个施工过程的施工班组开始投入施工的时间间隔;

T_N——最后一个施工过程的施工班组完成施工任务所花的时间。

2. 流水施工概念的引申

在工期要求紧张的情况下组织流水施工时,可以在主导工序连续均衡施工的条件下,间断安排某些次要工序的施工,从而达到缩短工期的目的。如果没有使工期缩短,则不能安排该次要工作间断施工。

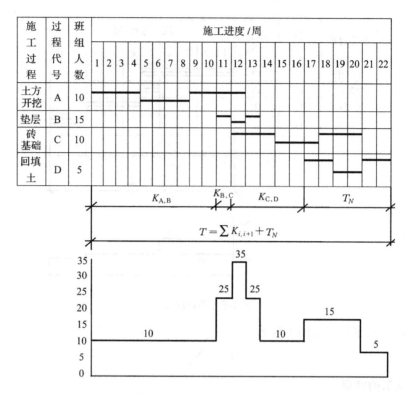

图 2-6 流水施工（全部连续）

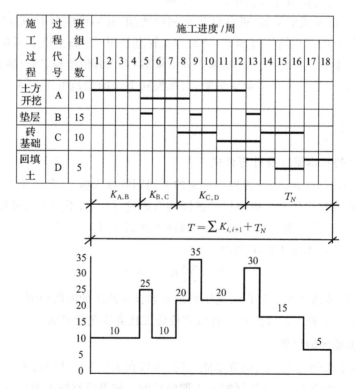

图 2-7 流水施工（部分间断）

二、流水施工条件及技术经济效果

（一）组织流水施工的条件

1. 划分分部、分项工程

对于一项工程要组织流水施工,首先应根据工程特点及施工要求,将拟建工程划分为若干个分部、分项工程。

注意:在划分分项工程时,并不是所有施工工序都要列项,进行进度安排,而是应根据实际情况对进度的要求确定粗细程度,适当合并项目。

2. 划分施工段

划分施工段是为成批生产创造条件,任何施工过程如果只有一个施工段,则不存在流水施工。

组织流水时,根据工程实际情况,将施工对象在平面上或空间上划分为工程量大致相等的若干个施工部分,即施工段。

3. 每个施工过程组织独立的施工班组

为了很好地组织流水,尽可能对每个施工过程组织独立施工班组,其形式可以是专业班组,也可以是混合班组。

（二）技术经济效果

（1）流水施工不仅可提高工人的技术水平和熟练程度,还有利于提高企业管理水平和经济效益。

（2）流水施工能够最大限度地充分利用工作面,因此,在不增加施工人数的基础上,合理地缩短了工期。

（3）流水施工既有利于机械设备的充分利用,又有利于物资资源的均衡利用,便于施工现场的管理。

（4）流水施工工期较为合理。

三、流水施工分类

（一）按流水施工的组织范围分类

1. 细部流水

细部流水（分项工程流水）是指对某一分项工程组织的流水施工方式。

2. 专业流水

专业流水（分部工程流水）的编制对象是一个分部工程,它是该分部工程中各细部流水的工艺组合施工方式,是组织项目流水的基础。

3. 项目流水

项目流水（单位工程流水）是组织一个单位工程的流水施工方式,它以各分部工程的流水为基础,是各分部工程流水的组合施工方式,如土建单位工程流水。

4. 综合流水

综合流水（建筑群的流水）是指组织多幢房屋或构筑物的大流水施工方式,是一种控制型的流水施工组织方式。

（二）按施工过程的分解程度分类

1. 彻底分解流水

彻底分解流水是指将工程对象的某一分部工程分解成若干个施工过程，且每一个施工过程均为单一工种完成的施工过程，即该过程已不能再分解，比如支模。

2. 局部分解流水

局部分解流水是指将工程对象的某一分部工程根据实际情况进行划分，有的过程已彻底分解，有的过程则不彻底分解的施工方式。而不彻底分解的施工过程是由混合的施工班组来完成的，例如，钢筋混凝土工程。

（三）按流水施工的节奏特征分类

1. 有节奏流水

有节奏流水是指同一施工过程在各施工段上的流水节拍都相等的一种流水施工方式。有节奏流水又根据不同施工过程之间的流水节拍是否相等，分为等节奏流水和异节奏流水两大类型。

2. 无节奏流水

无节奏流水是指同一施工过程在各施工段上的流水节拍不完全相等的一种流水施工方式。

四、流水施工表达形式

流水施工常见的图形表达形式有横道图和网络图表两种。

其中，横道图又分为水平指示图表和垂直指示图表，如图 2-8(a)、(b)所示。

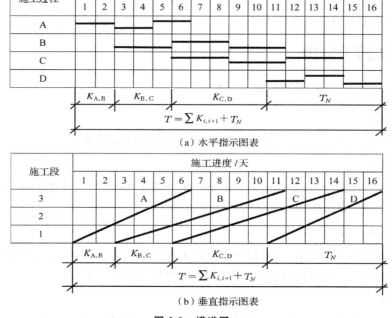

（a）水平指示图表

（b）垂直指示图表

图 2-8　横道图

图 2-8(a)所示的水平指示图表中,左边垂直方向列出各施工过程的名称,右边用水平线段表示施工的进度。各个水平线段的左边端点表示工作开始施工的瞬间,水平线段的右边端点表示工作在该施工段上结束的瞬间,水平线段的长度代表该工作在该施工段上的持续时间。

图 2-8(b)所示的垂直指示图表中,水平方向表示施工的进度,垂直方向表示各个施工段,各条斜线分别表示各个施工过程的施工情况。斜线的左下方端点表示该施工过程开始施工的瞬间,斜线的右上方端点表示该施工过程结束的瞬间,斜线间的水平距离表示相邻施工过程开工的时间间隔。

由于水平指示图表较为常见,因此有时人们习惯将水平指示图表直接称为横道图。

第三节　流水施工主要参数

流水施工的主要参数包括工艺参数、空间参数和时间参数三种。

一、工艺参数

工艺参数是指用于表达流水施工在施工工艺上开展的先后顺序(表示施工过程数)及其特征的参数。工艺参数包括施工过程数和流水强度两种。

1. 施工过程数

施工过程数是指参与一组流水的施工过程的数目,通常以 n 表示。在组织工程流水施工时,首先应将施工对象划分成若干个施工过程。施工过程划分的数目多少和粗细程度一般与下列因素有关。

(1)施工进度计划的性质和作用;

(2)施工方案;

(3)工程量的大小与劳动组织;

(4)施工过程的内容和工作范围。

2. 流水强度

流水强度是指某施工过程在单位时间内所完成的工程量,一般以 v_i 表示。

(1)机械施工过程的流水强度为

$$v_i = \sum_{i=1}^{n} R_i S_i \tag{2-4}$$

式中:v_i——某施工过程 i 的机械操作流水强度;

R_i——投入施工过程 i 的某施工机械的台数;

S_i——投入施工过程 i 的某施工机械的台班产量定额;

n——投入施工过程 i 的施工机械的种类。

(2)人工施工过程的流水强度为

$$v_i = R_i S_i \tag{2-5}$$

式中:R_i——投入施工过程 i 的工作队人数;

S_i——投入施工过程 i 的工作队的平均产量定额;

v_i——投入施工过程 i 的人工操作流水强度。

二、空间参数

空间参数包括施工段数和工作面。

（一）施工段数

1. 施工段的含义

在组织流水施工时，通常把拟建工程划分为若干个劳动量大致相等的区段，这些区段就称"施工段"，又称"流水段"，一般用 m 表示。注意，如果是多层建筑物的施工，则施工段数等于单层划分的施工段数乘以该建筑物的施工层数，即

$$m = m_0 \times 施工层数（m_0 \text{表示每一层划分的施工段数}）$$

每一个施工段在某一时间段内，只能供一个施工过程的工作队进行施工。

划分施工段的目的是，在组织流水施工中，保证不同的施工班组能在不同的施工段上同时进行施工，从而使各施工班组按照一定的时间间隔从一个施工段转到另一个施工段进行连续施工。这样，既消除等待、停歇现象，又互不干扰，同时又缩短了工期。

2. 划分施工段的基本原则

（1）主要专业工种在各施工段所消耗的劳动量应大致相等，其相差幅度不宜超过 $\pm15\%$；以保证各施工班组在不调整班组人数的情况下保持连续、均衡地施工。

（2）在保证专业工作队劳动组合优化的前提条件下，施工段大小要满足专业工种对工作面的要求，施工段的数目要适宜。

（3）施工段划分界限应与施工对象的结构界限（温度缝、沉降缝或单元尺寸）或幢号一致，以便保证施工质量；如果必须将其设在墙体中间，则可将其设在门窗洞口处，以减少施工留槎。

（4）多层施工项目，既要在平面上划分施工段，又要在空间上划分为若干个作业层，因而每层最少施工段数 m_0 应大于或等于施工过程数，即 $m_0 \geq n$，分析如下：

当组织流水施工对象有层间关系时，各队应能够连续施工，即各施工过程的工作队做完第一段，能立即转入第二段，做完第一层的最后一段，能立即转入第二层的第一段。

当 $m_0 = n$ 时，工作连续施工，施工段上始终有施工班组，工作面能充分利用，无停歇现象，也不会产生工人窝工现象，比较理想。

当 $m_0 > n$ 时，施工班组仍是连续施工，虽然有停歇的工作面，但不一定是不利的，有时还是必要的，如利用停歇的时间做养护、备料、弹线等工作。

当 $m_0 < n$ 时，施工班组不能连续施工而窝工。因此，对一个建筑物组织流水施工是不适宜的，但是，在建筑群中可与另一些建筑物组织大流水。

$m_0 \geq n$ 的这一要求并不适用于所有流水施工情况。在有的情况下，当 $m_0 < n$ 时，也可以组织流水施工。施工段的划分是否符合实际要求，还要看在该施工段划分情况下，主导工序是否能够保证连续均衡地施工。如果主导工序能连续均衡地施工，则施工段的划分可行，否则，需更改施工段划分情况。

（二）工作面

在组织流水施工时，某专业工种所必须具备的一定的活动空间，称为该工种的工作面，简单说，就是某一施工过程要正常施工必须具备的场地大小。

三、时间参数

时间参数包括流水节拍、流水步距和流水工期。

（一）流水节拍

流水节拍(t_i)是指从事某施工过程的施工班组在一个施工段上完成施工任务所需的时间，以t_i来表示。

常见计算方法如下：

$$t_i = \frac{Q_i}{S_i R_i N_i} = \frac{P_i}{R_i N_i} \qquad (2-6)$$

$$t_i = \frac{Q_i H_i}{R_i N_i} = \frac{P_i}{R_i N_i} \qquad (2-7)$$

式中：t_i——某施工过程的流水节拍；

Q_i——某施工过程在某施工段上的工程量；

P_i——某施工过程在某施工段上的劳动量；

S_i——某施工过程每一工日或台班的产量定额；

H_i——某施工过程的时间定额；

R_i——某施工过程的施工班组人数；

N_i——某施工过程每天的工作班制。

3. 确定流水节拍应考虑的因素

（1）施工班组人数要适宜，既要满足最小劳动组合人数要求，又要满足最小工作面的要求。

所谓最小劳动组合，就是指某一施工过程进行正常施工所必需的最低限度的班组人数及其合理组合。

最小工作面是指施工班组为保证安全生产和有效地操作所必需的工作空间。

（2）工作班制要恰当。工作班制要视工期要求、施工过程特点来确定。

（3）机械的台班效率或机械台班产量的大小。

（4）节拍值一般取整数，必要时可保留 0.5 天的小数值。

（二）流水步距

1. 流水步距概念

相邻两个施工过程的施工班组开始投入施工的时间间隔称为流水步距$(K_{i,i+1})$。流水步距的大小反映了流水作业的紧凑程度，对工期有很大的影响。在流水段不变的条件下，流水步距越大，工期越长；流水步距越小，则工期越短。

流水步距的数目取决于参加流水施工的施工过程数。如果施工过程数为 n 个，则流水步距的总数为$(n-1)$个。

2. 确定流水步距的原则

（1）要满足相邻两个专业工作队在施工顺序上的制约关系；

（2）要保证相邻两个专业工作队在各施工段上都能连续作业；

（3）要使相邻两个专业工作队在开工时间上实现最大限度的搭接。

3. 流水步距计算

流水步距为

$$\left.\begin{array}{l} K_{i,i+1} = t + t_j - t_d \qquad\qquad (t_i \leqslant t_{i+1}) \\ K_{i,i+1} = mt_i - (m-1)t_i + t_j - t_d \quad (t_i > t_{i+1}) \end{array}\right\} \qquad (2\text{-}8)$$

式中：t_j——两个相邻施工过程间的技术或组织间歇时间；

t_d——两个相邻施工过程间的平行搭接时间。

注意：

（1）技术或组织间歇时间是指在组织流水施工时，有些施工过程完成后，后续施工过程不能立即投入施工，必须有一定的间歇时间。由施工工艺或材料性质决定的间歇时间称为技术间歇时间；由施工组织原因造成的间歇时间称为组织间歇时间，通常用 t_j 表示。

（2）平行搭接时间是指在组织流水施工时，有时为缩短工期，在工作面允许的情况下，前一个施工队组完成部分施工任务后，为了能够缩短工期，后一个施工过程的施工队组提前进入该施工段，两个相邻施工过程的施工班组同时在一个施工段上施工的时间，称为平行搭接时间，通常用 t_d 表示。

（3）该公式（式(2-8)）适用于所有的有节奏流水施工，并且流水施工均为一般流水施工。该公式（式(2-8)）不适用于概念引申后的流水施工，即存在次要工序间断流水的情况。

例如，图 2-6 中，各过程之间流水步距求解如下：

因为 $\qquad\qquad t_A = 4$ 周 $> t_B = 1$ 周，$\quad t_j = t_d = 0$

所以 $\qquad K_{A,B} = mt_A - (m-1)t_B = [3 \times 4 - (3-1) \times 1]$ 周 $= 10$ 周

又因为 $\qquad\qquad t_B = 1$ 周 $< t_C = 3$ 周，$\quad t_j = t_d = 0$

所以 $\qquad K_{B,C} = t_B = 1$ 周

又因为 $\qquad\qquad t_C = 3$ 周 $< t_D = 2$ 周，$\quad t_j = t_d = 0$

所以 $\qquad K_{C,D} = mt_C - (m-1)t_D = [3 \times 3 - (3-1) \times 2]$ 周 $= 5$ 周

（三）流水工期

流水工期是指完成一项工程任务所需的时间。其计算公式一般为

$$T = \sum K_{i,i+1} + T_N$$

式中：$\sum K_{i,i+1}$——流水施工中，相邻施工过程之间的流水步距之和；

T_N——流水施工中，最后一个施工过程在所有施工段上完成施工任务所花的时间，有节奏流水中，$T_N = mt_n$（t_n 指最后一个施工过程的流水节拍）。

第四节　流水施工的基本方式

流水施工根据节奏特征，可分为有节奏流水和无节奏流水两类。

一、有节奏流水

有节奏流水是指同一施工过程在各施工段上的流水节拍都相等的一种流水施工方式。有

节奏流水又根据不同施工过程之间的流水节拍是否相等,分为等节奏流水和异节奏流水两大类型。

(一)等节奏流水

等节奏流水也称全等节拍流水,是指同一施工过程在各施工段上的流水节拍都相等,并且不同施工过程之间的流水节拍也相等的一种流水施工方式。等节奏流水根据相邻施工过程之间是否存在间歇时间或搭接时间,又可分为等节拍等步距流水和等节拍不等步距流水两种。

1. 等节拍等步距流水

等节拍等步距流水是同一施工过程流水节拍都相等,不同施工过程流水节拍也都相等,并且各过程之间不存在间歇时间(t_j)或搭接时间(t_d)的流水施工方式,即 $t_j = t_d = 0$。该流水施工方式情况下的各过程节拍、过程之间的步距、工期的特点如下:

(1)节拍特征: $t =$ 常数

(2)步距特征: $K_{i,i+1} =$ 节拍(t)= 常数

(3)工期计算公式:

因为 $$T = \sum K_{i,i+1} + T_N$$

又因为 $$\sum K_{i,i+1} = (n-1)t \text{ 且 } T_N = mt$$

所以 $$T = (n-1)t + mt = (n+m-1)t \tag{2-9}$$

【例 2-2】某分部工程可以划分为 A、B、C、D、E 五个施工过程,每个施工过程可以划分为六个施工段,且各过程之间既无间歇时间也无搭接时间,流水节拍均为 4 天,试组织全等节拍流水。要求:计算工期并绘制横道图。

【解】第一步:计算工期,有

$$T = \sum K_{i,i+1} + T_N = (n+m-1)t = (5+6-1) \times 4 \text{ 天} = 40 \text{ 天}$$

第二步:绘制横道图,如图 2-9 所示。

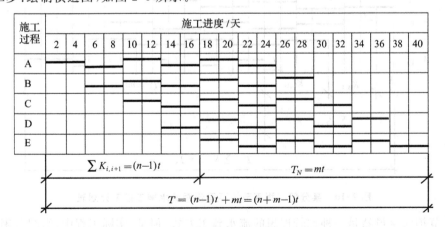

图 2-9 某分部工程全等节拍流水施工进度表

2. 等节拍不等步距流水

等节拍不等步距流水是指所有施工过程的流水节拍都相等,但是各过程之间的间歇时间(t_j)或搭接时间(t_d)不等于零的流水施工方式,即 $t_j \neq 0$ 或 $t_d \neq 0$。该流水施工方式情况下的各

过程节拍、过程之间的步距、工期的特点如下：

（1）节拍特征：　　　　　　　　　　　$t = 常数$

（2）步距特征：　　　　　　　　$K_{i,i+1} = t + t_j - t_d$

式中：t_j——第 i 个过程和第 $i+1$ 个过程之间的技术或组织间歇时间；

t_d——第 i 个过程和第 $i+1$ 个过程之间的搭接时间。

（3）工期计算公式：

因为　　　　　　　　　　$T = \sum K_{i,i+1} + T_N$

又因为　　　　$\sum K_{i,i+1} = (n-1)t + \sum t_j - \sum t_d, T_N = mt$

所以　　$T = (n-1)t + \sum t_j - \sum t_d + mt = (n+m-1)t + \sum t_j - \sum t_d$　　（2-10）

式中：$\sum t_j$——所有相邻施工过程之间的间歇时间累计之和；

$\sum t_d$——所有相邻过程之间搭接时间之和。

【例 2-3】 某分部工程划分为 A、B、C、D 四个施工过程，每个施工过程划分为三个施工段，其流水节拍均为 4 天，其中施工过程 A 与 B 之间有 2 天的搭接时间，施工过程 C 与 D 之间有 1 天的间歇时间。试组织全等节拍流水，计算流水施工工期，绘制进度计划表。

【解】 第一步：根据已知条件计算工期。

因为 $n = 4$ 天，$m = 3$ 天，$t = 4$ 天，$\sum t_d = 2$ 天，$\sum t_j = 1$ 天，所以有

$$T = (n+m-1)t + \sum t_j - \sum t_d = [(4+3-1) \times 4 + 1 - 2] 天 = 23 天$$

第二步：绘制进度计划表，如图 2-10 所示。

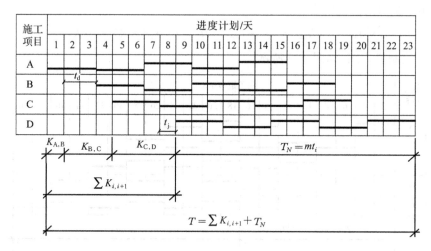

图 2-10　某分部工程等节拍不等步距流水施工进度计划表

全等节拍流水虽然是一种比较理想的流水施工方式，但是，实际工程中，组织时困难较大。因此，全等节拍流水的组织方式仅适用于施工过程数目不多的某些分部工程的流水。

全等节拍流水的组织方法是：

（1）划分施工过程，将工程量较小的施工过程合并到相邻的施工过程中去，目的是使各过程的流水节拍相等；

（2）根据主要施工过程的工程量以及工程进度要求,确定该施工过程的施工班组人数,从而确定流水节拍;

（3）根据已确定的流水节拍,确定其他施工过程的施工班组人数;

（4）检查按此流水施工方式组织的流水施工是否符合该工程工期以及资源等的要求,如果符合,则按此计划实施,如果不符合,则要调整主导施工过程的班组人数,使流水节拍发生改变,从而调整工期以及资源消耗情况,使计划符合要求。

（二）异节奏流水

异节奏流水是指同一施工过程在各施工段上的流水节拍都相等,不同施工过程之间的流水节拍不一定相等的一种流水施工方式。该种流水方式根据各施工过程的流水节拍是否为整数倍（或公约数）关系可以分为不等节拍流水和成倍节拍流水两种。

1. 不等节拍流水

不等节拍流水是指同一施工过程在各个施工段的流水节拍相等,不同施工过程之间的流水节拍既不相等也不成倍的流水施工方式。

1）不等节拍流水施工方式的特点

（1）节拍特征:同一施工过程流水节拍相等,不同施工过程流水节拍不一定相等。

（2）步距特征:各相邻施工过程的流水步距确定方法为使用基本步距计算公式,即

$$K_{i,i+1} = \begin{cases} t_i + (t_j - t_d) & (t_i \leqslant t_{i+1}) \\ mt_i - (m-1)t_{i+1} + (t_j - t_d) & (t_i > t_{i+1}) \end{cases}$$

（3）工期特征:不等节拍工期计算公式为一般流水工期计算表达式,即

$$T = \sum K_{i,i+1} + T_N$$

【例2-4】已知某工程可以划分为四个施工过程（$n=4$）、三个施工段（$m=3$）、各过程的流水节拍分别为 $t_A=2$ 天,$t_B=3$ 天,$t_C=4$ 天,$t_D=3$ 天,并且,A 过程结束后,B 过程开始之前,工作面有 1 天技术间歇时间,试组织不等节拍流水,并绘制流水施工进度计划表。

【解】① 根据计算公式计算流水步距。

由于 $t_A=2$ 天$<t_B=3$ 天,且 A、B 过程之间有 1 天技术间歇时间,即 $t_{(A,B)j}=1$ 天,故

$$K_{A,B} = t_A + t_{(A,B)j} = (2+1) \text{天} = 3 \text{天}$$

由于 $t_B=3$ 天$<t_C=4$ 天,故

$$K_{B,C} = t_B = 3 \text{天}$$

由于 $t_C=4$ 天$>t_D=3$ 天,故

$$K_{C,D} = mt_C - (m-1)t_D = [3\times4 - (3-1)\times3] \text{天} = 6 \text{天}$$

② 计算流水工期。

$$T = \sum K_{i,i+1} + T_N = K_{A,B} + K_{B,C} + K_{C,D} + mt_D$$
$$= (3+3+6+3\times3) \text{天} = 21 \text{天}$$

根据流水施工参数绘制流水施工进度计划表,如图2-11所示。

2）不等节拍流水的组织方式

（1）根据工程对象和施工要求,将工程划分为若干个施工过程;

（2）根据各施工过程的工程量,计算每个过程的劳动量,然后根据各过程施工班组人数,

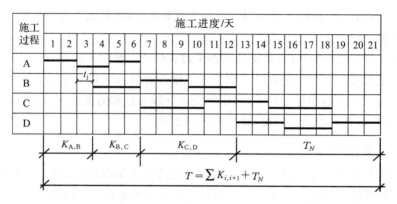

图 2-11　不等节拍流水施工进度计划表

确定出各自的流水节拍;

(3) 组织同一施工班组连续均衡地施工,相邻施工过程尽可能平行搭接施工;

(4) 在工期要求紧张的情况下,为了缩短工期,可以间断某些次要工序的施工,但主导工序必须连续均衡地施工,且决不允许发生工艺顺序颠倒的现象。

3) 不等节拍流水的适用范围

不等节拍流水施工方式的适用范围较为广泛,适用于各种分部和单位工程流水。

2. 成倍节拍流水

成倍节拍流水是指同一施工过程在各施工段上的流水节拍都相等,不同施工过程之间的流水节拍不完全相等,但各施工过程的流水节拍均为最小流水节拍的整数倍(或节拍之间存在最大公约数)关系的流水施工方式。

1) 成倍节拍流水施工的特点

(1) 节拍特征:各节拍为最小流水节拍的整数倍或节拍值之间存在最大公约数关系。

(2) 成倍节拍流水的最显著特点:各过程的施工班组数不一定是一个班组,而是根据该过程流水节拍为各流水节拍值之间的最大公约数(最大公约数一般情况下等于节拍值中间的最小流水节拍 t_{min})的整数倍相应调整班组数,即

$$b_i = \frac{t_i}{K_b} = \frac{t_i}{t_{min}} \tag{2-11}$$

式中: b_i——各施工所需的班组数;

K_b——各过程流水节拍的最大公约数。

(3) 流水步距特征: $K_{i,i+1}$ = 最大公约数。

注意:第一,各施工过程之间如果要求有间歇时间或搭接时间,流水步距应相应加上或减去;第二,流水步距是指任意两个相邻施工班组开始投入施工的时间间隔,这里的"相邻施工班组"并不一定是指从事不同施工过程的施工班组。因此,步距的数目并不是根据施工过程数目来确定的,而是根据班组数之和来确定的。假设班组数之和用 n' 表示,则流水步距数目为(n' -1)个。

(4) 工期计算公式:成倍节拍流水实质上是一种不等节拍等步距的流水,它的工期计算公式与等节拍流水工期表达式相近,可以表达为

$$T = (n' + m - 1)t_{min} + \sum t_j - \sum t_d$$

式中：n'——施工班组之和且 $n' = \sum\limits_{i=1}^{n} b_i$ 。

【例 2-5】已知某工程可以划分为四个施工过程（$n=4$）、六个施工段（$m=6$），各过程的流水节拍分别为 $t_A=2$ 天，$t_B=6$ 天，$t_C=4$ 天，$t_D=2$ 天，试组织成倍节拍流水，并绘制成倍节拍流水施工进度计划表。

【解】因为最大公约数＝最大公约数$\{2,6,4,2\}=2$，则根据

$$b_i = \frac{t_i}{K_b}$$

有

$$b_A = \frac{t_A}{K_b} = \frac{2}{2}\text{个} = 1\text{个}, \quad b_B = \frac{t_B}{K_b} = \frac{6}{2}\text{个} = 3\text{个},$$

$$b_C = \frac{t_C}{K_b} = \frac{4}{2}\text{个} = 2\text{个}, \quad b_D = \frac{t_D}{K_b} = \frac{2}{2}\text{个} = 1\text{个}$$

施工班组总数为 $\quad n' = \sum b_i = b_A + b_B + b_C + b_D = (1+3+2+1)\text{个} = 7\text{个}$

该工程流水步距为 $\quad K_{A,B} = K_{B,C} = K_{C,D} = $ 最大公约数 $= 2$ 天

该工程工期为 $\quad T = (n'+m-1)K_b = (7+6-1)\times 2\text{天} = 24\text{天}$

根据所确定的流水施工参数绘制该工程成倍节拍流水施工进度计划表如图 2-12 所示。

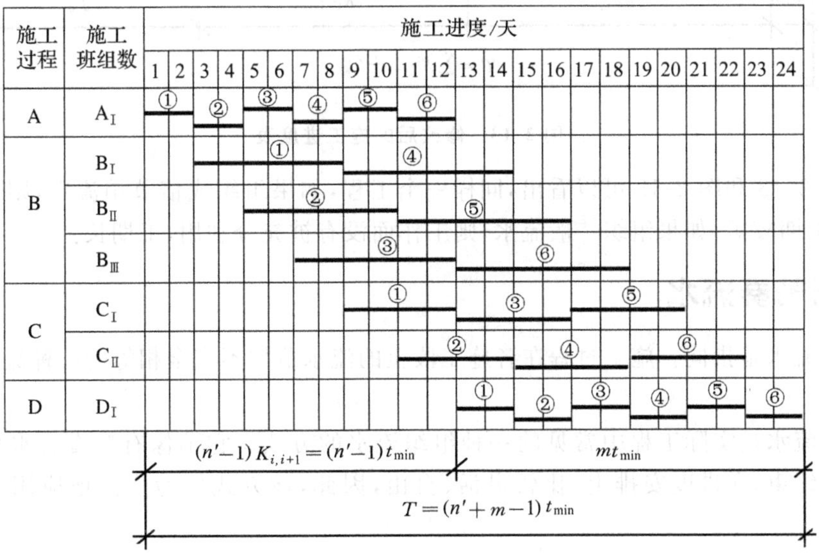

图 2-12　成倍节拍流水施工进度计划表

2）成倍节拍流水的组织要点

（1）根据工程对象和施工要求，将工程划分为若干个施工过程。

（2）根据工程量，计算每个过程的劳动量，再根据最小劳动量所需的施工班组人数确定出最小流水节拍。

（3）确定其他各过程的流水节拍，通过调整班组人数，使各过程的流水节拍均为最小流水节拍的整数倍。

（4）为了充分利用工作面，加快施工进度，各过程应根据其节拍为节拍最大公约数的整数倍关系相应调整施工班组数，每个施工过程所需的班组数为

$$b_i = \frac{t_i}{K_b}$$

（5）检查按此流水施工方式确定的流水施工是否符合该工程工期以及资源等的要求，如果符合，则按此计划实施，如果不符合，则通过调整使计划符合要求。

成倍节拍流水施工方式在管道、线性工程中使用较多，在建筑工程中，也可根据实际情况选用此方式。

注意：如果施工中，无法按照成倍节拍特征相应增加班组数，每个施工过程都只有一个施工班组，则具备组织成倍节拍流水特征的工程只能按照不等节拍流水组织施工。如以上例题，如果不增加班组数，则按不等节拍组织流水施工，进度计划如图 2-13 所示。

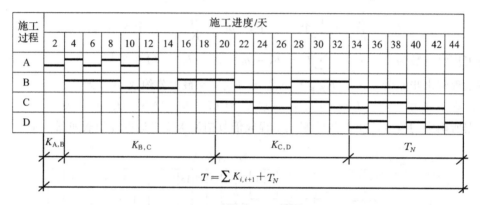

图 2-13　修改后的施工进度表

对比图 2-13 和图 2-12 可以看出，同样一个工程，如果组织成倍节拍流水，则工作面可被充分利用，工期较短，如果组织一般流水，则工作面没有被充分利用，工期长。

二、无节奏流水

无节奏流水是指同一施工过程在各施工段上的流水节拍不完全相等的一种流水施工组织方式。

无节奏流水是实际工程中常见的一种组织流水的方式。它不像有节奏流水那样有一定的时间规律约束，在进度安排上，比较灵活、自由，因此，该方式较为广泛地应用于实际工程中。

（一）组织无节奏流水的基本要求

无节奏流水的实质是，各专业班组连续流水作业，流水步距经计算确定，使工作班组之间在一个施工段内互不干扰，或前后工作班组之间工作紧紧衔接。因此，组织无节奏流水的基本要求即是保证各施工过程的工艺顺序合理和各施工班组尽可能依次在各施工段上连续施工。

（二）无节奏流水的时间参数计算

其流水节拍的计算方法同前面其他有节奏流水的，采用式（2-4）或式（2-5）计算。组织无节奏流水的关键在于流水步距的计算。

流水步距的计算方法，由于每一施工过程的流水节拍不相等，因此没有任何规律，但经过多年实际经验的积累,总结出了一种计算无节奏流水施工的步距计算法,即"逐段累加,错位相减,差值取大"的计算方法,详见以下例题。

其工期计算公式同一般流水施工工期计算式。

【例2-6】某工程可以分为四个施工过程、四个施工段,各施工过程在各施工段上的流水节拍如表2-3所示,试计算流水步距和工期,绘制流水施工进度计划表。

表2-3 各施工过程在各施工段上的流水节拍

施工段 施工过程	I	II	III	IV
A	5	4	2	3
B	4	1	3	2
C	3	5	2	3
D	1	2	2	3

【解】(1)流水步距计算。

由于每一施工过程在各施工段的流水节拍不相等,没有任何规律,因此,采用"逐段累加,错位相减,差值取大"的方法进行计算,无数据的地方补0计算,计算过程及结果如下:

① 求 $K_{A,B}$。

$$
\begin{array}{rrrrr}
5 & 9 & 11 & 14 & \\
-)\ 0 & 4 & 5 & 8 & 10 \\
\hline
5 & 5 & 6 & 6 &
\end{array}
$$

故 $K_{A,B} = \max\{5,5,6,6\}$ 天 $= 6$ 天

② 求 $K_{B,C}$。

$$
\begin{array}{rrrrr}
4 & 5 & 8 & 10 & 0 \\
-)\ 0 & 3 & 8 & 10 & 13 \\
\hline
4 & 2 & 0 & 0 &
\end{array}
$$

故 $K_{B,C} = \max\{4,2,0,0\}$ 天 $= 4$ 天

③ 求 $K_{C,D}$。

$$
\begin{array}{rrrrr}
3 & 8 & 10 & 13 & 0 \\
-)\ 0 & 1 & 3 & 5 & 8 \\
\hline
3 & 7 & 7 & 8 &
\end{array}
$$

故 $K_{C,D} = \max\{3,7,7,8\}$ 天 $= 8$ 天

(2)工期计算。

$$T = \sum K_{i,i+1} + T_N = K_{A,B} + K_{B,C} + K_{C,D} + 1 + 2 + 2 + 3$$
$$= (6+4+8+8) \text{ 天} = 26 \text{ 天}$$

该工程进度计划安排如图2-14所示。

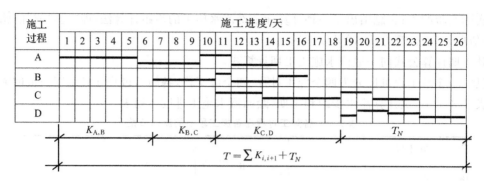

图 2-14　无节奏流水施工进度计划表

第五节　网络计划技术

网络计划技术是一种科学的计划管理技术。它是随着现代科学技术和工业生产的发展而产生的。20 世纪 50 年代,为了适应科学研究和新的生产组织管理的需要,国外陆续出现了一些计划管理的新方法。

1956 年,美国杜邦化学公司的工程技术人员和数学家共同开发了关键线路法(critical path method,CPM)。它首次运用于化工厂的建造和设备维修,大大缩短了工作时间,节约了费用。1958 年,美国海军军械局针对舰载洲际导弹项目,开发了计划评审技术(program evaluation and review technique,PERT)。该项目运用网络方法,将研制导弹过程中各种合同进行综合权衡,有效地协调了成百上千个承包商的关系,而且提前完成了任务,在成本控制上取得了显著的效果。20 世纪 60 年代初期,网络计划技术在美国得到了推广,一切新建工程全面采用这种计划管理新方法,并开始将该方法引入日本和西欧一些国家。目前,它已广泛应用于世界各国的工业、国防、建筑、运输和科研等领域,已成为发达国家盛行的一种现代生产管理的科学方法。

(1)网络计划是指用网络图形式表达出来的进度计划。

(2)网络计划方法是指依托网络计划这一形式产生的一套进度计划管理方法。

(3)网络计划技术是指网络计划原理与方法的集合。

一、网络计划的类型

网络计划技术可以从不同的角度进行分类。

1. 按工作之间逻辑关系和持续时间的确定程度分类

网络计划技术按工作之间逻辑关系和持续时间的确定程度分类如图 2-15 所示。

2. 按网络计划的基本元素——节点和箭线所表示的含义分类

按节点和箭线,网络计划分为如下类型:

(1)双代号网络计划(工作箭线网络计划);

(2)单代号搭接网络计划、单代号网络计划(工作节点网络计划);

(3)事件节点网络计划。

事件节点网络是一种仅表示工程项目里程碑事件的很有效的网络计划方法。

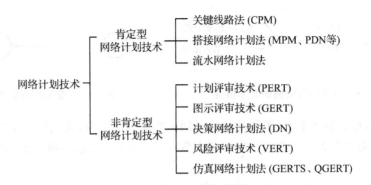

图 2-15 按工作之间逻辑关系和持续时间的确定程度分类

3. 按目标分类

网络计划技术按目标可以分为单目标网络计划和多目标网络计划。只有一个终点节点的网络计划是单目标网络计划。终点节点不止一个的网络计划是多目标网络计划。

4. 按层次分类

根据不同管理层次的需要而编制的范围大小不同、详略程度不同的网络计划,称为分级网络计划。以整个计划任务为对象编制的网络计划,称为总网络计划。以计划任务的某一部分为对象编制的网络计划,称为局部网络计划。

5. 按表达方式分类

以时间坐标为尺度绘制的网络计划,称为时标网络计划。不按时间坐标绘制的网络计划,称为非时标网络计划。时标网络图还可以按照表示计划工期内各项工作活动的最早可以与最迟必须开始时间的不同相应区分为早时标网络图和迟时标网络图。

按照时标网络图分别与双代号或是单代号网络图形成的不同组合,时标网络图还可进一步区分为双代号与单代号时标网络图。

6. 按反映工程项目的详细程度分类

概要地描述项目进展的网络,称为概要网络。详细地描述项目进展的网络,称为详细网络。

7. 按照工作关系分类

按是否在图中表示不同工作活动之间的各种搭接关系,如工作之间的开始到开始(STS)、开始到结束(STF)、结束到开始(FTS)、结束到结束(FTF)关系,网络图还可依次分为搭接网络图和非搭接网络图。

二、双代号网络计划

(一) 双代号网络图的基本要素

双代号网络图由工作、节点、线路三个基本要素组成,基本模型如图 2-16 所示。

1. 工作

(1) 工作就是计划任务按需要粗细程度划分而成的一个消耗时间或也消耗资源的子项目或子任务。它是网络图的组成要素之一,它用一根箭线和两个圆圈来表示。

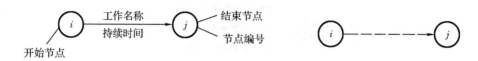

图 2-16　双代号网络图的基本模型　　　　图 2-17　虚工作表示法

工作的名称标在箭线上方,工作的持续时间标在箭线的下方,箭线的箭尾节点表示工作的开始,箭线的箭头节点表示工作的结束。两个节点、一个箭线表示一项工作,故称双代号表示法。

工作通常分为三种:需要消耗资源和时间;只消耗时间而不消耗资源(混凝土养护);既不消耗时间也不消耗资源。前两种是实际存在的,后一种是认为虚设的工作,只表示相邻的前后工作之间的逻辑关系,通常称为"虚工作",如图 2-17 所示。

(2) 在无时标限制的网络图中,箭线长短不代表工作时间长短,可以任意画,箭线可以是直线、折线或斜线,但其进行方向均应从左向右;在有时标限制的网络图中,箭线长度必须根据工作持续时间按照坐标比例绘制。

(3) 双代号网络图中,工作之间的相互关系有以下几种。

① 紧前工作:相对于某工作而言,紧排其前的工作称为该工作的紧前工作,工作与其紧前工作之间可能会有虚工作存在。

② 紧后工作:相对于某工作而言,紧排其后的工作称为该工作的紧后工作,工作与其紧前工作之间也可能会有虚工作存在。

③ 平行工作:相对于某工作而言,可以与该工作同时进行的工作即为该工作的平行工作。

2. 节点

在网络图中箭线的出发处和交汇处画有圆圈,用于标志该圆圈前面一项或若干项工作的结束和允许后面一项或若干项工作开始的时间,称为节点。

在网络图中,节点不同于工作,它只是标志着工作的结束和开始的瞬间,具有承上启下的作用,而不需要消耗时间和资源。

节点编号的顺序是,从起点节点开始,依次向终点节点进行。编号的原则是,每一条箭线的箭头节点编号必须大于箭尾节点编号,并且所有节点的编号不能重复出现。

在整个网络图中,除整个网络计划的起点节点和终点节点外,其余的任何节点都具有双重意义:既是前面工作的结束节点,又是后面工作的开始节点。

表示整个网络计划开始的节点称为网络计划的起点节点,整个网络计划的最终完成节点称为终点节点,其余的称为中间节点。

在一个网络图中,每个节点都有自己编号,以便计算网络图的时间参数和检查网络图是否正确。对于一个网络图,箭尾节点编号一定要小于箭头节点编号。

3. 线路

网络图中从起点节点开始,沿箭线方向连续通过一系列箭线与节点,最后到达终点节点的通路称为线路。每一条线路都有自己确定的完成时间,它等于该线路上各项工作持续时间的总和,也是完成这条线路上所有工作的计划工期,工期最长的线路称为关键线路。位于非关键线路上的工作称为非关键工作。位于关键线路上的工作称为关键工作。关键工作完成的快慢直接影响整个计划工期的实现与否,关键线路用粗线或者双箭线连接。

关键线路在网络图中可能不止一条,可以同时存在多条关键线路,这几条线路工作持续时间的和相同。

(二)双代号网络图绘制原则

(1)双代号网络图必须正确表达已定的逻辑关系。

(2)双代号网络图中,严禁出现循环回路。

所谓循环回路是指从网络图中的某一节点出发,顺着箭线方向又回到了原来出发点的线路。绘制时尽量避免逆向箭线,逆向箭线容易造成循环回路,如图2-18所示。

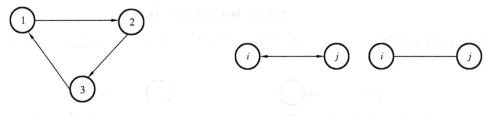

图 2-18　循环回路　　　　　　　　　图 2-19　双向箭线和无箭头箭线

(3)网络图中不允许出现双向箭线和无箭头箭线,如图2-19所示。进度计划是有向图,沿着方向进行施工,箭线的方向表示工作的进行方向,箭线箭尾表示工作的开始,箭头表示结束。

(4)双代号网络图中,严禁出现没有箭头节点或没有箭尾节点的箭线。

没有箭尾节点的箭线不能表示它所代表的工作在何时开始;没有箭头节点的箭线不能表示它所代表的工作何时完成,如图2-20所示。

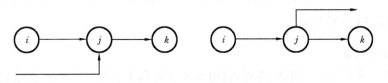

图 2-20　没有箭头节点或没有箭尾节点的箭线

(5)双代号网络图中,严禁出现节点代号相同的箭线,如图2-21所示。

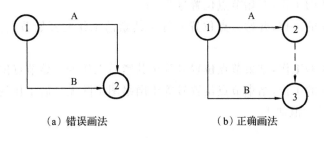

(a)错误画法　　　　　　　　　　　(b)正确画法

图 2-21　重复编号

(6)在绘制网络图时,应尽可能避免箭线交叉,如不可能避免时,应采用过桥法、断线法或指向法来表示,如图2-22所示。

(7)当网络图的起点节点有多条外向箭线或终点节点有多条内向箭线时,为使图形简洁,

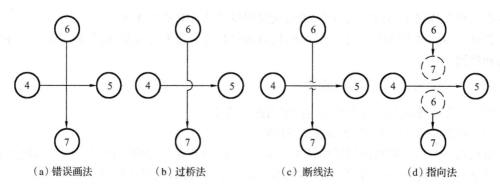

(a) 错误画法　　　　(b) 过桥法　　　　(c) 断线法　　　　(d) 指向法

图 2-22　箭线交叉表示方法

可采用母线法绘制,但应满足一项工作用一条箭线和相应的一对节点表示的规则,如图 2-23 所示。

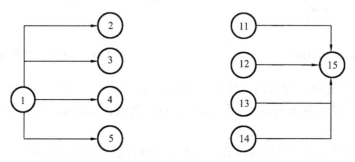

图 2-23　母线法

(8) 双号网络图中应只有一个起点节点和一个终点节点,其他节点均应为中间节点。

(三) 绘制方法和步骤

1. 节点位置号法

为使双代号网络图绘制简洁、美观,宜用水平箭线和垂直箭线表示。在绘制之前,先确定出各节点的位置号,再按照节点位置及逻辑关系绘制网络图。

1) 节点位置号的确定方法

(1) 无紧前工作的工作,开始节点位置号为 0;

(2) 有紧前工作的工作,开始节点位置号等于其紧前工作的开始节点位置号的最大值加1;

(3) 有紧后工作的工作,结束节点位置号等于其紧后工作的开始节点位置号的最小值;

(4) 无紧后工作的工作,结束节点位置号等于网络图中除无紧后工作的工作外,其他工作的终点节点位置号最大值加 1。

2) 绘制步骤

(1) 根据已知的紧前工作确定紧后工作;

(2) 确定出各工作的开始节点位置号和结束节点位置号;

(3) 根据节点位置号和逻辑关系绘出网络图。

【例 2-7】已知某工程项目各工作之间的逻辑关系如表 2-4 所示,画出网络图。

表 2-4　各工作之间的逻辑关系

工作	A	B	C	D	E	F
紧前工作	无	无	无	B	B	C、D

【解】（1）列出关系表，确定紧后工作和各工作的节点位置号，如表 2-5 所示。

表 2-5　各工作之间的关系表

工作	A	B	C	D	E	F
紧前工作	无	无	无	B	B	C、D
紧后工作	无	D、E	F	F	无	无
开始节点位置号	0	0	0	1	1	2
结束节点位置号	3	1	2	2	3	3

（2）根据逻辑关系和节点位置号，绘出网络图，如图 2-24 所示。

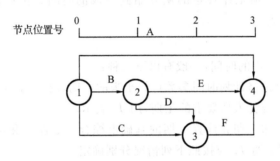

图 2-24　某工程项目网络图

2. 直接绘制法

绘制步骤如下：

（1）根据已知的紧前工作，确定出紧后工作，并自左至右先画紧前工作，后画紧后工作。

（2）若没有相同的紧后工作或只有相同的紧后工作，则无虚箭线；若既有相同的紧后工作，又有不同的紧后工作，则有虚箭线。

【例 2-8】某分部工程从 A 到 I 共 9 个工作的紧后工作逻辑关系如表 2-6 所示，绘制双代号网络图并进行节点编号。

表 2-6　某分部工程各施工过程的逻辑关系

工作	A	B	C	D	E	F	G	H	I
紧后工作	B	C、D、E	F、G、H	F	G	I	I	I	无

画图前，先找到各工作的紧后工作。显然，C 与 D 有共同的紧后工作 F，C 还有不同的紧后工作 G、H，所以有虚箭线，C 指向共同的紧后工作 F 用虚箭线；另外，C 和 E 有共同的紧后工作 G，C 还有不同的紧后工作 F、H，因此也肯定有虚箭线，C 指向共同的紧后工作 G 用虚箭线。其他均无虚箭线，绘出网络图并进行编号，如图 2-25 所示。绘好后还可用紧前工作进行检查，看绘出的网络图有无错误。

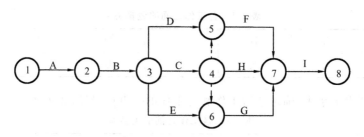

图 2-25　某分部工程网络计划图

（四）双代号网络计划时间参数计算

双代号网络计划时间参数计算的目的：① 确定工期；② 确定关键线路、关键工作、非关键工作；③ 确定非关键工作的机动时间（时差）。

1. 工作持续时间

工作持续时间是对一项工作规定的从开始到完成的时间。在双代号网络计划中，工作 $i-j$ 的持续时间用 D_{i-j} 表示。

2. 工期

工期泛指完成任务所需的时间，一般有以下三种：

（1）计算工期：根据网络计划时间参数计算出来的工期，用 T_c 表示。

（2）要求工期：任务委托人所要求的工期，用 T_r 表示。

（3）计划工期：在要求工期和计算工期的基础上综合考虑需要和可能确定的工期，用 T_p 表示。网络计划的计划工期 T_p 应按照下列情况分别确定。

① 当已规定了要求工期 T_r 时，$T_p \leqslant T_r$；

② 当未规定要求工期时，可令计划工期等于计算工期，$T_p = T_c$。

3. 节点最早时间和最迟时间

（1）节点最早时间（ET_i），表示以该节点为开始节点的各项工作的最早开始时间。

计算方法：从网络图的起点节点开始，顺着箭线方向相加，遇见箭头相遇的节点取最大值，直到终点节点为止，起点节点的 ET_i 假定为 0。计算公式为

$$\begin{cases} ET_i = 0 & (i = 1) \\ ET_j = \max(ET_i + D_{i-j}) & (j > 1) \end{cases}$$

（2）节点最迟时间（LT_i），表示以该节点为结束节点的各项工作的最迟完成时间。

计算方法：从网络图的终点节点开始，逆着箭头方向相减，遇见箭尾相遇的节点取最小值，直至起点节点为止。当工期有规定时，终点节点的最迟时间就等于规定工期；当工期没有规定时，最迟时间就等于终点节点的最早时间。计算公式为

$$\begin{cases} LT_n = ET_n（或规定工期） \\ LT_i = \min(LT_j - D_{i-j}) \end{cases} （n 为终点节点）$$

4. 工作的六个时间参数

（1）工作 $i-j$ 的最早开始时间（ES_{i-j}）是指在紧前工作约束下，工作有可能开始的最早时刻，即工作 $i-j$ 之前的所有紧前工作全部完成后，工作 $i-j$ 有可能开始的最早时刻。

各项工作的最早开始时间等于其开始节点的最早时间。

计算公式为

$$ES_{i-j} = ET_i$$

（2）工作 $i-j$ 的最早完成时间（EF_{i-j}）是指在紧前工作约束下，工作有可能完成的最早时刻，即工作 $i-j$ 之前的所有紧前工作全部完成后，工作 $i-j$ 有可能完成的最早时刻。

各项工作的最早完成时间等于其开始节点的最早时间加上持续时间。

计算公式为

$$EF_{i-j} = ES_{i-j} + D_{i-j} = ET_i + D_{i-j}$$

（3）工作 $i-j$ 的最迟完成时间（LF_{i-j}）是指在不影响整个任务按期完成的前提下，工作必须完成的最迟时刻。

各项工作的最迟完成时间等于其结束节点的最迟时间。

计算公式为

$$LF_{i-j} = LT_j$$

（4）工作 $i-j$ 的最迟开始时间（LS_{i-j}）是指在不影响整个任务按期完成的前提下，工作 $i-j$ 必须开始的最迟时刻。

各项工作的最迟开始时间等于其最迟完成时间减去工作持续时间。

计算公式为

$$LS_{i-j} = LF_{i-j} - D_{i-j} = LT_i - D_{i-j}$$

（5）工作 $i-j$ 的总时差（TF_{i-j}）是指在不影响总工期的前提下，本工作可以利用的机动时间。

工作总时差等于其最迟开始时间减去最早开始时间，或等于工作最迟完成时间减去最早完成时间。

计算公式为

$$TF_{i-j} = LS_{i-j} - ES_{i-j} \quad 或者 \quad TF_{i-j} = LF_{i-j} - EF_{i-j}$$

（6）工作 $i-j$ 的自由时差（FF_{i-j}）是指在不影响其紧后工作最早开始时间的前提下，本工作可以利用的机动时间。

如果工作 $i-j$ 的紧后工作是工作 $j-k$，则其自由时差应为工作 $j-k$ 的最早开始时间减去工作 $i-j$ 的最早完成时间。

计算公式为

$$FF_{i-j} = ES_{j-k} - EF_{i-j} = ES_{j-k} - ES_{i-j} - D_{i-j} = ET_j - ET_i - D_{i-j}$$

工作的自由时差不会影响其紧后工作的最早开始时间，属于工作本身的机动时间，与后续工作无关；而总时差则属于某条线路上工作所共有的机动时间，不仅为本工作所有，也为经过该工作的线路所有，动用某工作的总时差超过该工作的自由时差就会影响后续工作的总时差。

（五）关键线路的确定

1. 关键工作的确定

根据计算工期 T_c 和计划工期 T_p 的关系，关键工作的总时差可能出现如下三种情况：

（1）当 $T_p = T_c$ 时，关键工作的 $TF_{i-j} = 0$；

（2）当 $T_p > T_c$ 时，关键工作的 $TF_{i-j} > 0$；

（3）当 $T_p < T_c$ 时，关键工作的 $TF_{i-j} < 0$。

关键工作是施工过程中的重点控制对象,根据 T_p 与 T_c 的大小关系及总时差的计算公式,总时差最小的工作为关键工作。

2. 关键线路的确定

在双代号网络图中,关键工作的连线为关键线路;总时间持续最长的线路为关键线路;当 $T_p = T_c$ 时,$\mathrm{TF}_{i-j} = 0$ 的工作相连的线路为关键线路。

(六)计算实例

已知某工程网络计划如图 2-26 所示。进行时间参数计算,确定关键线路。图 2-26 所示网络计划的计算法如图 2-27 所示。

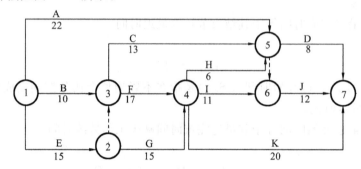

图 2-26　某工程网络计划

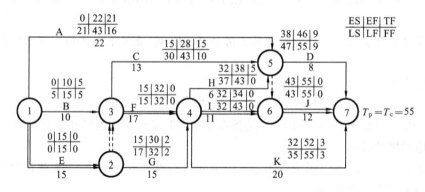

图 2-27　某网络计划时间参数图上计算法

计算说明如下:

(1) 以 A 工作为例,有

最早时间:　　　　　　　　　　　　$\mathrm{ES}_{1-5} = 0$

最早完成时间:　　　　　$\mathrm{EF}_{1-5} = \mathrm{ES}_{1-5} + D_{1-5} = 0 + 22 = 22$

以 F 工作为例,有

最早时间:　　　$\mathrm{ES}_{3-4} = \max\{\mathrm{EF}_{1-2}, \mathrm{EF}_{1-3}\} = \max\{10, 15\} = 15$

最早完成时间:　　　　　$\mathrm{EF}_{3-4} = \mathrm{ES}_{3-4} + D_{3-4} = 15 + 17 = 32$

(2) 以 J 工作为例,有

最迟完成时间:　　　　　　　　　　　$\mathrm{LF}_{6-7} = 55$

最迟开始时间:　　　　$\mathrm{LS}_{6-7} = \mathrm{LF}_{6-7} - D_{6-7} = 55 - 12 = 43$

以 F 工作为例,有

最迟完成时间：　　　　$LF_{3-4} = \min\{LS\,紧后工作\} = \{I, H, K\} = \{32, 37, 35\} = 32$

最迟开始时间：　　　　$LS_{3-4} = LF_{3-4} - D_{3-4} = 32 - 17 = 15$

（3）以 A 工作为例，有

总时差：　　　　$TF_{1-5} = LS_{1-5} - ES_{1-5} = LF_{1-5} - EF_{1-5} = 21 - 0 = 21$

（4）以 A 工作为例，有

自由时差：　　　　$FF_{1-5} = \min ES\{D\,工作, J\,工作\} - EF_{1-5} = \min\{38, 43\} - 22 = 16$

（5）确定工期。计算工期为 55。

（6）确定关键线路。关键线路为 1—2—3—4—6—7。

(七)用标号法确定关键线路

标号法是一种快速确定双代号网络计划的计算工期和关键线路的方法。其具体运用步骤如下：

（1）设双代号网络计划的起点节点标号值为零，即 $b_1 = 0$。

（2）其他节点的标号值等于以该节点为结束节点的各工作的开始节点标号值加其持续时间之和的最大值，即 $b_j = \max(b_i + D_{i-j})$。

需注意的是，虚工作的持续时间为零。网络计划的起点节点从左向右顺着箭线方向，按节点编号从小到大的顺序逐次算出标号值，标注在节点上方，并用双标号法进行标注。所谓双标号法，是指用源节点（得出标号值的节点）作为第一标号，用标号值作为第二标号。需特别注意的是，如果源节点有多个，应将所有源节点标出。

（3）网络计划终点节点的标号值即为计算工期。

（4）将节点都标号后，从网络计划终点节点开始，从右向左逆着箭线方向按源节点寻求出关键线路。

【例 2-9】已知网络计划如图 2-28 所示，试用标号法确定其关键线路。

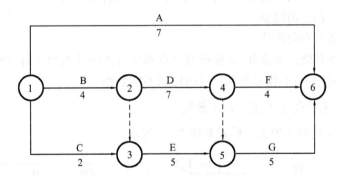

图 2-28　某双代号网络计划

【解】（1）节点①的标号值为零，即 $b_1 = 0$。

（2）其他节点的标号值按节点编号从小到大的顺序逐个进行计算，即

$$b_2 = b_1 + D_{1-2} = 0 + 4 = 4$$

$$b_3 = \max\{b_1 + D_{1-3} = 0 + 2 = 2, \quad b_2 + D_{2-3} = 4 + 0 = 4\} = 4$$

$$b_4 = b_2 + D_{2-4} = 4 + 7 = 11$$

$$b_5 = \max\{b_3 + D_{3-5} = 4 + 5 = 9, \quad b_4 + D_{4-5} = 11 + 0 = 11\} = 11$$

$$b_6 = \max \begin{cases} b_1 + D_{1-6} = 0 + 7 = 7 \\ b_4 + D_{4-6} = 11 + 4 = 15 \\ b_5 + D_{5-6} = 11 + 5 = 16 \end{cases} = 16$$

其计算工期就等于终点节点⑥的标号值16。

（3）关键线路应从网络计划的终点节点开始，逆着箭线方向按源节点确定。从终点节点⑥开始，逆着箭线方向从右向左，根据源节点（即节点的第一个标号）可以寻求关键线路：1—2—4—5—6，如图2-29中的粗箭线所示。

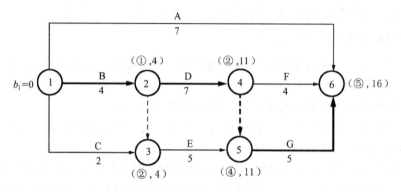

图 2-29　标号法确定关键线路

三、单代号网络图

（一）单代号网络图绘图基本规则

（1）因为每个节点只能表示一项工作，所以各节点的代号不能重复。

（2）用数字代表工作的名称时，宜由小到大按活动先后顺序编号。

（3）不允许出现循环的线路。

（4）不允许出现双向的箭线。

（5）除起点节点和终点节点外，其他所有节点都应有指向箭线和背向箭线。

（6）在一幅网络图中，单代号和双代号的画法不能混用。

（二）单代号网络图节点的表示形式

单代号网络图节点的几种表示形式如图2-30所示。

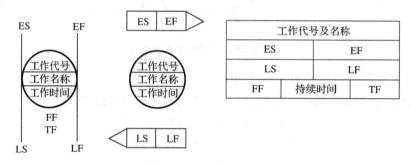

图 2-30　单代号网络图节点表示形式

（三）单代号网络计划有关时间参数的计算

单代号网络计划与双代号网络计划只是表现形式不同，但是表达内容是完全一样的。

单代号网络计划时间参数的计算通常也在图上直接进行计算，主要时间参数如下：

1. 工作最早开始时间 ES_i 和最早完成时间 EF_i

工作的最早开始时间是从网络计划的起点节点开始，顺着箭线方向自左至右，依次逐个计算的。

（1）网络计划起点节点的最早开始时间如无规定，则其值等于零，即

$$ES_1 = 0$$

（2）其他工作的最早开始时间等于该工作紧前工作的最早完成时间的最大值，即

$$ES_j = \max(EF_i) = \max(ES_i + D_i)$$

（3）工作的最早完成时间等于工作的最早开始时间加上该工作的工作历时，即

$$EF_i = ES_i + D_i$$

2. 网络计划计算工期和计划工期

1）网络计划计算工期

网络计划的计算工期 T_c 等于网络计划终点节点的最早完成时间，即 $T_c = EF_n$。

2）网络计划计划工期

当规定了要求工期 T_r 时，计划工期 T_p 应小于或等于要求工期 T_r；当未规定要求工期 T_r 时，可取计划工期 T_p 等于计算工期 T_c。

3. 相邻两项工作之间的时间间隔

在单代号网络计划中引入时间间隔概念。时间间隔是指本工作的最早完成时间与其紧后工作最早开始时间之间的差值，工作 i 与其紧后工作 j 之间的时间间隔用 LAG_{i-j} 表示，即 $LAG_{i-j} = ES_j - EF_i$。

4. 工作最迟完成时间和最迟开始时间的计算

工作的最迟时间应从网络计划的终点节点开始，逆着箭线方向自右至左，依次逐个计算。

（1）终点节点所代表的工作的最迟完成时间 $LF_n = T_p$。

（2）其他节点工作最迟完成时间等于该工作的紧后工作的最迟开始时间的最小值，即

$$LF_i = \min(LS_j)$$

（3）节点工作最迟开始时间等于工作最迟完成时间减去该工作的工作历时，即

$$LS_i = LF_i - D_i$$

5. 工作总时差计算

工作总时差应从网络计划的终点节点开始，逆着箭线方向自右至左，依次逐个计算。

（1）网络计划终点节点所代表的工作 n 的总时差为零，即 $TF_n = 0$。

（2）其他工作的总时差等于该工作与其紧后工作之间的时间间隔加该紧后工作的总时差之和的最小值，即 $TF_i = \min(LAG_{i-j} + TF_j)$；或者，当已知各项工作的最迟完成时间或最迟开始时间时，工作总时差也可按下式计算：

$$TF_i = LF_i - EF_i \quad \text{或} \quad TF_i = LS_i - ES_i$$

6. 工作自由时差计算

工作自由时差等于该工作与其紧后工作之间的时间间隔的最小值，即

$$FF_i = min(LAG_{i-j})$$

（四）计算实例

计算实例如图 2-31 所示。

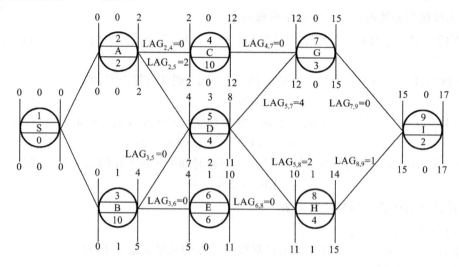

图 2-31　某单代号网络计划时间参数计算图

四、双代号时标网络计划

（一）概念

双代号时标网络计划简称时标网络计划，是以时间坐标为尺度编制的网络计划，该网络计划既有一般网络计划的优点，又具有横道图计划直观易懂的优点，清晰地把时间参数直观地表达出来，同时表明网络计划中各工作之间的逻辑关系，如图 2-32 所示。

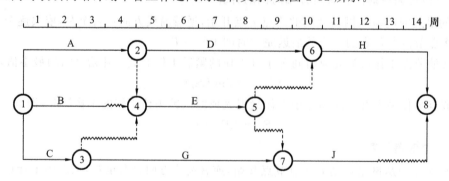

图 2-32　某分部工程时标网络计划

时标网络计划以水平时间坐标为尺度表示工作时间。时标的时间单位应根据需要在编制网络计划之前确定，可以是小时、天、周、月或季度等。

时标网络计划应以实箭线表示工作，以虚箭线表示虚工作，以波形线表示工作的自由时差或者与紧后工作之间的时间间隔。

时标网络计划中所有符号在时间坐标上的水平投影位置都必须与其时间参数相对应。节点中心必须对应相应的时标位置。虚工作垂直方向以虚箭线表示，水平方向以波形线表示。

（二）绘制方法

时标网络计划的绘制方法有间接绘制法和直接绘制法。

1. 间接绘制法

先绘制无时标的双代号网络计划，用标号法确定出双代号网络计划的关键线路；再在时标标尺下按照工作时间长度比例绘出双代号网络计划的关键线路，并绘制非关键工作，完成时标网络计划的绘制。某时标网络计划绘制过程如图 2-33 及图 2-34 所示。

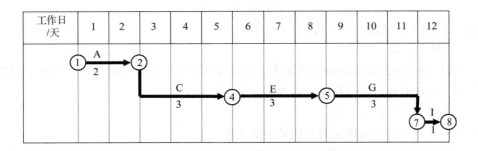

图 2-33　画出时标网络计划的关键线路

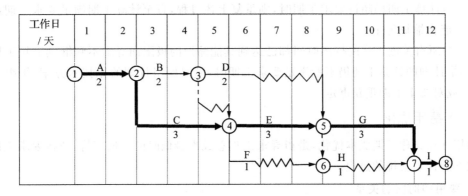

图 2-34　完成时标网络计划

2. 直接绘制法

直接绘制法不经时间参数计算而直接按无时标网络计划绘制出时标网络计划。

五、网络计划的优化

网络计划的优化就是利用时差，不断改善网络计划的初始方案，在满足既定条件下，按某一衡量指标（如时间、成本、物资）来寻求最优方案的方法。

网络计划的优化目标应按计划任务的需要和条件选定，包括工期目标、费用目标和资源目标。根据优化目标的不同，网络计划的优化可分为工期优化、费用优化和资源优化三种。

（一）工期优化

所谓工期优化，是指网络计划的计算工期不满足要求工期时，通过压缩关键工作的持续时间以满足要求工期目标的过程。

网络计划工期优化的基本方法是,在不改变网络计划中各项工作之间逻辑关系的前提下,通过压缩关键工作的持续时间来达到优化目标。在工期优化过程中,按照经济合理的原则,不能将关键工作压缩成非关键工作。此外,当工期优化过程中出现多条关键线路时,必须将各条关键线路的总持续时间压缩相同数值,否则,不能有效地缩短工期。

网络计划的工期优化可按下列步骤进行:

(1)确定初始网络计划的计算工期和关键线路。

(2)按要求工期,计算应缩短的时间 ΔT,即

$$\Delta T = T_\text{c} - T_\text{r}$$

式中:T_c——网络计划的计算工期;

T_r——要求工期。

(3)选择应缩短持续时间的关键工作。选择压缩对象时宜在关键工作中考虑下列因素:

① 缩短持续时间对质量和安全影响不大的工作;

② 有充足备用资源的工作;

③ 缩短持续时间所需增加的费用最少的工作。

(4)将所选定的关键工作的持续时间压缩至最短,并重新确定计算工期和关键线路。若被压缩的工作变成非关键工作,则应延长其持续时间,使之仍为关键工作。

(5)当计算工期仍超过要求工期时,则重复上述过程,直至计算工期满足要求工期或计算工期已不能再缩短为止。

(6)当所有关键工作的持续时间都已达到其能缩短的极限而寻求不到继续缩短工期的方案,但网络计划的计算工期仍不能满足要求工期时,应对网络计划的原技术方案、组织方案进行调整,或对要求工期重新审定。

(二)费用优化

费用优化又称工期成本优化,是指寻求工程总成本最低时的工期安排,或按要求工期寻求最低成本的计划安排的过程。

1. 费用和时间的关系

1)工程费用与工期的关系

工程总费用由直接费和间接费组成。直接费由人工费、材料费、机械使用费、其他直接费及现场经费等组成。施工方案不同,直接费也就不同;如果施工方案一定,工期不同,直接费也不同。直接费会随着工期的缩短而增加。间接费包括经营管理的全部费用,它一般会随着工期的缩短而减少。在考虑工程总费用时,还应考虑工期变化带来的其他损益,包括效益增量和资金的时间价值等。工程费用与工期的关系如图 2-35 所示。

对于一个施工项目而言,工期的长短与该项目的工程量、施工方案条件有关,并取决于关键线路上各项作业时间之和,关键线路又由许

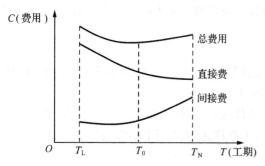

图 2-35 工期-费用曲线

T_L——最短工期;T_0——优化工期;

T_N——正常工期

多持续时间和费用各不相同的作业所组成。当缩短工期到某一极限时,无论费用增加多少,工期都不能再缩短,这个极限对应的时间称为强化工期,强化工期对应的费用称为极限费用,此时的费用最高。反之,若延长工期,则直接费用减少,但将时间延长至某极限时,无论怎样增加工期,直接费用也不会减少,此时的极限对应的时间称为正常工期,对应的费用称为正常费用。将正常工期对应的费用和强化工期对应的费用连成一条曲线,形成费用曲线或称 ATC 曲线,如图 2-36 所示。在图中,

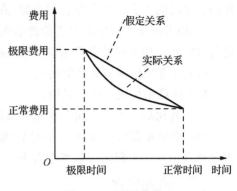

图 2-36 ATC 曲线

ATC 曲线为一直线,这样单位时间内费用变化就是一个常数,把这条直线的斜率(即缩短单位时间所需的直接费用)称为直接费费率。不同作业的直接费费率是不同的,直接费费率大,意味着作业时间缩短一天,所增加的费用越大,或作业时间增加一天,所减少的费用越多。

因此,在压缩关键工作的持续时间以达到缩短工期的目的时,应将直接费费率最小的关键工作作为压缩对象。当有多条关键线路出现而需要同时压缩多个关键工作的持续时间时,应将它们的直接费费率之和(组合直接费费率)最小者作为压缩对象。

2. 费用优化方法

(1)计算出工程总直接费。它等于组成该工程的全部工作的直接费之和,用 $\sum C_{i-j}^{D}$ 表示。

(2)计算各项工作直接费费用增加率(简称直接费费率)。工作 $i-j$ 的直接费费率为

$$\Delta C_{i-j} = \frac{CC_{i-j} - CN_{i-j}}{DN_{i-j} - DC_{i-j}}$$

式中:ΔC_{i-j}——工作 $i-j$ 的费用率;

CC_{i-j}——将工作 $i-j$ 持续时间缩短为极限时间后,完成该工作所需的直接费;

CN_{i-j}——在正常时间内完成 $i-j$ 所需的直接费用;

DN_{i-j}——工作 $i-j$ 的正常持续时间;

DC_{i-j}——工作 $i-j$ 的极限持续时间。

(3)按工作的正常持续时间确定计算工期和关键线路。

(4)选择优化对象。当只有一条关键线路时,应找出直接费费率最小的一项关键工作,作为缩短持续时间的对象;当有多条关键线路时,应找出组合直接费费率最小的一组关键工作,作为缩短持续时间的对象。对于压缩对象,缩短后工作的持续时间不能小于其极限时间,缩短持续时间的工作也不能变成非关键工作,如果变成了非关键工作,则需要将其持续时间延长,使其仍为关键工作。

(5)对于选定的压缩对象,首先要比较其直接费费率或组合直接费费率与工程间接费费率的大小,然后再进行压缩。压缩方法如下:

① 如果被压缩对象的直接费费率或组合费费率大于工程间接费费率,则说明压缩关键工作的持续时间会使工程总费用增加,此时应停止缩短关键工作的持续时间,在此之前的方案即为优化方案。

② 如果被压缩对象的直接费费率或组合费费率等于工程间接费费率,则说明压缩关键工

作的持续时间不会使工程总费用增加,故应缩短关键工作的持续时间。

③ 如果被压缩对象的直接费费率或组合费费率小于工程间接费费率,说明压缩关键工作的持续时间会使工程的总费用减少,故应缩短关键工作的持续时间。

(6)计算相应增加的总费用 C_i。

(7)计算出优化后的总费用:

优化后工程总费用＝初始网络计划的费用＋直接费增加费－间接费减少费

(8)重复步骤(4)～(7),一直计算到总费用最低为止,即直到被压缩对象的直接费费率或组合费费率大于工程间接费费率为止。

(三)资源优化

资源是指为完成一项计划任务所需投入的人力、材料、机械设备和资金等。完成一项工程任务所需要的资源基本上是不变的,不可能通过资源优化将其减少。资源优化的目的是改变工作的开始时间和完成时间,使资源按照时间的分布符合优化目标。

在通常情况下,网络计划的资源优化分为两种,即"资源有限,工期最短"的优化和"工期固定,资源均衡"的优化。前者是调整计划安排,在满足资源限制条件下,使工期延长最少的过程;而后者是调整计划安排,在工期保持不变的条件下,使资源需用量尽可能均衡的过程。这里所讲的资源优化,其前提条件如下:

(1)在优化过程中,不改变网络计划中各项工作之间的逻辑关系;

(2)在优化过程中,不改变网络计划中各项工作的持续时间;

(3)网络计划中各项工作的资源强度(单位时间所需资源数量)为常数,而且是合理的;

(4)除规定可中断的工作外,一般不允许中断工作,应保持其连续性。

第六节　施工组织总设计与单位工程施工组织设计

一、施工组织总设计

(一)施工组织总设计侧重的问题

(1)施工总体部署和施工程序的合理性。

(2)建设工期及施工均衡性。

(3)主要工程施工方案的可行性、经济性。

(4)质量、安全措施的针对性与有效性。

(5)施工总平面布置的合理性及施工用地情况。

(二)施工总体布置

1. 施工总体布置原则

(1)对于施工临时设施与永久性设施,应研究相互结合、统一规划的可能性。

(2)确定施工临建设施项目及其规模时,应研究利用已有企业设施为施工服务的可能性与合理性。

(3)主要施工设施和主要辅助企业的防洪标准应根据工程规模、工期长短、水文特性和损失大小,采用防御 10～20 年一遇洪水的标准制定。高于或低于上述标准,要进行论证。

(4) 场内交通规划,必须满足施工需要,适应施工程序、工艺流程的要求;全面协调单项工程、施工企业、地区间交通运输的连接与配合;力求使交通联系简便、运输组织合理,节省线路和设施的工程投资,减少管理运营费用。

(5) 施工总体布置应紧凑、合理,节约用地,并尽量利用荒地、滩地、坡地,不占或少占良田。

施工总体布置图应包括一切地上和地下已有的建筑物和房屋、一切地上和地下拟建的建筑物和房屋、一切为施工服务的临时性建筑物和施工设施。

2. 施工场地区域规划

施工场地区域规划是施工布置设计的总构思。大中型水利水电工程施工场地内部可分为下列主要区域:

(1) 主体工程施工区;

(2) 辅助企业区;

(3) 仓库、站场、转运站、码头等储运中心;

(4) 施工管理及主要施工工段;

(5) 建筑材料开采区;

(6) 机电、金属结构和大型施工机械设备安装场地;

(7) 工程弃料堆放区;

(8) 生活福利区。

3. 区域规划方式

区域规划按主体工程施工区与其他各区域互相关联或相互独立的程度,分为集中布置、分散布置、混合布置三种方式。水电工程一般多采用混合布置方式。

4. 分区布置

1) 分区布置的内容

分区布置的内容包括:场内交通线路布置,施工辅助企业及其他辅助设施布置,仓库站场及转运站布置,施工管理及生活福利设施布置,风、水、电等系统布置,施工料场布置和永久建筑物施工区的布置。

2) 分区布置的原则

(1) 场外交通采用标准轨铁路和水运时,要确定车站、码头的位置,布置重大辅助企业、生产系统和主要场内交通干线。然后,协调布置其他辅助企业、仓库、生产指挥系统,以及风、水、电等系统,施工管理和生活福利设施。

(2) 场外交通采用公路时,首先布置重大辅助企业和生产系统,再按上述次序布置其他各项临时设施;或者首先布置与场外公路相连接的主要公路干线,再沿线布置各项临时设施。前者较适用于场地宽阔的情况,后者较适用于场地狭窄的情况。

(3) 凡有铁路线路通过的施工区域,一般应先布置线路,或者考虑和预留线路的布置。

5. 施工现场布置总体规划

施工现场布置总体规划是解决施工总体布置的关键,要着重研究解决一些重大原则问题,例如:施工场地是设在一岸还是分布在两岸;是集中布置还是分散布置;如果是分散布置,则主要场地设在哪里;如何分区;哪些临时设施要集中布置;哪些可以分散布置;主要交通干线设几条;它们的高程、走向如何布置;场内交通与场外交通如何衔接;临建工程和永久设施如何结合;前期和后期如何结合等。

6. 施工场地的选择

1) 施工场地选择步骤

(1) 根据枢纽工程施工工期、导流分期、主体工程施工方法、能否利用当地企业为工程施工服务等状况,确定临时建筑项目,初步估算各项目的建筑物面积和占地面积。

(2) 根据对外交通线路的条件、施工场地条件、各地段的地形条件和临时建筑的占地面积,按生产工艺的组织方式,初步考虑其内部的区域划分,拟定可能的区域规划方案。

(3) 对各方案进行初步分区布置,估算运输量及其分配,初选场内运输方式,进行场内交通线路规划。

(4) 布置方案的供风、供水、供电系统。

(5) 研究方案的防洪、排水条件。

(6) 初步估算方案的场地平整工程、主要交通线路、桥梁隧道等的工程量及造价,场内主要物料运输量及运输费用等技术经济指标。

(7) 进行技术经济比较,选定施工场地。

2) 施工场地选择的基本原则

(1) 一般情况下,施工场地不宜选在枢纽上游的水库区。如果不得已必须在水库区布置施工场地,则其高程应不低于场地使用期间最高设计水位,并考虑回水、涌浪、浸润、坍岸的影响。

(2) 利用滩地平整施工场地,尽量避开因导流、泄洪而造成的冲淤、主河道及两岸沟谷洪水的影响。

(3) 位于枢纽下游的施工场地,其整平高程应能满足防洪要求。地势低洼,又无法填高时,应设置防汛堤和排水泵站、涵闸等设施,并考虑清淤措施。

(4) 施工场地应避开不良地质地段,考虑边坡的稳定性。

(5) 施工场地地段之间、地段与施工区之间,联系简捷方便。

(6) 与地方经济发展结合。

7. 施工总体布置的步骤

(1) 收集和分析基本资料。

(2) 列出临建工程项目清单。

(3) 进行施工现场区域规划:

① 工程布置及地形条件;

② 工程型式及枢纽组成;

③ 施工场规划;

④ 临时建筑和施工设施的分区布置;

⑤ 场内运输干线。

(4) 具体布置各项临时建筑物。

(5) 调整、修改和选定合理方案。

（三）施工总体布置的评价

1. 总布置方案综合比较的内容

（1）场内主要交通线路的可靠性、修建线路的技术条件、工程数量和造价。

（2）场内交通线路的技术指标（弯道、坡度、交叉等），场内物料运输是否产生倒流现象。

（3）场地平整的技术条件、工程量、费用及建设时间，场地平整、防洪、防护工程量。

（4）区域规划及其组织是否合理，管理是否集中、方便，场地是否宽阔，有没有扩展的余地等；施工临时设施与主体工程施工之间、临时设施之间的干扰性；场内布置是否满足生产和施工工艺的要求。

（5）施工给水、供电条件。

（6）场地占地条件、占地面积（尤其针对耕地、林木、房屋等）。

（7）施工场地防洪标准能否满足要求，安全、防火、卫生和环境保护能否满足要求。

2. 方案的评价

评价因素大体有两类：一类是定性因素，一类是定量因素。

1）定性因素

（1）有利生产、易于管理、方便生活的程度；

（2）在施工流程中，互相协调的程度；

（3）对主体工程施工和运行的影响；

（4）满足保安、防火、防洪、环保方面要求的程度；

（5）临建工程与永久工程结合的情况等。

2）定量因素

（1）场地平整土石方工程量和费用；

（2）土石方开挖利用的程度；

（3）临建工程建筑安装工程量和费用；

（4）各种物料的运输工作量和费用；

（5）征地面积和费用；

（6）造地还田的面积；

（7）临建工程的回收率或回收费等。

二、单位工程施工组织设计

水利水电工程项目划分应结合工程结构特点、施工部署及施工合同要求进行，划分结果应有利于保证施工质量以及施工质量管理。从承包单位施工项目管理的角度看，单位工程施工组织设计是施工项目管理实施规划的重要组成内容，也是用于指导具体施工项目作业技术活动和管理，实施质量、工期、成本和安全目标控制的直接依据。

1. 单位工程施工组织设计侧重的问题

（1）计划施工工期是否满足合同工期要求。

（2）施工方案的可行性、可靠性与经济性。

（3）施工质量和安全管理的重点是否明确，保证措施的针对性与有效性。

（4）冬雨期施工措施的有效性。

2. 单位工程项目的划分原则

（1）枢纽工程，一般以每座独立的建筑物为一个单位工程。当工程规模大时，可将一个建筑物中具有独立施工条件的一部分划分为一个单位工程。

（2）堤防工程，按招标标段或工程结构划分单位工程。规模较大的交叉联结建筑物及管理设施以每座独立的建筑物为一个单位工程。

（3）引水（渠道）工程，按招标标段或工程结构划分单位工程。大、中型引水（渠道）建筑物以每座独立的建筑物为一个单位工程。

（4）除险加固工程，按招标标段或加固内容，并结合工程量划分单位工程。

3. 单位工程施工组织设计的内容

（1）工程概况及施工条件分析：主要包括工程特点、枢纽所在河段特征、施工条件等。

（2）施工方案：包括确定总的施工顺序及确定施工流向，主要分部单元工程的划分及其施工方法的选择、施工段的划分、施工机械的选择、技术组织措施的拟定等。

（3）施工进度计划：主要包括划分施工过程和计算工程量、劳动量、机械台班量、施工班组人数、每天工作班次、工作持续时间，以及确定分部分项工程（施工过程）施工顺序及搭接关系、绘制进度计划表等。

（4）施工准备工作计划：主要包括施工前的技术准备、现场准备、机械设备、工具、材料、构件和半成品构件的准备，并编制准备工作计划表。

（5）资源需用量计划：包括材料需用量计划、劳动力需用量计划、构件及半成品构件需用量计划、机械需用量计划、运输量计划等。

（6）施工平面图：主要包括施工所需机械、临时加工场地、材料、构件仓库与堆场的布置图，以及临时水网电网、临时道路、临时设施用房的布置图等，根据其所需布置的全部内容看，大致可以分为以下两大类。

① 在整个施工期间为生产服务，位置是固定的不宜多次搬移的设施，如施工临时道路、供水供电管线、仓库加工棚、临时办公房屋等。

② 随着各阶段施工内容的不同采取相应动态变化的布置方案，如土方堆放、混凝土构件预制、主要装修材料、进场待安装的建筑设备等。

思 考 题

1. 简述施工组织设计的作用。

2. 施工组织方式的类型有哪些？

3. 流水施工的主要参数有哪些？

4. 施工组织设计包括哪些内容？

5. 单位工程施工组织设计的作用和编写依据是什么？

6. 某工程由三个施工过程组成：它划分为六个施工段，各分项工程在各施工段上的流水节拍依次为 6 天、4 天和 2 天。为加快流水施工速度，试编制工期最短的流水施工方案。

7. 某工程由Ⅰ、Ⅱ、Ⅲ等三个施工过程组成。它划分为六个施工段，各个施工过程在各个施工段上的持续时间都是 4 天。施工过程Ⅱ完成后，它的相应施工段至少应有技术间歇 2 天。

试编制尽可能多的流水施工方案。计算总工期,并绘制进度计划表。

8. 某工程的流水施工参数为:$m = 6$,$n = 4$,流水节拍如表 2-7 所示。试组织流水施工方案。

表 2-7 思考题 8 流水节拍

施工过程编号	流水节拍/天					
	①	②	③	④	⑤	⑥
I	4	3	2	3	2	3
II	2	4	3	2	3	4
III	3	3	2	3	2	3
IV	3	4	4	2	4	4

9. 已知 A、B、C、D 四个工程,分四段施工,流水节拍别为:$T_A = 2$ 天,$T_B = 3$ 天,$T_C = 1$ 天,$T_D = 5$ 天,且 A 完成后有 2 天的技术间歇时间,C 与 B 之间有 1 天的搭接时间,请绘制进度计划表。

10. 根据表 2-8 中逻辑关系,绘制双代号网络图。

表 2-8 思考题 10 逻辑关系

工作	A	B	C	D	E	F
紧前工作	—	—	—	A、B	B	C、D、E

11. 根据表 2-9 中逻辑关系,分别绘制双代号网络图和单代号网络图,并计算工作的时间参数。

表 2-9 思考题 11 逻辑关系

工作	A	B	C	D	E	F
紧前工作	—	A	A	B	B、C	D、E
持续时间	2	5	3	4	8	5

12. 根据表 2-10 中逻辑关系,分别绘制双代号网络图和单代号网络图,并计算工作的时间参数。

表 2-10 思考题 12 逻辑关系

工作	A	B	C	D	E	F	G	H	I
紧前工作	—	A	A	B	B、C	C	D、E	E、F	H、G
持续时间	3	3	3	8	5	4	4	2	2

第三章　施工进度管理

教学重点:影响施工进度的因素、施工进度控制的方法和任务、施工进度计划的编制、施工进度检查与调整、工期拖延的解决方法。

教学目标:了解影响施工进度的因素和工期拖延的解决方法;熟悉施工进度计划的编制原则;掌握施工进度控制和调整的方法。

水利工程建设项目能否在预定的时间内建设完成并投入使用,关系到投资效益的发挥,特别对于准备工程动工日期、截流和主体工程开工日期、第一台机组发电日期和竣工日期,要作出明确的规定,以避免在关键时刻(如截流、下闸蓄水)赶不上工期,错过有利的施工机会,而造成重大经济损失。因此,对水利工程施工进行有效的进度管理,使其顺利达到预定的目标,是水利工程建设项目管理的一项中心任务。

第一节　施工进度管理概述

一、施工进度管理的概念

(一)施工进度管理的定义

施工进度管理是为实现预定的进度目标而进行的计划、组织、指挥协调和控制等活动,即在限定的工期内,确定进度目标,编制出最佳的施工进度计划,在执行施工进度计划的过程中,检查实际施工进度,比较实际施工进度与计划施工进度,确定实际施工进度是否与计划施工进度相符,若出现偏差,便分析产生的原因和对工期的影响程度,找出必要的调整措施,修改原计划,如此不断地循环,直至工程竣工验收为止。

施工进度控制的总目标是确保施工项目的既定目标工期的实现,或者在保证施工质量和不因此而增加施工实际成本的条件下,适当缩短施工工期。

(二)施工进度控制方法、措施和主要任务

1. 施工进度控制的方法

施工进度控制的方法主要指规划、控制和协调。规划是指确定施工总进度控制目标和分进度控制目标,并编制其进度计划。控制是指在施工项目实施的全过程中,进行施工实际进度与施工计划进度的比较,出现偏差及时采取措施调整。协调是指协调与施工进度有关的单位、部门和工作队组之间的进度关系。

2. 施工进度控制的措施

施工进度控制采取的主要措施有组织措施、技术措施、合同措施、经济措施和信息管理措施等。

　　组织措施主要是指落实各层次的进度控制的人员、具体任务和工作人员;建立进度控制的组织系统;按照施工项目的结构、进展的阶段或合同结构等进行项目分解,确定其进度目标,建立控制目标体系;确定进度控制工作制度,如检查时间、方法,协调会议时间、参加人等;对影响进度的因素进行分析和预测。技术措施主要是采取加快施工进度的技术方法。合同措施是指对分包单位签订施工合同的合同工期与有关进度计划目标进行协调。经济措施是指实现进度计划的资金保证措施。信息管理措施是指不断地收集施工实际进度的有关资料,进行整理统计,并与计划进度比较,定期地向建设单位提供比较报告。

3. 施工进度控制的任务

　　施工进度控制的主要任务是编制施工总进度计划并控制其执行,按期完成整个施工项目的任务;编制单位工程施工进度计划并控制其执行,按期完成单位工程的施工任务;编制分部分项工程施工进度计划,并控制其执行,按期完成分部分项工程的施工任务;编制季度、月(旬)作业计划,并控制其执行,完成规定的目标等。

(三)影响施工进度的因素

　　由于水利工程项目的施工特点,尤其是较大和复杂的施工项目工期较长,因此,其影响进度的因素较多。编制计划和执行控制施工进度计划时,必须充分认识和估计这些因素以克服其影响,使施工进度尽可能按计划进行。当出现偏差时,应考虑有关影响因素,分析产生的原因。其主要影响因素如下:

　　(1)有关单位的影响。施工项目的主要施工单位对施工进度起决定性作用,但是建设单位与业主、设计单位、银行信贷单位、材料设备供应部门、运输部门、水电供应部门及政府的有关主管部门都可能给施工某些方面造成困难而影响施工进度。其中设计单位图纸不及时和有错误,以及有关部门或业主对设计方案的变动是经常发生和影响最大的因素。材料和设备不能按期供应,或质量、规格不符合要求,都将使施工停顿。资金不能保证也会使施工进度中断或速度减慢等。

　　(2)施工条件的变化。工程地质条件和水文地质条件与勘查设计不符,如地质断层、溶洞、地下障碍物、软弱地基以及恶劣的气候、暴雨、高温和洪水等都会对施工进度产生影响,造成临时停工或破坏。

　　(3)技术失误。施工单位采用技术措施不当,施工中发生技术事故;应用新技术、新材料、新结构缺乏经验,不能保证质量等都要影响施工进度。

　　(4)施工组织管理不利。流水施工组织不合理、劳动力和施工机械调配不当、施工平面布置不合理等将影响施工进度计划的执行。

　　(5)意外事件的出现。施工中如果出现意外的事件,如战争、严重自然灾害、火灾、重大工程事故、工人罢工等都会影响施工进度计划。

二、施工进度控制原理

(一)动态控制原理

　　施工进度控制是一个不断进行的动态控制,也是一个循环进行的过程,如图 3-1 所示。从项目施工开始,实际进度出现了运动的轨迹,也就是计划进入执行的动态。当实际进度按照计划进度进行时,两者相吻合;当实际进度与计划进度不一致时,便产生超前或落后的偏差。分析偏差的原因,采取相应的措施,调整原来计划,使两者在新的起点上重合,继续按其进行施工活动,并且尽量发挥组织管理的作用,使实际工作按计划进行。但是在新的干扰因素作用下,又会产生新的偏差。施工进度计划控制就采用这种动态循环的控制方法。

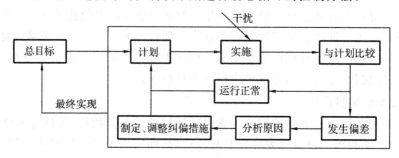

图 3-1　施工进度动态控制原理图

(二) 系统原理

(1) 施工进度计划系统:为了对施工项目实行进度计划控制,首先必须编制施工项目的各种进度计划。其中有施工项目总进度计划、单位工程进度计划、分部分项工程进度计划、季度和月(旬)作业计划,这些计划组成一个施工进度计划系统。计划的编制对象由大到小,计划的内容从粗到细。编制时从总体计划到局部计划,逐层进行控制目标分解,以保证计划控制目标落实。执行计划时,从月(旬)作业计划开始实施,逐级按目标控制,从而达到对施工项目整体进度目标的控制。

(2) 施工进度实施组织系统:实施施工项目的各专业队伍都是遵照计划规定的目标去努力完成一个个任务的。施工项目经理和有关劳动调配、材料设备、采购运输等各职能部门都按照施工进度规定的要求进行严格管理、落实和完成各自的任务。施工组织各级负责人,从施工项目经理、施工队长、班组长及其所属全体成员组成了施工项目实施的完整组织系统。

(3) 施工进度控制组织系统:为了保证施工进度实施,还需要一个施工进度的检查控制系统。自企业经理、施工项目经理,一直到作业班组都设有专门职能部门或人员负责检查汇报,统计整理实际进度的资料,并与计划进度比较分析和进行调整。当然不同层次人员负有不同进度控制职责,分工协作,形成一个纵横连接的施工项目控制组织系统。实施是计划控制的落实,控制保证计划按期实施。

(三) 信息反馈原理

信息反馈是施工项目进度控制的主要环节。施工的实际进度通过信息反馈给基层施工项目进度控制的工作人员,在分工的职责范围内,经过对其加工,再将信息逐级向上反馈,直到主控制室。主控制室整理统计各方面的信息,经比较分析作出决策,调整进度计划,仍使其符合预定工期目标。若不应用信息反馈原理,不断地进行信息反馈,则无法进行计划控制。施工进度控制的过程就是信息反馈的过程。

(四) 弹性原理

施工进度计划工期长,影响进度的原因多,其中有的已被人们掌握,因此,可根据统计经验估计出影响的程度和出现的可能性,并在确定进度目标时,进行实现目标的风险分析。在计划编制者具备了这些知识和实践经验之后,编制施工进度计划时就会留有余地,使施工进度计划具有弹性。在进行施工进度控制时,便可以利用这些弹性,缩短有关工作的时间,或者改变它们之间的搭接关系,即使检查之前拖延了工期,通过缩短剩余计划工期的方法,也可达到预期的计划目标。这就是施工进度控制中对弹性原理的应用。

(五)封闭循环原理

施工进度控制的全过程是计划、实施、检查、比较分析、确定调整措施、再计划……从编制项目施工进度计划开始,经过实施过程中的跟踪检查,收集有关实际进度的信息,比较和分析实际进度与计划进度之间的偏差,找出产生原因和解决办法,确定调整措施,再修改原进度计划,形成一个封闭的循环系统。

(六)网络计划技术原理

在施工进度控制中利用网络计划技术原理编制进度计划,根据收集的实际进度信息,比较和分析进度计划,又利用网络计划的工期优化、工期与成本优化和资源优化的理论调整计划。网络计划技术原理是施工进度控制的完整计划管理和分析计算的理论基础。

三、施工进度管理指标

进度控制的基本对象是工程活动。它包括项目结构图上各个层次的单元,上至整个项目,下至各个工作包(有时直到最低层次网络上的工程活动)。项目进度状况通常是通过各工程活动完成程度(百分比)逐层统计汇总计算得到的。进度指标的确定对进度的表达、计算、控制有很大影响。由于一个工程有不同的子项目、工作包,它们工作内容和性质不同,必须挑选一个共同的、对所有工程活动都适用的计量单位,这些就是施工进度管理指标。

1. 持续时间

持续时间(工程活动的或整个项目的)是进度的重要指标。人们常用已经使用的工期与计划工期相比较以描述工程完成程度。例如,计划工期为 2 年,现已经进行了 1 年,则工期已达 50%。但通常还不能说工程进度已达 50%,因为工期与人们通常概念上的进度是不一致的,工程的效率和速度不是一条直线,如通常工程项目开始时工作效率很低,进度慢。到工程中期投入最大,进度最快,而后期投入又较小,所以工期下来一半,并不能表示进度达到了一半,何况在已进行的工期中还存在各种停工、窝工、干扰作用,实际效率可能远低于计划的效率。

2. 按工程活动的结果状态数量描述

这主要针对专门的领域,其生产对象简单、工程活动简单。例如,对设计工作按资料数量(图纸、规范等);混凝土工程按体积;设备安装按吨位;管道、道路按长度;预制件按数量或重量、体积;运输量按吨、公里;土石方按体积或运载量等。特别当项目的任务仅为完成这些分部工程时,以它们作指标比较来反映实际。

3. 已完成工程的价值量

这种方式用已经完成的工作量与相应的合同价格(单价)或预算价格计算。它将不同种类的分项工程统一起来,能够较好地反映工程的进度状况,这是常用的进度指标。

4. 资源消耗指标

最常用的有劳动工时、机械台班、成本的消耗等。它们有统一性和较好的可比性,即各个工程活动直到整个项目部可用它们作为指标为止,这样可以统一分析尺度,但在实际工程中要注意如下问题：

（1）投入资源的数量和进度有时会有背离，会产生误导。例如，某活动计划需 100 工时，现已用了 60 工时，且进度已达 60％。这仅是偶然的，计划效率和实际效率不会完全相等。

（2）由于实际工作量和计划经常有差别，例如，计划 100 工时，由于工程变更，工作难度增加，工作条件变化，应该需要 120 工时。现完成 60 工时，实质上仅完成 50％，而不是 60％，因此只有当计划正确（或反映最新情况），并按预定的效率施工时才得到正确的结果。

（3）用成本反映工程进度是经常的，但这里有如下因素要剔除：

① 不正常原因造成的成本损失，如返工、窝工、工程停工。

② 由于价格原因（如材料涨价、工资提高）造成的成本的增加。

③ 考虑实际工程量，工程（工作）范围的变化造成的影响。

第二节　施工进度计划编制与实施

一、施工进度计划的编制

1. 施工进度计划的分类

施工进度计划是在确定工程施工目标工期的基础上，根据相应完成的工程量，对各项施工过程的顺序、起止时间和相互衔接关系，以及所需的劳动力和各种技术物资的供应所做的具体策划和统筹安排。编制一份科学合理的施工进度计划，协调好施工时间和配置关系，是施工进度计划贯彻实施的首要条件。

根据不同的划分标准，施工进度计划可以分为不同的种类。它们组成一个相互关联、相互制约的计划系统。

1）按计划内容分

按计划内容计划可以分为目标性时间计划与支持性资源进度计划。针对施工项目本身的时间进度计划是最基本的目标性计划，它确定了项目施工的工期目标。为了实现这个目标，还需要有一系列支持性的资源进度计划，如劳动力使用计划、机械设备使用计划、材料构配件和半成品供应计划等。

2）按计划时间长短分

按照这种分法，计划可分为总进度计划与阶段性计划。总进度计划是控制项目施工全过程的；阶段性计划包括项目年、季、月施工进度计划，旬、周作业计划等。

3）按表达方法分

按照这种分法，计划可分为文字说明计划与图表形式计划。前者用文字说明各阶段的施工任务，以及要达到的形象进度要求；后者用图表形式表达施工的进度安排，有横道图、斜线图、网络计划等。

4）按不同的计划深度分

按照这种分法，计划可分为总进度计划与分项进度计划。总进度计划是针对施工项目全局性部署的，一般比较粗略；分项进度计划是针对项目中某一部分（子项目）或某一专业工程的进度计划，一般比较详细。

2. 编制施工进度计划的基本原则

（1）保证施工项目按目标工期规定的期限完成，尽快发挥投资效益；

（2）在合理范围内，尽可能缩小施工现场各种临时设施的规模；

（3）充分发挥施工机械、设备、工具模具、周转材料等施工资源的生产效率；

（4）尽量组织流水搭接、连续、均衡施工，减少现场工作面停歇和窝工现象；

（5）努力减少因组织安排不善、停工待料等人为因素引起的时间损失和资源浪费。

3. 施工进度计划的表示方法

如前所述，编制施工进度计划时一般可借助两种方式，即文字说明与各种进度计划图表。其中，常用的进度计划图表包括：

1）横道图

横道图又称甘特图（Gantt chart），是应用广泛的进度表达方式。横道图通常在左侧垂直向下依次排列工程任务的各项工作名称，而在右边与之紧邻的时间栏中则对应各项工作逐项绘制横道线，从而使每项工作的起止时间均可由横道线的两个端点来得以表示，如图 3-2 所示。

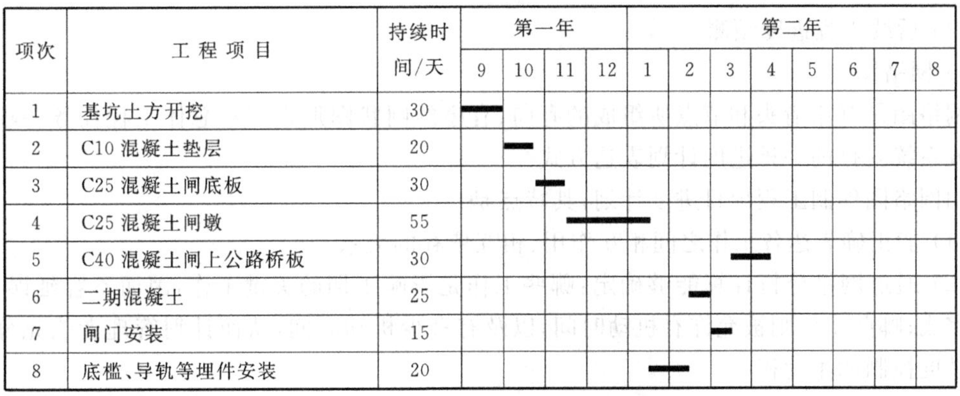

项次	工 程 项 目	持续时间/天	第一年				第二年							
			9	10	11	12	1	2	3	4	5	6	7	8
1	基坑土方开挖	30												
2	C10 混凝土垫层	20												
3	C25 混凝土闸底板	30												
4	C25 混凝土闸墩	55												
5	C40 混凝土闸上公路桥板	30												
6	二期混凝土	25												
7	闸门安装	15												
8	底槛、导轨等埋件安装	20												

图 3-2　某水闸工程施工进度计划横道图

用横道图编制施工进度计划，其特点是：

（1）直观易懂，易被接受；

（2）可形成进度计划与资源资金使用计划和各种组合，使用方便；

（3）不能明确表达工程任务各项工作之间的各种逻辑关系；

（4）不能表示影响计划工期的关键工作；

（5）不便于进行计划各种时间参数的计算；

（6）不便于进行计划的优化、调整。

鉴于上述特点中的不足之处，横道图一般适用于简单、粗略的进度计划编制，或作为网络计划分析结果输出形式。

2）工程进度曲线

该方法是以时间为横轴，以完成累计工作量（该工作量的具体表示内容可以是实物工程量的大小、工时消耗或费用支出额，也可以用相应的百分比来表示）为纵轴，按计划时间累计完成任务量的曲线作为预定的进度计划。从整个项目的实施进度来看，由于项目的初期和后期进度比较慢，因而进度曲线大体呈 S 形，如图 3-3 所示。

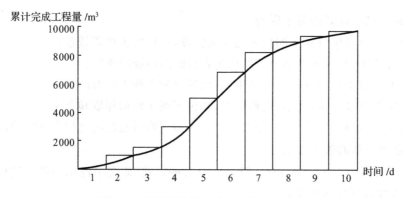

图 3-3　以进度曲线形式表示的进度计划

通过比较可以获得如下信息：

（1）实际工程进展速度；

（2）进度超前或拖延的时间；

（3）工程量的完成情况；

（4）后续工程进度预测。

3）网络图

网络图是利用箭头和节点所组成的有向、有序的网状图形来表示总体工程任务各项工作流程或系统安排的一种进度计划表达方式。

用网络图编制工程项目进度计划，其特点是：

（1）能正确表达各工作之间相互作用、相互依存的关系。

（2）通过网络分析计算能够确定：哪些工作是影响工期的关键工作，因而不容延误，必须按时完成；哪些工作则被允许有机动时间，以及有多少机动时间，从而计划管理者能充分掌握施工进度控制的主动权。

（3）能够进行计划方案的优化和比较，选择最优方案。

（4）能够运用计算机手段实施辅助计划管理。

二、施工进度计划的实施

施工进度计划的实施就是施工活动的开展，就是用施工进度计划指导施工活动、落实和完成计划。施工进度计划逐步实施的过程就是施工项目建造逐步完成的过程。为了保证施工进度计划的实施，并且尽量按编制的计划时间逐步进行，保证各进度目标的实现，应做好如下工作：

1．施工进度计划的审核

施工项目经理应进行施工进度计划的审核，其主要内容包括：

（1）进度安排是否符合施工合同确定的建设项目总目标和分目标的要求，是否符合其开、竣工日期的规定；

（2）施工进度计划中的内容是否有遗漏，分期施工是否满足分批交工的需要和配套交工的要求；

（3）施工顺序安排是否符合施工程序的要求；

（4）资源供应计划是否能保证施工进度计划的实现，供应是否均衡，分包人供应的资源是否能满足进度的要求；

（5）施工图设计的进度是否满足施工进度计划要求；

（6）总分包之间的进度计划是否相互协调，专业分工与计划的衔接是否明确、合理；

（7）对实施进度计划的风险是否分析清楚，是否有相应的对策；

（8）各项保证进度计划实现的措施的设计是否周到、可行、有效。

2. 施工进度计划的贯彻

1）检查各层次的计划，形成严密的计划保证系统

施工项目的所有施工进度计划，包括施工总进度计划、单位工程施工进度计划、分部分项工程施工进度计划，都是围绕一个总任务编制的。它们之间关系是，高层次计划为低层次计划提供依据，低层次计划是高层次计划的具体化。在其贯彻执行时，应当首先检查是否协调一致，计划目标是否层层分解、互相衔接，组成一个计划实施的保证体系，以施工任务书的方式下达施工队，保证施工进度计划的实施。

2）层层明确责任

施工项目经理、作业队和作业班组之间分包签订责任状，按计划目标规定工期、质量标准、承担的责任、权限和利益。用施工任务书将作业任务下达到作业班组，明确具体施工任务、技术措施、质量要求等内容，施工班组必须保证按作业计划时间完成规定的任务。

3）进行计划的交底，促进计划的全面、彻底实施

施工进度计划的实施是全体工作人员的共同行动，有关部门人员都应明确各项计划的目标、任务、实施方案和措施，使管理层和作业层协调一致，将计划变成全体员工的自觉行动，在计划实施前可以根据计划的范围进行计划交底工作，使计划得到全面、彻底的实施。

3. 施工项目进度计划的实施

1）编制月（旬）作业计划

为了实施施工计划，对于规定的任务，要结合现场施工条件，如施工场地的情况、劳动力和机械等资源条件、实际的施工进度，在施工开始前和过程中不断地编制本月（旬）作业计划，这是使施工计划更具体、更实际和更可行的重要环节。在月（旬）作业计划中要明确本月（旬）应完成的任务、所需要的各种资源量、提高劳动生产率的方法和节约措施等。

2）签发施工任务书

编制好月（旬）作业计划以后，每项具体任务都要通过签发施工任务书的方式下达班组进一步落实、实施。施工任务书是向班组下达任务，实行责任承包、全面管理和原始记录的综合性文件。施工班组必须保证指令任务的完成。它是计划和实施的纽带。

施工任务书应由工长编制并下达。在实施过程中要做好记录，任务完成后回收，作为原始记录和业务核算资料。

施工任务书应按班组编制和下达。它包括施工任务单、限额领料单和考勤表。施工任务单包括分项工程施工任务、工程量、劳动量、开工日期、完工日期、工艺、质量、安全要求；限额领料单是根据施工任务书编制的控制班组领用材料的依据，应具体列明材料名称、规格、型号、单位、数量和领用记录、退料记录等；考勤表可附在施工任务书后面，按班组人名排列，供考勤时填写。

3）做好施工进度记录，填好施工进度统计表

在计划任务完成的过程中，各级施工进度计划的执行者都要跟踪做好施工记录，即记载计

划中每项工作的开始日期、每日完成数量和完成日期；记录施工现场发生的各种情况、干扰因素的排除情况；跟踪做好工程形象进度、工程量、总产值，以及耗用的人工、材料和机械台班等的数量统计与分析，为施工进度检查和控制分析提供反馈信息。因此，要求实事求是记载，并填好上报统计报表。

4）做好施工中的调度工作

施工中的调度是组织施工中各阶段、环节、专业和工种的配合、进度协调的指挥核心。调度工作是施工进度计划实施得以顺利进行的重要手段。其主要任务是，掌握计划实施情况，协调各方面关系，采取措施，排除各种矛盾，加强各薄弱环节，实现动态平衡，保证完成作业计划和实现进度目标。

调度工作内容主要有：督促作业计划的实施、调整、协调各方面的进度关系；监督检查施工准备工作；督促资源供应单位按计划供应劳动力、施工机具、运输车辆、材料构配件等，并对临时出现的问题采取调配措施；按施工平面图管理现场，结合实际情况进行必要的调整，保证文明施工；了解气候、水、电、气的情况，采取相应的防范和保证措施；及时发现和处理施工中各种事故和意外事件；调节各薄弱环节；定期及时召开现场调度会议，贯彻施工项目主管人员的决策，发布调度令。

第三节　施工进度计划的检查与调整

一、施工进度计划的检查

在施工项目的实施过程中，为了进行进度控制，进度控制人员应经常地、定期地跟踪检查施工实际进度情况，主要是收集施工进度材料，进行统计整理和对比分析，确定实际进度与计划进度之间的关系，其主要工作包括：

1. 跟踪检查施工实际进度

为了对施工进度计划的完成情况进行统计、分析，为调整计划提供信息，应对施工进度计划依据其实施记录进行跟踪检查。

跟踪检查施工实际进度是项目施工进度控制的关键措施。其目的是收集实际施工进度的有关数据。跟踪检查的时间和收集数据的质量，直接影响到控制工作的质量和效果。

一般检查的时间间隔与施工项目的类型、规模、施工条件和对进度执行的要求程度有关。通常可以按每月、半月、旬或周进行一次。若施工中遇到天气、资源供应等不利因素的严重影响，则检查的时间间隔可临时缩短，次数应频繁些，甚至可以每日进行检查，或派人员驻现场督阵。检查和收集资料的方式一般采用进度报表方式或定期召开进度工作汇报会。为了保证汇报资料的准确性，进度控制人员要经常到现场查看施工项目的实际进度情况，从而保证经常地、定期地准确掌握施工项目的实际进度。

根据不同需要，进行日检查或定期检查的内容包括：① 检查期内实际完成和累计完成工程量；② 实际参加施工的人力、机械数量和生产效率；③ 窝工人数、窝工机械台班数及其原因分析；④ 进度偏差情况；⑤ 进度管理情况；⑥影响进度的特殊原因及其分析；⑦整理统计检查数据。

收集到的施工项目实际进度数据，要进行必要的整理，按计划控制的工作项目进行统计，形成与计划进度具有可比性的数据、相同的量纲和形象进度。一般按实物工程量、工作量和劳动消耗量以及累计百分比整理和统计实际检查的数据,以便与相应的计划完成量相对比。

2. 对比实际进度与计划进度

将收集的资料整理和统计成具有与计划进度可比性的数据后,用施工项目实际进度与计划进度进行比较。常用的比较方法有横道图比较法、S形曲线比较法、"香蕉"形曲线比较法、前锋线比较法和列表比较法等。通过比较可得出实际进度与计划进度相一致、超前、拖后三种情况。

3. 施工进度检查结果的处理

施工进度检查的结果,按照检查报告制度的规定,形成进度控制报告并向有关主管人员和部门汇报。进度控制报告是把检查比较结果、有关施工进度现状和发展趋势,提供给施工项目经理及各级业务职能负责人的最简单的书面形式报告。

进度控制报告是根据报告对象的不同,确定不同的编制范围和内容而分别编制的,一般分为:① 项目概要级进度控制报告,该报告是报给施工项目经理、企业经理或业务部门及建设单位(业主)的。它是以整个施工项目为对象说明进度计划执行情况的报告。② 项目管理级的进度报告,该报告是报给施工项目经理及企业业务部门的。它是以单位工程或项目分区为对象说明进度计划执行情况的报告。③ 业务管理级的进度报告,该报告是就某个重点部位或重点问题为对象编写的报告,供项目管理者及各业务部门为其采取应急措施而使用的。

进度控制报告由计划负责人或进度管理人员与其他项目管理人员协作编写。报告时间一般与进度检查时间相协调,也可按月、旬、周等间隔时间进行编写上报。通过检查应向企业提供的施工进度控制报告的内容主要包括:项目实施概况、管理概况、进度概要的总说明;项目施工进度、形象进度及简要说明;施工图纸提出进度;材料物资、构配件供应进度;劳务记录及预测;日历计划;对建设单位、监理和施工者的工程变更指令、价格调整、索赔及工程款收支情况;进度偏差的状况和导致偏差的原因分析;解决的措施;计划调整意见等。

二、施工进度计划的调整

(一)施工实际进度与计划进度的比较方法

1. 横道图比较法

横道图比较法就是将在项目实施中针对工作任务检查实际进度收集的信息,经整理后直接用横道线并列标于原计划的横道线一起,进行直观比较的方法,如图3-4所示。

横道图比较法是人们在施工中进行施工项目进度控制经常采用的一种简单方法。该方法通过记录与比较,为进度控制者提供了实际进度与计划进度之间的偏差,为采取调整措施提供了明确的任务。施工中完成任务量可以用实物工程量、劳动消耗量和工作量三种物理量表示,为了比较方便,一般用它们实际完成量的累计百分比与计划应完成量的累计百分比进行比较。

根据施工中各项工作的速度,以及进度控制要求和提供的进度信息,调整施工进度计划可以采用以下几种方法:

1)匀速施工横道图比较法

匀速施工是指施工项目中,每项工作的施工进展速度都是匀速的,即在单位时间内完成的任务量都是相等的,累计完成的任务量与时间呈直线变化,如图3-5所示。

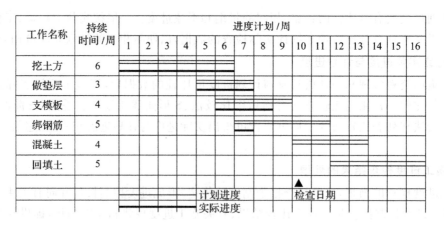

工作名称	持续时间/周	进度计划/周

图 3-4　横道图比较法

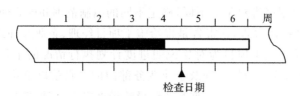

图 3-5　匀速施工横道图比较法

其比较方法的步骤如下：

（1）编制横道图进度计划。

（2）在进度计划上标出检查日期。

（3）将检查收集的实际进度数据，按比例用涂黑的粗线标于计划进度线的下方。

（4）比较分析实际进度与计划进度，具体做法如下：

① 涂黑的粗线右端与检查日期相重合，表明实际进度与施工计划进度相一致。

② 涂黑的粗线右端在检查日期左侧，表明实际进度拖后。

③ 涂黑的粗线右端在检查日期右侧，表明实际进度超前。

必须指出：该方法只适用于工作从开始到完成的整个过程中，其施工速度是不变的，累计完成的任务量与时间成正比的情况。若工作的施工速度是变化的，则这种方法不能进行工作的实际进度与计划进度之间的比较。

　　2）双比例单侧横道图比较法

当工作在不同的单位时间里的工作进展速度不同时，累计完成的任务量与时间的关系不是呈直线变化的。按匀速施工横道图比较法绘制的实际进度涂黑粗线，不能反映实际进度与计划进度完成任务量的比较情况。这种情况的进度比较可以采用双比例单侧横道图比较法，如图 3-6 所示。

双比例单侧横道图比较法是在工作的进度按变速进展的情况下，工作实际进度与计划进度进行比较的一种方法。它是将工作实际进度用涂黑粗线表示，同时在其上标出某对应时刻完成任务的累计百分比，再将该百分比与其同时刻计划完成任务累计百分比相比较，判断工作的实际进度与计划进度之间的关系的一种方法。

其比较方法的步骤如下：

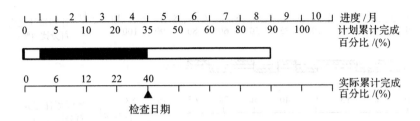

图 3-6 双比例单侧横道图比较法

（1）编制横道图进度计划。

（2）在横道线上方标出各工作主要时间的计划完成任务累计百分比。

（3）在计划横道线的下方标出工作的相应日期实际完成的任务累计百分比。

（4）用涂黑粗线标出实际进度线,并从开工日标起,同时反映出施工过程中工作的连续与间断情况。

（5）对照横道线上方计划累计完成百分比与同时间的下方实际累计完成百分比,比较实际进度与计划进度:

① 若同一时刻上下两个累计百分比相等,则表明实际进度与计划进度一致;

② 若同一时刻上面的累计百分比大于下面的累计百分比,则表明该时刻实际施工进度拖后,拖后的量为二者之差;

③ 若同一时刻上面的累计百分比小于下面的累计百分比,则表明该时刻实际施工进度超前,超前的量为二者之差。

这种比较法不仅可对施工速度变化的进度进行比较,而且可对检查日期进度进行比较,还能提供某一指定时间二者比较的信息。当然要求实施部门按规定的时间记录当时的完成情况。

值得指出:由于工作的施工速度是变化的,因此横道图中进度横线,不管是计划的还是实际的,都只表示工作的开始时间、持续天数和完成的时间,并不表示计划完成量和实际完成量,这两个量分别用标注在横道线上方及下方的累计百分比数量表示。实际进度的涂黑粗线从实际工程的开始日期画起,若工作实际施工间断,亦可在图中将涂黑粗线做相应的空白处理。

3）双比例双侧横道图比较法

双比例双侧横道图比较法也适用于工作进度按变速进展的情况,是将工作实际进度与计划进度进行比较的一种方法。它是双比例单侧横道图比较法的改进和发展。它将工作实际进度用涂黑粗线表示并将检查的时间和完成的累计百分比交替地绘制在计划横道线上下两面,其长度表示该时间内完成的任务量。工作的实际累计完成百分比标于横道线下面的检查日期处,通过两个上下相对的百分比相比较,判断该工作的实际进度与计划进度之间的关系,如图3-7所示。

这种比较方法从涂黑粗线的长度就可看出各期间实际完成的任务量及其本期间的实际进度与计划进度之间关系。

其比较方法的步骤如下:

（1）编制横道图进度计划。

（2）在横道图上方标出各工作主要时间的计划累计完成百分比。

（3）在计划横道线的下方标出工作相对应日期实际累计完成百分比。

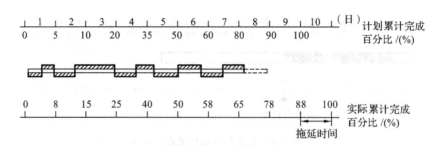

图 3-7　双比例双侧横道图比较法

（4）用涂黑粗线分别在横道线上方和下方交替地绘制出每次检查实际完成的百分比。

（5）比较实际进度与计划进度。通过标在横道线上下方的两个累计百分比，比较各时刻两种进度的偏差，同样可能有上述三种情况。

值得提出：双比例双侧横道图比较法，除了能提供前两种方法提供的信息外，还能用各段涂黑粗线长度表达在相应检查期间内工作的实际进度，便于比较各阶段工作完成情况。但是其绘制方法和识别都较前两种方法的复杂。

综上所述，横道图比较法具有以下优点：记录、比较方法简单，形象直观，容易掌握，应用方便，被广泛地用于简单的进度监测工作中。但是，由于它以横道图进度计划为基础，因此带有其不可克服的局限性，如各工作之间的逻辑关系不明显，关键工作和关键线路无法确定，一旦某些工作进度产生偏差，就难以预测其对后续工作和整个工期的影响及难以确定调整方法。

2. 前锋线比较法

施工进度计划用时标网络计划表达时，还可以采用实际进度前锋线进行实际进度与计划进度的比较，如图 3-8 所示。

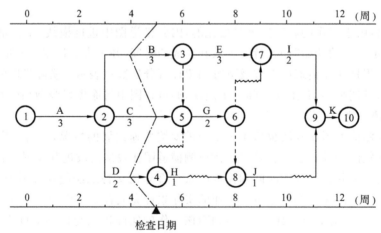

图 3-8　前锋线比较法

前锋线比较法是从计划检查时间的坐标点出发，用点画线依次连接各项工作的实际进度点，直到计划检查时的坐标点为止，形成前锋线，按前锋线与工作箭线交点的位置判定施工实际进度与计划进度偏差的方法。若前锋线为直线，则表示到检查点处进度正常；若前锋线为凹凸线，则表示到检查点处进度出现异常，其中，左凸表示进度滞后，右凸表示进度超前，两者均属异常。简言之，前锋线比较法是通过施工项目实际进度前锋线，判定施工实际进度与计划进度偏差的方法。

3.S形曲线比较法

S形曲线比较法是以横坐标表示进度时间,纵坐标表示累计完成任务量,而绘制出一条按计划时累计完成任务量的S形曲线,将施工项目的各检查时间实际完成的任务量与S形曲线进行实际进度与计划进度相比较的一种方法,如图3-9所示。

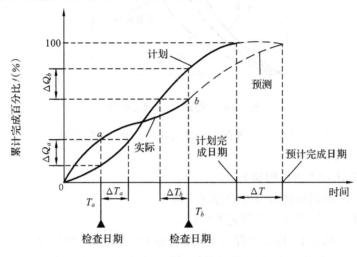

图 3-9　S形曲线比较法

从整个施工项目的施工全过程而言,一般在开始和结尾阶段,单位时间投入的资源量较少,在中间阶段,单位时间投入的资源量较多。与其相关,单位时间完成的任务量也呈同样的变化规律,而随时间进展累计完成的任务量,则应该呈S形变化。

比较两条S形曲线可以得到如下信息:

(1)项目实际进度与计划进度比较:若实际工程进展点落在S形曲线左侧,则表示此时时间进度比计划进度超前;若落在其右侧,则表示落后;若刚好落在其上,则表示二者一致。

(2)项目实际进度比计划进度超前或拖后的时间,如图3-9所示,ΔT_a表示T_a时刻实际进度超前的时间;ΔT_b表示T_b时刻实际进度拖后的时间。

(3)项目实际进度比计划进度超前或拖后的任务量,如图3-9所示,ΔQ_a表示T_a时刻超前完成的任务量;ΔQ_b表示在T_b时刻拖后的任务量。

(4)预测工程进度:如图3-9所示,后期工程按原计划速度进行,则工程拖延预测值为ΔT。

4."香蕉"形曲线比较法

"香蕉"形曲线是两条S形曲线组合成的闭合曲线,从S形曲线比较法得知,按某一时间开始的施工项目的进度计划,其计划实施过程中进行时间与累计完成任务量的关系都可以用一条S形曲线表示。一个施工项目的网络计划,在理论上总是分为最早和最迟两种开始与完成时间的。因此,一般情况下,任何一个施工项目的网络计划,都可以绘制出两条曲线。其一是,计划以各项工作的最早开始时间安排进度而绘制的S形曲线,称为ES曲线。其二是,计划以各项工作的最迟开始时间安排进度而绘制的S形曲线,称为LS曲线。两条S形曲线都是从计划的开始时刻开始,至完成时刻结束,因此两条曲线是闭合的,如图3-10所示。一般情

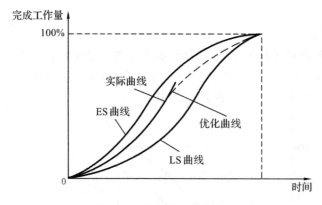

图 3-10 　"香蕉"形曲线比较法

况下,其余时刻 ES 曲线上的各点均落在 LS 曲线相应点的左侧,形成一个形如香蕉的曲线,故此称为"香蕉"形曲线。

"香蕉"形曲线比较法的作用如下:

(1) 利用"香蕉"形曲线进行进度的合理安排。

(2) 进行施工的实际进度与计划进度比较。

(3) 确定在检查状态下,后期工程的 ES 曲线和 LS 曲线的发展趋势。

在项目的实施中,进度控制的理想状况是,任一时刻按实际进度描绘的点应落在该"香蕉"形曲线的区域内。

5. 列表比较法

当采用无时标网络计划时也可以采用列表分析法。列表分析法是记录检查时正在进行的工作名称和已进行的天数,然后列表计算有关参数,根据原有总时差和尚有总时差判断实际进度与计划进度的比较方法。

1) 列表比较法的步骤

(1) 计算检查时正在进行的工作;

(2) 计算工作最迟完成时间;

(3) 计算工作时差;

(4) 填表分析工作实际进度与计划进度的偏差。

2) 可能的情况

(1) 若工作尚有总时差与原有总时差相等,则说明该工作的实际进度与计划进度一致;

(2) 若工作尚有总时差小于原有总时差,但仍为正值,则说明该工作的实际进度比计划进度拖后,产生的偏差值为二者之差,但不影响总工期;

(3) 若尚有总时差为负值,则说明对总工期有影响,应当调整。

(二) 施工进度计划的调整

1. 分析进度偏差的影响

通过前述的进度比较方法,当判断出现进度偏差时,应当分析该偏差对后续工作和对总工期的影响。

(1) 分析进度有偏差的工作是否为关键工作。若出现偏差的工作为关键工作,则无论偏差大小,都会对后续工作及总工期产生影响,必须采取相应的调整措施,若出现偏差的工作不为关键工作,则需要根据偏差值与总时差和自由时差的大小关系,确定对后续工作和总工期的影响程度。

（2）分析进度偏差是否大于总时差。若工作的进度偏差大于该工作的总时差,则说明此偏差必将影响后续工作和总工期,必须采取相应的调整措施;若工作的进度偏差小于或等于该工作的总时差,则说明此偏差对总工期无影响,但它对后续工作的影响程度需要根据比较偏差与自由时差的情况来确定。

（3）分析进度偏差是否大于自由时差。若工作的进度偏差大于该工作的自由时差,则说明此偏差对后续工作会产生影响,该如何调整,应根据后续工作允许影响的程度而定;若工作的进度偏差小于或等于该工作的自由时差,则说明此偏差对后续工作无影响,原进度计划可以不作调整。

经过如此分析,进度控制人员就可以确定应该如何调整产生进度偏差的工作和调整偏差值的大小,从而采取相应的调整措施,获得新的符合实际进度情况和计划目标的新进度计划。

2. 施工进度计划的调整方法

在对实施的进度计划分析的基础上,应确定调整原计划的方法,一般主要有以下两种:

1）改变某些工作间的逻辑关系

若检查的实际施工进度产生的偏差影响了总工期,在工作之间的逻辑关系允许改变的情况下,改变关键线路和超过计划工期的非关键线路上的有关工作之间的逻辑关系,可达到缩短工期的目的。

用这种方法调整的效果是很显著的,例如,把依次进行的有关工作改变成平行的或互相搭接的,以及分成几个施工段进行流水施工的施工方式,都可以达到缩短工期的目的。

2）缩短某些工作的持续时间

这种方法是不改变工作之间的逻辑关系,而是缩短某些工作的持续时间,从而使施工进度加快,并保证实现计划工期的方法。这些被压缩持续时间的工作是位于由于实际施工进度的拖延而引起总工期增长的关键线路和某些非关键线路上的工作。同时,这些工作又是可压缩持续时间的工作。

这种方法实际上就是网络计划优化中的工期优化方法和工期与成本优化的方法。

第四节　进度拖延原因分析及解决措施

一、进度拖延原因分析

项目管理者应按预定的项目计划定期评审实施进度情况,分析并确定拖延的根本原因。进度拖延是工程项目实施过程中经常发生的现象。各层次的项目单元、各个阶段都可能出现延误,应从以下几个方面分析进度拖延的原因。

1. 工期及相关计划的失误

计划失误是常见的现象。人们在计划期将持续时间安排得过于乐观,包括:

（1）计划时忘记（遗漏）部分必需的功能或工作。

（2）计划值（例如计划工作量、持续时间）不足,相关的实际工作量增加。

（3）资源或能力不足，例如，计划时没考虑到资源的限制或缺陷，没有考虑如何完成工作。

（4）出现了计划中未能考虑到的风险或状况，未能使工程实施达到预定的效率。

（5）在现代工程中，上级（业主、投资者、企业主管）常常在一开始就提出很紧迫的工期要求，使承包商或其他设计人、供应商的工期太紧，而且许多业主为了缩短工期，常常压缩承包商做标期、前期准备的时间。

2. 边界条件变化

（1）工作量的变化，可能是由于设计的修改、设计的错误、业主新的要求、修改项目的目标及系统范围的扩展造成的。

（2）外界（如政府、上层系统）对项目新的要求或限制、设计标准的提高可能造成项目资源的缺乏，使得工程无法及时完成。

（3）环境条件的变化，如不利的施工条件不仅造成对工程实施过程的干扰，有时直接要求调整原来已确定的计划。

（4）发生不可抗力事件，如地震、台风、动乱、战争等。

3. 实施过程中管理的失误

（1）计划部门与实施者之间、总分包商之间、业主与承包商之间缺乏沟通。

（2）工程实施者缺乏工期意识，例如，管理者拖延了图纸的供应和批准，任务下达时缺少必要的工期说明和责任落实，拖延了工程活动。

（3）项目参加单位对各个活动（各专业工程和供应）之间的逻辑关系（活动链）没有清楚地了解，下达任务时也没有作详细的解释，同时对活动必要的前提条件准备不足，各单位之间缺少协调和信息沟通，许多工作脱节，资源供应出现问题。

（4）由于其他方面未完成项目计划规定的任务造成拖延，例如，设计单位拖延设计、运输不及时、上级机关拖延批准手续、质量检查拖延、业主不果断处理问题等。

（5）承包商没有集中力量施工，材料供应拖延，资金缺乏，工期控制不紧。这可能是由于承包商同期工程太多，力量不足造成的。

（6）业主没有集中资金供应、拖欠工程款，或业主的材料、设备供应不及时。

4. 其他原因

例如，由于采取其他调整措施造成工期的拖延，如设计的变更、质量问题造成的返工、实施方案的修改。

二、解决进度拖延的措施

（一）对已产生的进度拖延的基本策略

（1）采取积极的措施赶工，以弥补或部分地弥补已经产生的拖延。这主要采用调整后期计划，采取措施赶工、修改网络计划等方法来解决进度拖延问题。

（2）不采取特别的措施，在目前进度状态的基础上，仍按照原计划安排后期工作。但通常情况下，拖延的影响会越来越大。有时刚开始仅一两周的拖延，到最后会导致 1 年拖延的结果。这是一种消极的办法，最终结果必然损害工期目标和经济效益，如由于不能及时投产而不能实现预期收益。

（二）可以采取的赶工措施

（1）增加资源投入，例如，增加劳动力、材料、周转材料和设备的投入量。

这是最常用的办法，它会带来如下问题：

① 费用增加，如增加人员的调遣费用、周转材料一次性费用、设备的进出场费用。

② 增加资源，造成资源使用效率的降低。

③ 加剧资源供应困难，如有些资源没有增加的可能性，加剧项目之间或工序之间对资源激烈的竞争。

（2）重新分配资源，例如，将服务部门的人员投入生产中去，投入风险准备资源，采用加班或多班制工作。

（3）减少工作范围，包括减少工作量或删去一些工作包（或分项工程），但这可能产生如下影响：

① 损害工程的完整性、经济性、安全性、运行效率，或提高项目运行费用。

② 必须经过上层管理者，如投资者、业主的批准。

（4）改善工具、器具以提高劳动效率。

（5）提高劳动生产率（主要通过辅助措施和合理的工作过程）。这里要注意如下问题：

① 加强培训，通常培训应尽可能提前；

② 注意工人级别与工人技能的协调；

③ 工作中的激励机制，例如，奖金、个人负责制、目标明确；

④ 改善工作环境及项目的公用设施（需要花费）；

⑤ 项目小组时间上和空间上合理的组合和搭接；

⑥ 避免项目组织中的矛盾，多沟通。

（6）将部分任务转移，如分包、委托给另外的单位，将原计划由自己生产的结构构件改为外购等。当然这不仅有风险、产生新的费用，而且需要增加控制和协调工作。

（7）改变网络计划中工程活动的逻辑关系，如将前后顺序工作改为平行工作，或采用流水施工的方法。这又可能产生如下问题：

① 工程活动逻辑上的矛盾性；

② 资源的限制，平行施工要增加资源的投入强度，尽管投入总量不变；

③ 工作面限制及由此产生的现场混乱和低效率问题。

（8）将一些工作包合并，特别是，在关键线路上按先后顺序实施的工作包合并，与实施者一道研究，通过局部调整实施过程和人力、物力的分配，达到缩短工期的目的。

通常，A_1、A_2 两项工作如果由两个单位分包按次序施工，如图 3-11 所示，则持续时间较长。而如果将它们合并为 A，由一个单位来完成，则持续时间就可大大缩短。其原因如下：

（1）两个单位分别负责，则它们都经过前期准备低效率，正常施工，后期低效率过程，故总的平均效率很低。

（2）两个单位分别负责，中间有一个对 A_1 工作的检查、打扫和场地交接和对 A_2 工作准备的过程，会使工期延长，这是由分包合同或工作任务单所决定的。

（3）如果合并由一个单位完成，则平均效率会提高，而且许多工作能够穿插进行。

（4）实践证明，采用"设计-施工"总承包，或项目管理总承包，比分阶段、分专业平行包工

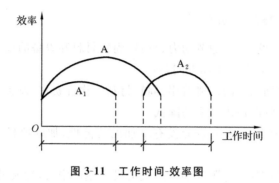

图 3-11　工作时间-效率图

期会大大缩短。

（5）修改实施方案，如将现浇混凝土改为场外预制、现场安装，这样可以提高施工速度。例如，在一个国际工程中，原施工方案为现浇混凝土，工期较长。进一步调查发现该国技术木工缺乏，劳动力的素质和可培训性较差，无法保证原工期，后来采用预制装配施工方案，则大大缩短了工期。当然这一方面必须有可用的资源，另一方面又要考虑会造成成本的超支。

（三）应注意的问题

（1）在选择措施时，要考虑到：

① 赶工应符合项目的总目标与总战略。

② 措施应是有效的、可以实现的。

③ 花费比较省。

④ 对项目的实施、承包商、供应商的影响面较小。

（2）在制订后续工作计划时，这些措施应与项目的其他过程协调。

（3）在实际工作中，人们常常采用了许多事先认为有效的措施，但实际效力却很小，常常达不到预期的缩短工期的效果。其原因如下：

① 这些计划是无正常计划期状态下的计划，常常是不周全的。

② 缺少协调，没有将加速的要求、措施、新的计划、可能引起的问题通知相关各方，如其他分包商、供应商、运输单位、设计单位。

③ 人们对以前造成拖延的影响认识不清。例如，由于外界干扰，到目前为止已造成 2 周的拖延，实质上，这些影响是有惯性的，还会继续扩大。所以即使现在采取措施，在一段时间内，其效果是有限的，拖延仍会继续扩大。

思　考　题

1. 影响施工进度的因素有哪些？

2. 施工进度控制的方法有哪些？

3. 简述施工进度控制的任务。

4. 简述施工进度计划的编制原则。

5. 实际进度与计划进度的比较方法有哪些？

6. 工期拖延的解决方法有哪些？

第四章　施工现场质量管理

教学重点：质量管理的基本知识、质量管理体系和全面质量管理、施工现场质量控制方法、质量事故处理、质量验收。

教学目标：了解施工质量事故处理方法和施工质量验收内容；熟悉质量管理体系和全面质量管理方法；掌握质量控制方法。

工程项目从立项、规划、设计、施工、竣工验收、资料归档整个过程，环环相扣，任何环节都不能有丝毫闪失，否则它所引起的损失都是难以估量的。其中，施工这一重要的一环是一个将设计意图转换为工程实体的过程，工程质量是项目的生命，而施工现场质量管理对工程质量具有决定性的影响。同时，参与建设的施工企业对施工现场质量管理必须高度重视和投入，认真做好质量的控制与管理工作，才能保证工程质量，提高企业的竞争力。

第一节　施工现场质量管理概述

一、基本概念

（一）工程质量

根据《质量管理体系基础和术语》(GB/T 19000—2008)，质量是指一组固有特性满足要求的程度。工程质量是指国家现行的有关法律、法规、技术标准、设计文件及工程承包合同对工程的安全、使用、经济、美观等特征的综合要求。工程项目一般都是按照合同条件承包建设的，因此，工程项目质量是在合同环境下形成的。合同对工程项目的功能、使用价值及设计、施工质量等的明确规定都是业主的需要，因而都属于质量的内容。

从功能和使用价值来看，工程质量体现在适用性、可靠性、经济性、外观质量与环境协调等方面。由于工程项目是依据项目法人的需求而兴建的，故各工程项目功能和使用的质量应满足不同项目法人的需求，并无一个统一的标准。

工程质量是在工程建设过程中逐渐形成的。工程项目建设的各个阶段，即可行性研究、项目决策、勘察、设计、施工、竣工验收等阶段，对工程质量的形成产生不同的影响，所以工程项目的建设过程就是工程质量的形成过程。

工程质量具有两个方面的含义：一是指工程产品的特征性能，即工程产品质量；二是指参与工程建设各方面的工作水平、组织管理等，即工作质量。工作质量包括社会工作质量和生产过程工作质量。社会工作质量主要是指社会调查、市场预测、维修服务等。生产过程工作质量主要包括管理工作质量、技术工作质量、后勤工作质量等，最终将反映在工序质量上，而工序质量直接受到人、原材料、机具设备、工艺及环境等五方面因素的影响。因此，工程质量是各环节、各方面工作质量的综合反映,而不是单纯靠质量检验查出来的。

(二)质量管理

质量管理(quality management)是指确定质量方针、目标和职责,并通过质量体系中的质量策划、质量控制、质量保证和质量改进来使其实现的所有管理职能的全部活动。

工程质量管理是指为保证和提高工程质量,运用一整套质量管理体系、手段和方法所进行的系统管理活动。工程质量好与坏,是一个根本性的问题。工程项目建设,投资大,建成及使用时间长,只有合乎质量标准,才能投入生产和交付使用,发挥投资效益,结合专业技术、经营管理和数理统计,满足社会需要。

1. 决策阶段的质量管理

此阶段质量管理的主要内容是,在广泛搜集资料、调查研究的基础上研究、分析、比较,决定项目的可行性和最佳方案。

2. 施工前的质量管理

(1)对施工队伍的资质进行重新审查,包括各个分包商资质的审查。如果发现施工单位的情况与投标时的情况不符,必须采取有效措施予以纠正。

(2)对所有的合同和技术文件、报告进行详细审阅,如图纸是否完备,有无错漏空缺,各个设计文件之间有无矛盾之处,技术标准是否齐全,等等。

(3)配备检测实验手段、设备和仪器,审查合同中关于检验的方法、标准、次数和取样的规定。

(4)审阅进度计划和施工方案。

(5)对施工中将要采取的新技术、新材料、新工艺进行审核,核查鉴定书和实验报告。

(6)对材料和工程设备的采购进行检查,检查采购是否符合规定的要求。

(7)协助完善质量保证体系。

(8)对工地各方面负责人和主要的施工机械进行进一步审核。

(9)做好设计技术交底,明确工程各个部分的质量要求。

(10)准备好简历、质量管理表格。

(11)准备好担保和保险工作。

(12)签发预付款支付证书。

(13)全面检查开工条件。

3. 施工过程中的质量管理

(1)工序质量控制。

工序质量包括施工操作质量和施工技术管理质量。

① 确定工程质量控制的流程;

② 主动控制工序活动条件,主要指影响工序质量的因素;

③ 及时检查工序质量,提出对后续工作的要求和措施;

④ 设置工序质量的控制点。

(2)设置质量控制点。

对技术要求高、施工难度大的某个工序或环节,要设置技术和监理的重点,重点控制操作人员、材料、设备、施工工艺等;针对质量通病或容易产生不合格产品的工序,提前制定有效的措施,重点控制;对于新工艺、新材料、新技术也需要特别引起重视。

（3）工程质量的预控。

（4）质量检查。

质量检查包括:操作者的自检、班组内的互检、各个工序之间的交接检查;施工员的检查和质检员的巡视检查;监理和政府质检部门的检查。

（5）成品保护。

① 合理安排施工顺序,避免破坏已有产品;

② 采用适当的保护措施;

③ 加强成品保护的检查工作。

（6）交工技术资料。

交工技术资料主要包括以下的文件:材料和产品出厂合格证或者检验证明、设备维修证明;施工记录;隐蔽工程验收记录;设计变更、技术核定文件、技术洽商文件;水、暖、电、声讯、设备的安装记录;质检报告;竣工图、竣工验收表等。

（7）质量事故处理。

一般质量事故由总监理工程师组织进行事故分析,并责成有关单位提出解决办法。重大质量事故,需报告业主、监理主管部门和有关单位,由各方共同解决。

4. 工程完成后的质量管理

按合同的要求进行竣工检验,检查未完成的工作和缺陷,及时解决质量问题。制作竣工图和竣工资料。维修期内负责相应的维修责任。

（三）质量控制

质量控制是指为达到质量要求所采取的作业技术和活动。工程质量控制,实际上就是对工程在可行性研究、勘测设计、施工准备、建设实施、后期运行等各阶段、各环节、各因素的全程、全方位的质量监督控制。工程项目质量有产生、形成和实现的过程,控制这个过程中的各环节,以满足工程合同、设计文件、技术规范规定的质量标准。在我国的工程项目建设中,工程质量控制按其实施者的不同,包括如下三个方面:

1. 项目法人的质量控制

项目法人方面的质量控制主要是委托监理单位依据国家的法律、规范、标准和工程建设的合同文件,对工程建设进行监督和管理来实现的。其特点是外部的、横向的、不间断的控制。

2. 政府方面的质量控制

政府方面的质量控制是通过政府的质量监督机构来实现的,其目的在于维护社会公共利益,保证技术性法规和标准的贯彻执行。其特点是外部的、纵向的、定期或不定期抽查。

3. 承包人方面的质量控制

承包人主要通过建立健全质量保证体系、加强工序质量管理、严格施行"三检制"（即初检、复检、终检）、避免返工、提高生产效率等方式来进行质量控制。其特点是内部的、自身的、连续的控制。

二、工程质量管理的特征

由于水利工程建设项目施工涉及面广,是一个极其复杂的综合过程,再加上项目位置固定、生产流动、结构类型不一、质量要求不一、施工方法不一、体型大、整体性强、建设周期长、受自然条件影响大等特点,因此,施工项目的质量比一般工业产品的质量更难以控制,主要表现在以下方面:

(1)影响质量的因素多。如设计、材料、机械、地形、地质、水文、气象、施工工艺、操作方法、技术措施、管理制度等,均直接影响施工项目的质量。

(2)容易产生质量变异。由于项目施工不像工业产品生产,有固定的自动性和流水线,有规范化的生产工艺和完善的检测技术,有成套的生产设备和稳定的生产环境,有相同系列规格和相同功能的产品;同时,影响施工项目质量的偶然性因素和系统性因素都较多,因此很容易产生质量变异。

(3)容易产生第一、第二判断错误。施工项目由于工序交接多,中间产品多,隐蔽工程多,若不及时检查实质,事后再看表面,就容易产生第二判断错误,也就是说,容易将不合格的产品认为是合格的产品;反之,若检查不认真,测量仪表不准,读数有误,就会产生第一判断错误,也就是说,容易将合格产品认为是不合格的产品。

(4)质量检查不能解体、拆卸。工程项目建成后,不可能像某些工业产品那样再拆卸或解体来检查内在的质量,或重新更换零件;即使发现质量有问题,也不可能像工业产品那样实行"包换"或"退款"。

(5)质量要受投资、进度的制约。施工项目的质量受投资、进度的制约较大,如一般情况下,投资大、进度慢,质量就好;反之,质量则差。因此,项目在施工中,还必须正确控制质量、投资、进度三者之间的关系,使其达到对立统一。

施工是形成工程项目实体的过程,也是形成最终产品质量的重要阶段。所以,施工阶段的质量控制是工程质量控制的重点。

三、质量管理体系

质量管理体系是指确定质量方针、目标和职责,并通过质量体系中的质量策划、控制、保证和改进来使其实现的全部活动。

质量管理体系是组织内部建立的、为实现质量目标所必需的、系统的质量管理模式,是组织的一项战略决策。它将资源与过程结合,以过程管理方法进行系统管理,根据企业特点选用若干体系要素加以组合,一般由与管理活动、资源提供、产品实现以及测量、分析与改进活动相关的过程组成,可以理解为涵盖了从确定顾客需求、设计研制、生产、检验、销售、交付之前全过程的策划、实施、监控、纠正与改进活动的要求,一般以文件化的方式,成为组织内部质量管理工作的要求。

针对质量管理体系的要求,国际标准化组织(ISO)的质量管理和质量保证技术委员会制定了 ISO 9000 族系列标准,以适用于不同类型、产品、规模与性质的组织。该类标准由若干相互关联或补充的单个标准组成,其中为大家所熟知的是《质量管理体系要求》(ISO 9001),它提出的要求是对产品要求的补充,已经过数次改版。

2008 版标准是由 ISO/TC176/SC2 质量管理和质量保证技术委员会质量体系分委员会制定的质量管理系列标准之一。

四、全面质量管理

全面质量管理(total quality management,TQM)是指一个组织以质量为中心,以全员参与为基础,目的在于通过顾客满意和组织所有成员及社会受益而达到长期成功的管理途径。

(一)全面质量管理的基本要求

1. 全过程的管理

任何一个工程(和产品)的质量都有一个产生、形成和实现的过程;整个过程由多个相互联系、相互影响的环节所组成,每一环节都或重或轻地影响着最终的质量状况。因此,要搞好工程质量管理,必须把形成质量的全过程和有关因素控制起来,形成一个综合的管理体系,做到以防为主,防检结合,重在提高。

2. 全员的质量管理

工程(产品)的质量是企业各方面、各部门、各环节工作质量的反映。每一环节、每一个人的工作质量都会不同程度地影响着工程(产品)的最终质量。工程质量人人有责,只有人人都关心工程的质量,做好本职工作,才能生产出好质量的工程。

3. 全企业的质量管理

全企业的质量管理一方面要求企业各管理层次都要有明确的质量管理内容,各层次的侧重点要突出,每个部门应有自己的质量计划、质量目标和对策,层层控制;另一方面就是要把分散在各部门的质量职能发挥出来。例如,水利水电工程中的"三检制"就充分反映这一观点。

4. 多方法的管理

影响工程质量的因素越来越复杂:既有物质的因素,又有人为的因素;既有技术因素,又有管理因素;既有企业内部因素,又有企业外部因素。要搞好工程质量,就必须把这些影响因素控制起来,分析它们对工程质量的不同影响。灵活运用各种现代化管理方法来解决工程质量问题。

(二)全面质量管理的特点

1. 质量第一,以质量求生存

任何产品都必须达到所要求的质量水平,否则就没有或未实现其使用价值,从而给消费者、给社会带来损失。从这个意义上讲,质量必须是第一位的。贯彻"质量第一"就要求企业全员,尤其是领导层,要有强烈的质量意识;要求企业在确定质量目标时,首先应根据用户或市场的需求,科学地确定质量目标,并安排人力、物力、财力予以保证。当质量与数量、社会效益与企业效益、长远利益与眼前利益发生矛盾时,应把质量、社会效益和长远利益放在首位。

"质量第一"并非"质量至上"。质量不能脱离当前的市场水准,也不能不问成本而一味地讲求质量。应该重视质量成本分析,把质量与成本加以统一,确定最适合的质量。

2. 用户至上

在全面质量管理中,这是一个十分重要的指导思想。"用户至上"就是要树立以用户为中心,为用户服务的思想。要使产品质量和服务质量尽可能满足用户的要求。产品质量的好坏最终应以用户的满意程度为标准。这里,所谓用户是广义的,不仅指产品出厂后的直接用户,而且指在企业内部,下道工序是上道工序的用户。如混凝土工程,模板工程的质量直接影响混凝土浇筑这一下道关键工序的质量。每道工序的质量不仅影响下道工序质量,也会影响工程进度和费用。

3. 质量是设计、制造出来的,而不是检验出来的

在生产过程中,检验是重要的,它可以起到不允许不合格品出厂的把关作用,同时还可以将检验信息反馈到有关部门。但影响产品质量好坏的真正原因并不在检验,而主要在于设计和制造。设计质量是先天性的,在设计的时候就已经决定了质量的等级和水平;而制造只是实现设计质量,是符合性质量。二者不可偏废,都应重视。

4. 强调用数据说话

这就是要求在全面质量管理工作中具有科学的工作作风,在研究问题时不能满足于一知半解和表面,对问题不仅要有定性分析,而且还要尽量有定量分析,做到心中有“数”。这样才可以避免主观盲目性。

在全面质量管理中广泛采用了各种统计方法和工具,其中用得最多的有“七种工具”,即因果图、排列图、直方图、相关图、控制图、分层法和调查表。常用的数理统计方法有回归分析、方差分析、多元分析、实验分析、时间序列分析等。

5. 突出人的积极因素

从某种意义上讲,在开展质量管理活动的过程中,人的因素是最积极、最重要的因素。与质量检验阶段和统计质量控制阶段相比较,全面质量管理阶段要格外强调调动人的积极因素的重要性。这是因为现代化生产多为大规模系统性的生产,环节众多,联系密切复杂,远非单纯靠质量检验或统计方法就能奏效的。必须调动人的积极因素,加强质量意识,发挥人的主观能动性,以确保产品和服务的质量。全面质量管理的特点之一就是全体人员参加。“质量第一,人人有责”。

要提高质量意识,调动人的积极因素,一靠教育,二靠规范,需要通过教育培训和考核,同时还要依靠有关质量的立法以及必要的行政手段等各种激励及处罚措施。

(三)全面质量管理的工作原则

1. 预防原则

在企业的质量管理工作中,要认真贯彻预防为主的原则,凡事要防患于未然。在产品制造阶段应该采用科学的方法对生产过程进行控制,尽量把不合格品消灭在发生之前。在产品的检验阶段,不论是对最终产品还是对在制品,都要及时反馈并认真处理质量信息。

2. 经济原则

全面质量管理强调质量,但无论是质量保证水平还是预防不合格的深度都是没有止境的,必须考虑经济性,建立合理的经济界限,这就是所谓经济原则。因此,在产品设计过程中制定质量标准、在生产过程中进行质量控制、在选择质量检验方式为抽样检验或全数检验等场合下,都必须考虑其经济效益。

3. 协作原则

协作是大生产的必然要求。生产和管理分工越细,就越要求协作。一个具体单位的质量问题往往涉及许多部门,如无良好的协作是很难解决的。因此,强调协作是全面质量管理的一条重要原则,也反映了系统科学全局观点的要求。

4. 按照 PDCA 循环组织活动

PDCA 循环是质量体系活动所应遵循的科学工作程序,周而复始,内外嵌套,循环不止,以求质量不断提高。

(四) 全面质量管理的运转方式

质量保证体系运转方式是按照计划(P)、执行(D)、检查(C)、处理(A)的管理循环进行的。它包括四个阶段和八个工作步骤。

1. 四个阶段

(1) 计划阶段。按使用者要求,根据具体生产技术条件,找出生产中存在的问题及其原因,拟定生产对策和措施计划。

(2) 执行阶段。按预定对策和生产措施计划,组织实施。

(3) 检查阶段。对生产成品进行必要的检查和测试,即把执行的工作结果与预定目标对比,检查执行过程中出现的情况和问题。

(4) 处理阶段。对经过检查发现的各种问题及用户意见进行处理。凡符合计划要求的予以肯定,成文标准化。对不符合设计要求和不能解决的问题,转入下一循环以进一步研究解决。

2. 八个步骤

(1) 分析现状,找出问题,不能凭印象和表面加以判断。结论要用数据表示。

(2) 分析各种影响因素,要把可能因素一一加以分析。

(3) 找出主要影响因素,并对主要影响因素进行解剖,这样才能改进工作,提高产品质量。

(4) 研究对策,针对主要因素拟定措施,制订计划,确定目标。以上属计划(P)阶段的工作内容。

(5) 执行措施,此为执行(D)阶段的工作内容。

(6) 检查工作成果,对执行情况进行检查,找出经验教训,此为检查(C)阶段的工作内容。

(7) 巩固措施,制定标准,把成熟的措施定成标准(规程、细则),形成制度。

(8) 遗留问题转入下一个循环。

以上步骤(7)和步骤(8)为处理(A)阶段的工作内容。PDCA 循环的工作程序如图 4-1 所示。

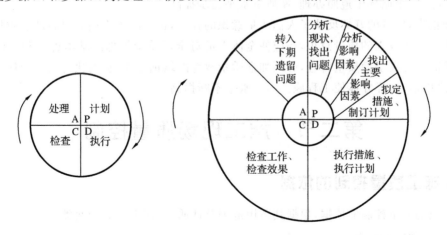

图 4-1　PDCA 循环的工作程序

3. PDCA 循环的特点

（1）四个阶段缺一不可，先后次序不能颠倒。就好像一只转动的车轮，在解决质量问题中滚动前进，逐步使产品质量提高。

（2）企业的内部 PDCA 循环各级都有，整个企业的循环是一个大循环，企业各部门又有自己的循环，如图 4-2 所示。大循环是小循环的依据，小循环又是大循环的具体和逐级贯彻落实的体现。

（3）PDCA 循环不是在原地转动，而是在转动中前进。每个循环结束，质量便提高一步。图 4-3 所示的为循环上升示意图，它表明每一个 PDCA 循环都不是在原地周而复始地转动的，而是像爬楼梯那样，每转一个循环都有新的目标和内容，因而就意味前进了一步，从原有水平上升到了新的水平，每经过一次循环，也就解决了一批问题，质量水平就有新的提高。

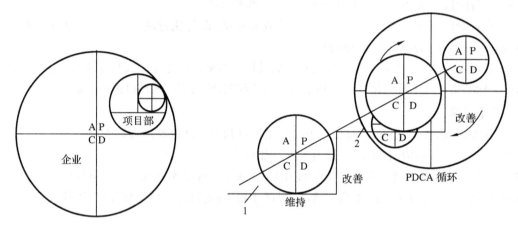

图 4-2　企业内部 PDCA 循环　　　　图 4-3　PDCA 上升循环
　　　　　　　　　　　　　　　　　　1—原有水平；2—现有水平

（4）处理（A）阶段是一个循环的关键。这一阶段的目的在于总结经验，巩固成果，纠正错误，以利于下一个管理循环。为此必须把成功和经验纳入标准，定为规程，使之标准化、制度化，以便在下一个循环中遵照办理，使质量水平逐步提高。

必须指出，质量的好坏反映了人们质量意识的强弱，也反映了人们对提高产品质量意义的认识水平。有了较强的质量意识，还应使全体人员对全面质量管理的基本思想和方法有所了解。这就需要开展全面质量管理，必须加强质量教育的培训工作，贯彻执行质量责任制并形成制度，持之以恒，这样才能使工程施工质量水平不断提高。

第二节　施工现场质量控制

一、施工质量控制的依据

施工现场质量控制的依据，根据其适用范围及性质，大体上可分为两类。

（一）共同性依据

共同性依据是指那些适用于工程项目施工阶段与质量控制有关的，具有普遍指导意义和必须遵守的基本文件,主要包括:工程承包合同文件;设计文件;国家和行业现行的有关质量管理方面的法律、法规文件。

(二)有关质量检验与控制的专门技术法规性依据

这类文件依据一般是针对不同行业、不同质量控制对象而制定的技术法规性文件,包括各种有关的标准、规范、规程或规定。

技术标准有国际标准(如 ISO 系列)、国家标准、行业标准和企业标准之分。它是建立和维护正常的生产和工作秩序应遵守的准则,也是衡量工程、设备和材料质量的尺度。

技术规程或规范,一般是执行的技术标准,是为保证施工有序地进行,而为有关人员制定的行动准则,通常它们与质量的好坏有密切关系,应严格遵守,如施工技术规程、操作规程等。

各种有关质量方面的规定,一般是由有关主管部门根据需要而发布的带有方针目标性的文件,它对于保证标准和规程、规范的实施和改善实际存在的问题,具有指令性和及时性的特点。

此外,对于大型工程,特别是对外承包工程,可能还会涉及国际标准和国外标准或规范。概括说来,属于这类专门的技术法规性的依据主要有以下几类:工程项目质量检验评定标准;有关工程材料、半成品和构配件质量控制方面的专门技术法规性依据;控制施工工序质量等方面的技术法规性依据;凡采用新工艺、新技术、新方法的工程,事先应进行试验,并有权威性技术部门的技术鉴定书及有关质量数据、指标。

二、4M1F 法质量控制

4M 指 man(人)、machine(机器)、material(物)、method(方法),告诉我们工作中应充分考虑人、机、物、方法四个方面因素。1E,即 environments(环境)。故该质量控制方法合称 4M1E 法。

1. 对人的控制

人是工程质量的控制者,也是工程质量的制造者。工程质量的好与坏与人的因素是密不可分的。控制人的因素,即调动人的积极性、避免人为的失误等,是控制工程质量的关键因素。人的理论水平和技术水平是人的综合素质的表现,它直接影响工程项目质量,尤其是技术复杂、操作难度大、要求精度高、工艺新的工程,对人员素质要求更高,否则,工程质量很难保证。

目前,我国实行人员资格管理制度,对设计、施工、监理主要技术管理人员都规定了必须具备相应的执业资格,对施工作业人员也规定了相应的职业资格,要求相关人员都必须持证上岗,这些就是对"人"的因素的控制。

2. 对材料、构配件的质量控制

1) 材料质量控制的要点

(1) 掌握材料信息,优选供货厂家。应掌握材料信息,优先选有信誉的厂家供货,对于主要材料、构配件,在订货前,必须经监理工程师论证同意后,才可订货。

(2) 合理组织材料供应。应协助承包商合理地组织材料采购、加工、运输、储备。尽量加快材料周转,按质、按量、如期满足工程建设需要。

(3) 合理地使用材料,减少材料损失。

（4）加强材料检查验收。用于工程上的主要建筑材料，进场时必须具备正式的出厂合格证和材质化验单，否则，应补检。工程中所有构配件必须具有厂家批号和出厂合格证。

凡是标志不清或质量有问题的材料、对质量保证资料有怀疑或与合同规定不相符的一般材料，应取一定比例的材料进行试验，并需要追踪检验。对于进口的材料和设备以及重要工程或关键施工部位所用材料，则应进行全部检验。

（5）重视材料的使用认证，以防错用或使用不当。

2）材料质量控制的内容

（1）材料质量的标准。材料质量的标准是用于衡量材料标准的尺度，并作为验收、检验材料质量的依据。其具体的材料标准指标可参见相关材料手册。

（2）材料质量的检验、试验。材料质量的检验目的是通过一系列的检测手段，将取得的材料数据与材料的质量标准相比较，用于判断材料质量的可靠性。

3）材料质量的检验方法

（1）书面检验：对提供的材料质量保证资料、试验报告等进行审核，取得认可方能使用。

（2）外观检验：对材料从品种、规格、标志、外形尺寸等进行直观检查，看有无质量问题。

（3）理化检验：借助试验设备和仪器对材料样品的化学成分、机械性能等进行科学的鉴定。

（4）无损检验：在不破坏材料样品的前提下，利用超声波、X 射线、表面探伤仪等进行检测。

4）材料质量检验程度

材料质量检验程度分为免检、抽检和全部检查三种。

（1）免检。免检就是免去质量检验工序。对有足够质量保证的一般材料，以及实践证明质量长期稳定而且质量有保证、资料齐全的材料，可予以免检。

（2）抽检。抽检是按随机抽样的方法对材料抽样检验。如对材料的性能不清楚、对质量保证资料有怀疑，或对成批生产的构配件，均应按一定比例进行抽样检验。

（3）全检。对进口的材料、设备和重要工程部位的材料，以及贵重的材料，应进行全部检验，以确保材料和工程质量。

5）材料质量检验项目

材料质量检验项目一般可分为一般检验项目和其他检验项目。

6）材料质量检验的取样

材料质量检验的取样必须具有代表性，也就是所取样品的质量应能代表该批材料的质量。在取样时，必须按规定的部位、数量及采选的操作要求进行。

7）材料抽样检验的判断

抽样检验是对一批产品（个数为 M）一次抽取 N 个样品进行检验，用其结果来判断该批产品是否合格。

8）材料的选择和使用要求

材料的选择不当和使用不正确，会严重影响工程质量或造成工程质量事故。因此，在施工过程中，必须针对工程项目的特点和环境要求及材料的性能、质量标准、适用范围等多方面，综合考察，慎重选择和使用材料。

3. 对施工机械设备的控制

施工机械设备是工程建设不可缺少的设施,目前,工程建设的施工进度和施工质量都与施工机械设备关系密切。因此,在施工阶段,必须对施工机械设备的性能、选型和使用操作等方面进行控制。

1)机械设备的选型

机械设备的选型应因地制宜,按照技术先进、经济合理、生产适用、性能可靠、使用安全、操作和维修方便等原则来选择施工机械。

2)机械设备的主要性能参数

机械设备的性能参数是选择机械设备的主要依据,为满足施工的需要,在参数选择上可适当留有余地,但不能选择超出需要很多的机械设备,否则,容易造成经济上的不合理。机械设备的性能参数很多,要综合各参数,确定合适的施工机械设备。在这方面,要结合机械施工方案,择优选择机械设备,要严格把关,对不符合要求和有安全隐患的机械,不准进场。

3)机械设备的使用、操作要求

合理使用机械设备,正确地进行操行,是保证工程项目施工质量的重要环节,应贯彻"人机固定"的原则,实行定机、定人、定岗位的制度。操作人员必须认真执行各项规章制度,严格遵守操作规程,防止出现安全质量事故。

4. 对方法的控制

对方法的控制主要是指对施工方案的控制,也包括对整个工程项目建设期内所采用的技术方案、工艺流程、组织措施、检测手段、施工组织设计等的控制。对一个工程项目而言,施工方案恰当与否,直接关系到工程项目质量的好坏,关系到工程项目的成败,所以,应重视对方法的控制。这里说的方法控制,在工程施工的不同阶段,其侧重点也不相同,但都是围绕确保工程项目质量这个纲的。

5. 对环境因素的控制

影响工程项目质量的环境因素很多,有工程技术环境、工程管理环境、劳动环境等。环境因素对工程质量的影响复杂而且多变。因此,应根据工程特点和具体条件,对影响工程质量的环境因素进行严格控制。

三、工程项目施工阶段质量控制的任务

施工阶段质量控制是工程项目全过程质量控制的关键环节。根据工程质量形成的时间,施工阶段的质量控制又可分为质量的事前控制、事中控制和事后控制,其中以事前控制为重点。

1. 事前控制

(1)审查承包商及分包商的技术资质。

(2)协助承建商完善质量体系,包括完善计量及质量检测技术和手段等,同时对承包商的实验室资质进行考核。

(3)督促承包商完善现场质量管理制度,包括现场会议制度、现场质量检验制度、质量统计报表制度和质量事故报告及处理制度等。

(4)与当地质量监督站联系,争取其配合、支持和帮助。

（5）组织设计交底和图纸会审，对某些工程部位应下达质量要求标准。

（6）审查承包商提交的施工组织设计，保证工程质量具有可靠的技术措施。审核工程中采用的新材料、新结构、新工艺、新技术的技术鉴定书；对工程质量有重大影响的施工机械、设备，应审核其技术性能报告。

（7）对工程所需原材料、构配件的质量进行检查与控制。

（8）对永久性生产设备或装置，应按审批同意的设计图纸组织采购或订货，到场后进行检查验收。

（9）对施工场地进行检查验收。检查施工场地的测量标桩、建筑物的定位放线以及高程水准点，重要工程还应复核，落实现场障碍物的清理、拆除等。

（10）把好开工关。对现场各项准备工作检查合格后，方可发开工令；停工的工程，未发复工令者不得复工。

2．事中控制

（1）督促承包商完善工序控制措施。工程质量是在工序中产生的，工序控制对工程质量起着决定性的作用。应把影响工序质量的因素都纳入控制状态中，建立质量管理点，及时检查和审核承包商提交的质量统计分析资料和质量控制图表。

（2）严格工序交接检查。隐蔽作业需按有关验收规定检查验收后，方可进行下一工序的施工。

（3）重要的工程部位或专业工程（如混凝土工程）要做实验或进行技术复核。

（4）审查质量事故处理方案，并对处理效果进行检查。

（5）对完成的分项分部工程，按相应的质量评定标准和办法进行检查验收。

（6）审核设计变更和图纸修改。

（7）按合同行使质量监督权和质量否决权。

（8）组织定期或不定期的质量现场会议，及时分析、通报工程质量状况。

3．事后控制

（1）审核承包商提供的质量检验报告及有关技术性文性。

（2）审核承包商提交的竣工图。

（3）组织联动试车。

（4）按规定的质量评定标准和办法，进行检查验收。

（5）组织项目竣工总验收。

（6）整理有关工程项目质量的技术文件，并编目、建档。

四、施工现场质量检查

1．审核有关技术文件、报告或报表

对技术文件、报告、报表的审核，是对工程质量进行全面控制的重要手段，其具体内容有：① 审核有关技术资质证明文件；② 审核开工报告，并经现场核实；③ 审核施工方案、施工组织设计和技术措施；④ 审核有关材料、半成品的质量检验报告；⑤ 审核反映工序质量动态的统计资料或控制图表；⑥审核设计变更、修改图纸和技术核定书；⑦审核有关质量问题的处理报告；⑧审核有关应用新工艺、新材料、新技术、新结构的技术鉴定书；⑨审核有关工序交接检查报告,分项、分部工程质量检查报告;⑩审核并签署现场有关技术签证、文件等。

2. 现场质量检查的程序

(1)开工前检查。目的是检查是否具备开工条件,开工后能否连续正常施工,能否保证工程质量。

(2)工序交接检查。对于重要的工序或对工程质量有重大影响的工序,在自检、互检的基础上,还要组专职人员进行工序交接检查。

(3)隐蔽工程检查。凡是隐蔽工程,必须按有关规定先进行自检,自检合理后,将隐蔽工程检查记录送项目监理部。

(4)停工后复工前的检查。因处理质量问题或某种原因停工后需复工时,亦应经检查认可后方能复工。

(5)分项、分部工程完工后,应经检查认可,签署验收记录后,才许可进行下一工序施工。

(6)成品保护检查。检查成品有无保护措施,或保护措施是否可靠。此外,还应经常深入现场,对施工操作质量进行巡视检查;必要时,还应进行跟班或追踪检查。

3. 现场质量检查方法

1)旁站检查

旁站是指有关管理人员对重要工序(质量控制点)的施工所进行的现场监督和检查,以避免质量事故的发生。旁站也是驻地监理人员的一种主要现场检查形式。根据工程施工难度及复杂性,可采用全过程旁站、部分时间旁站两种方式。对容易产生缺陷的部位,或产生了缺陷且难以补救的部位,以及隐蔽工程,应加强旁站检查。

在旁站检查中,必须检查承包人在施工中所用的设备、材料及混合料是否符合已批准的文件要求,检查施工方案、施工工艺是否符合相应的技术规范。

2)测量

测量是控制建筑物尺寸的重要手段。应对施工放样及高程控制进行核查,不合格者不准开工。对模板工程、已完工程的几何尺寸、高程、宽度、厚度、坡度等质量指标,按规定要求进行测量验收,不符合规定要求的需进行返工。测量记录均要事先经工程师审核签字后方可使用。

3)试验

试验是工程师确定各种材料和建筑物内在质量是否合格的重要方法。所有工程使用的材料,都必须事先经过材料试验,质量必须满足产品标准,并经工程师检查批准后,方可使用。材料试验包括:水源、粗骨料、沥青、土工织物等各种原材料,不同等级混凝土的配合比试验;外购材料及成品质量证明和必要的试验鉴定;仪器设备的校调试验;加工后的成品强度及耐用性检验;工程检查等。没有试验数据的工程不予验收。

五、工序质量控制

1. 工序质量控制的内容

工序质量控制主要包括对工序活动条件的质量和对工序活动效果的质量控制。

(1)严格遵守工艺规程。施工工艺规程是进行施工操作的依据和法规,是确保工序质量的前提,人人都必须严格执行,不得违反。

(2)主动控制工序活动条件的质量。影响质量的五大因素,即操作者、材料、机具设备、施工方法和施工环境,将这些因素切实有效地控制起来,使它们处于受控制状态,从而保证每道工序质量正常、稳定。

（3）及时检查工序活动效果的质量。必须加强质量检验工作,对质量状况进行综合统计分析,及时掌握质量动态。一旦发现质量问题,随即研究处理,自始至终使工序活动效果的质量满足规范和标准要求。

（4）设置工序质量控制点。为了保证工序质量而进行控制的重点、关键部位或薄弱环节等,称为工序质量控制点,设置工序质量控制点可在一定时期内、一定条件下进行强化管理,使工序处于良好的控制状态。

2. 质量控制点的设置

首先对施工的工程对象采取全面分析、比较,以明确质量控制点。之后进一步分析所设置的质量控制点在施工中可能出现的质量问题或造成质量隐患的原因,针对隐患原因,相应地提出对策措施予以预防。

设置的质量控制点主要包括以下几方面:

（1）关键的分项工程,如大体积混凝土工程、土石坝工程的坝体填筑、隧洞开挖工程等。

（2）关键的工程部位,如混凝土面板堆石坝面板趾板及周边缝的接缝、土基上水闸的地基基础、预制框架结构的梁板节点、关键设备的设备基础等。

（3）薄弱环节,指经常发生或容易发生质量问题的环节,或承包人无法把握的环节,或采用新工艺（材料）施工的环节等。

（4）关键工序,如钢筋混凝土工程的混凝土振捣,灌注桩钻孔,隧洞开挖的钻孔布置、方向、深度、用药量和填塞等。

（5）关键工序的关键质量特性,如混凝土的强度、耐久性,土石坝的干容重、黏性土的含水率等。

（6）关键质量特性的关键因素,如冬季混凝土强度的关键因素是环境（养护温度）,支模的关键因素是支撑方法,泵送混凝土输送质量的关键因素是机械,墙体垂直度的关键因素是人等。

3. 见证点和停止点

在国际上,质量控制对象根据它们的重要程度和监督控制要求不同,可以设置见证点或停止点。见证点和停止点都是质量控制点,由于它们的重要性及其质量后果影响程度有所不同,它们的运作程序和监督要求也不同。

1）见证点

见证点的运作程序和监督要求如下:

（1）施工单位应在到达某个见证点之前的一定时间,书面通知监理工程师,说明将到达该见证点准备施工的时间,请监理人员届时进行现场见证和监督。

（2）监理工程师收到通知后,应在施工跟踪档案上注明收到该通知的日期并签字。

（3）监理人员应在约定的时间到现场见证。监理人员应对见证点实施过程进行监督、检查,并在见证表上详细记录后签字。

（4）如果监理人员在规定的时间未能到场见证,则施工单位可以认为已获监理工程师认可,有权进行该项施工。

（5）如果监理人员在此之前已到现场检查,并将有关意见写在施工跟踪档案上,则施工单位应写明已采取的改进措施或具体意见。

2）停止点

停止点是重要性高于见证点的质量控制点，它通常是针对特殊过程或特殊工艺而言的。凡列为停止点的控制对象，要求必须在规定的控制点到来之前通知监理方派人对控制点实施监控，如果监理方未能在约定的时间到现场监督、检查，施工单位应停止进入该控制点相应的工序，并按合同规定等待监理方，未经认可不能越过该点继续活动。通常用书面形式批准其继续进行，但也可以按商定的授权制度批准其继续进行。

见证点和停止点通常由工程承包单位在质量计划中明确，但施工单位应将施工计划和质量提交监理工程师审批。如果监理工程师对见证点和停止点的设置有不同意见，应书面通知施工单位，要求予以修改，再报监理工程师审批后执行。

六、施工合同条件下的工程质量控制

工程施工是使业主及工程设计意图最终实现并形成工程实体的阶段，也是最终形成工程产品质量和工程项目使用价值的重要阶段。由此可见，施工阶段的质量控制不但是工程师的核心工作内容，也是工程项目质量控制的重点。

1. 质量检查(验)的相关职责和权力

施工质量检查(验)是建设各方质量控制必不可少的一项工作，它可以起到监督、控制质量，及时纠正错误，避免事故扩大，消除隐患等作用。

1）承包商的质量检查(验)职责

保证工程施工质量是承包商的基本义务。承包商应按 ISO 9000 系列标准建立和健全所承包工程的质量保证计划，在组织上和制度上落实质量管理工作，提交质量保证计划措施报告，以确保工程质量。

根据合同规定和工程师的指示，承包商应对工程使用的材料和工程设备以及工程的所有部位及其施工工艺进行全过程的质量自检，并做质量检查(验)记录，定期向工程师提交工程质量报告。同时，承包商应建立一套全部工程的质量记录和报表，以便工程师复核检验和日后发现质量问题时查找原因。当合同发生争议时，质量记录和报表还是重要的实时记录。

自检是检验的一种形式，它是由承包商自己来进行的。在合同环境下，承包商的自检包括班组的初检、施工队的复检、公司的终检("三检")。自检的目的不仅在于判定被检验实体的质量特性是否符合合同要求，更为重要的是用于对过程的控制。因此，承包商的自检是质量检查(验)的基础，是控制质量的关键。为此，工程师有权拒绝对那些"三检"资料不完善或无"三检"资料的过程(工序)进行检验。

2）工程师的质量检查(验)权力

按照我国有关法律、法规的规定：工程师在不妨碍承包商正常作业的情况下，可以随时对作业质量进行检查(验)。这表明工程师有权对全部工程的所有部位及其任何一项工艺、材料和工程设备进行检查和检验，并具有质量否决权。具体内容包括：

（1）复核材料和工程设备的质量及承包商提交的检查结果。

（2）对建筑物开工前的定位定线进行复核签证，未经工程师签认不得开工。

（3）对隐蔽工程和工程的隐蔽部位进行覆盖前的检查(验)，上道工序质量不合格的不得进入下一工序施工。

（4）对正在施工中的工程，在现场进行质量跟踪检查（验），发现问题及时纠正等。

这里需要指出，承包商要求工程师进行检查（验）的意向，以及工程师要进行检查（验）的意向均应提前 24 h 通知对方。

2. 材料、工程设备的检查和检验

《水利水电土建工程施工合同条件》通用条款及技术条款规定，材料和工程设备的采购分两种情况：①承包商负责采购材料和工程设备；②业主负责采购工程设备，承包商负责采购材料。

对材料和工程设备进行检查和检验时应区别对待以上两种情况。

1）材料和工程设备的检验和交货验收

对承包商采购的材料和工程设备，其产品质量由承包商对业主负责。材料和工程设备的检验和交货验收由承包商负责实施，并承担所需费用，具体做法：承包商会同工程师进行检验和交货验收，查验材质证明和产品合格证书。除此以外，承包商还应按合同规定进行材料的抽样检验和工程设备的检验测试，并将检验结果提交给工程师。工程师参加交货验收不能减轻或免除承包商在检验和验收中应负的责任。

对业主采购的工程设备，为了简化验交手续和重复装运，业主应将其采购的工程设备由生产厂家直接移交给承包商。为此，业主和承包商在合同规定的交货地点（如生产厂家、工地或其他合适的地方）共同进行交货验收，由业主正式移交给承包商。在交货验收过程中，业主采购的工程设备检验及测试由承包商负责，业主不必再配备检验及测试用的设备和人员，但承包商必须将其检验结果提交工程师，并由工程师复核签认检验结果。

2）工程师检查或检验

工程师和承包商应商定对工程所用的材料和工程设备进行检查和检验的具体时间和地点。通常情况下，工程师应到场参加检查或检验。如果在商定时间内工程师未到场参加检查或检验，且工程师无其他指示（如延期检查或检验），承包商可自行检查或检验，并立即将检查或检验结果提交给工程师。除合同另有规定外，工程师应在事后确认承包商提交的检查或检验结果。

对于承包商未按合同规定检查或检验材料和工程设备，工程师要指示承包商按合同规定补做检查或检验。此时，承包商应无条件地按工程师的指示和合同规定补做检查或检验，并应承担检查或检验所需的费用和可能带来的工期延误责任。

3）额外检验和重新检验

（1）额外检验。在合同履行过程中，如果工程师需要增加合同中未作规定的检查和检验项目，工程师有权指示承包商增加额外检验，承包商应遵照执行，但应由业主承担额外检验的费用和工期延误责任。

（2）重新检验。在任何情况下，如果工程师对以往的检验结果有疑问，有权指示承包商进行再次检验，即重新检验。承包商必须执行工程师指示，不得拒绝。"以往的检验结果"是指该检验结果已按合同规定要求得到工程师的同意。如果承包商的检验结果未得到工程师同意，则工程师指示承包商进行的检验不能称为重新检验，而应称为合同内检测。

重新检验带来的费用增加和工期延误责任的承担视重新检验结果而定。如果重新检验结果证明这些材料、工程设备、工序不符合合同要求，则应由承包商承担重新检验的全部费用和工期延误责任；如果重新检验结果证明这些材料、工程设备、工序符合合同要求，则应由业主承担重新检验的费用和工期延误责任。

当承包商未按合同规定进行检查或检验,并且不执行工程师有关补做检查或检验的指示和重新检验的指示时,工程师为了及时发现可能的质量隐患,减少可能造成的损失,可以指派自己的人员或委托其他人进行检查或检验,以保证质量。此时,不论检查或检验结果如何,工程师因采取上述检查或检验补救措施而造成的工期延误和增加的费用均应由承包商承担。

4)不合格工程、材料和工程设备

禁止使用不合格材料和工程设备。工程使用的一切材料、工程设备均应满足合同规定的等级、质量标准和技术特性。工程师在工程质量的检查或检验中发现承包商使用了不合格材料或工程设备时,可以随时发出指示,要求承包商立即改正,并禁止在工程中继续使用这些不合格的材料和工程设备。

如果承包商使用了不合格材料和工程设备,其造成的后果应由承包商承担责任,承包商应无条件地按工程师指示进行补救。业主提供的工程设备经验收不合格的应由业主承担相应责任。

对不合格工程、材料和工程设备的处理如下:

(1)如果工程师的检查或检验结果表明承包商提供的材料或工程设备不符合合同要求,工程师可以拒绝接收,并立即通知承包商。此时,承包商除立即停止使用外,应与工程师共同研究补救措施。如果在使用过程中发现不合格材料,工程师应视具体情况,下达运出现场或降级使用的指示。

(2)如果检查或检验结果表明业主提供的工程设备不符合合同要求,承包商有权拒绝接收,并要求业主予以更换。

(3)如果因承包商使用了不合格材料和工程设备造成了工程损害,工程师可以随时发出指示,要求承包商立即采取措施进行补救,直至彻底清除工程的不合格部位及不合格材料和工程设备为止。

(4)如果承包商无故拖延或拒绝执行工程师的有关指示,则业主有权委托其他承包商执行该项指示。由此而造成的工期延误和增加的费用由承包商承担。

3. 隐蔽工程和工程隐蔽部位

隐蔽工程和工程隐蔽部位是指已完成的工作面经覆盖后将无法事后查看的任何工程部位和基础。由于隐蔽工程和工程隐蔽部位的特殊性及重要性,因此,没有工程师的批准,工程的任何部分均不得覆盖或使之无法查看。

对于将被覆盖的部位和基础在进行下一道工序之前,首先由承包商进行自检,确认符合合同要求后,再通知工程师进行检查,工程师不得无故缺席或拖延,承包商通知时应考虑到工程师应有足够的检查时间。工程师应按通知约定的时间到场进行检查,确认质量符合合同规定要求,并在检查记录上签字后,才能允许承包商进入下一道工序,进行覆盖。承包商在取得工程师的检查签证之前,不得以任何理由进行覆盖,否则,承包商应承担因补检而增加的费用和工期延误责任。如果由于工程师未及时到场检查,承包商因等待或延期检查而造成工期延误,则承包商有权要求延长工期和赔偿其停工、窝工等损失。

4. 放线

1)施工控制网

工程师应在合同规定的期限内向承包商提供测量基准点、基准线和水准点及其书面资料。

业主和工程师应对测量点、基准线和水准点的正确性负责。

承包商应在合同规定期限内完成测设自己的施工控制网,并将施工控制网资料报送工程师审批。承包商应对施工控制网的正确性负责。除此之外,承包商还应负责保管全部测量基准和控制网点。工程完工后,应将施工控制网点完好地移交给业主。

工程师为了监理工作的需要,可以使用承包商的施工控制网,并不为此另行支付费用。此时,承包商应及时提供必要的协助,不得以任何理由加以拒绝。

2)施工测量

承包商应负责整个施工过程中的全部施工测量放线工作,包括地形测量、放样测量、断面测量、收方测量和验收测量等,并应自行配置合格的人员、仪器、设备和其他物品。

承包商在施测前,应将施工测量措施报告报送工程师审批。

工程师应按合同规定对承包商的测量数据和放样成果进行检查。工程师认为必要时还可指示承包商在工程师的监督下进行抽样复测,并修正复测中发现的错误。

5.完工验收和保修

1)完工验收

完工验收是指承包商基本完成合同中规定的工程项目后,移交给业主接收前的交工验收,不是国家或业主对整个项目的验收。基本完成是指不一定要合同规定的工程项目全部完成,有些不影响工程使用的尾工项目,经工程师批准,可待验收后在保修期中去完成。

(1)完工验收申请报告。在工程具备了下列条件,并经工程师确认后,承包商即可向业主和工程师提交完工验收申请报告,并附上完工资料:

① 除工程师同意可列入保修期完成的项目外,已完成了合同规定的全部工程项目。

② 已按合同规定备齐了完工资料,包括:工程实施概况和大事记;已完工程(含工程设备)清单;永久工程完工图;列入保修期完成的项目清单;未完成的缺陷修复清单;施工期观测资料;各类施工文件、施工原始记录等。

③ 已编制了在保修期内实施的项目清单和未修复的缺陷项目清单以及相应的施工措施计划。

(2)工程师审核。工程师在接到承包商完工验收申请报告后的28天内进行审核并作出决定,或者提请业主进行工程验收,或者通知承包商在验收前尚应完成的工作和对申请报告的异议,承包商应在完成工作后或修改报告后重新提交完工验收申请报告。

(3)完工验收和移交证书。业主在接到工程师提请进行工程验收的通知后,应在收到完工验收申请报告后56天内组织工程验收,并在验收通过后向承包商颁发移交证书。移交证书上应注明由业主、承包商、工程师协商核定的工程实际完工日期。此日期是计算承包商完工工期的依据,也是工程保修期的开始。从颁交证书之日起,照管工程的责任即应由业主承担,且在此后14天内,业主应将保留金总额的50%退还给承包商。

(4)分阶段验收和施工期运行。水利水电工程中分阶段验收有两种情况。第一种情况是在全部工程验收前,某些单位工程,如船闸、隧洞等已完工,经业主同意可先行单独进行验收,通过后颁发单位工程移交证书,由业主先接管该单位工程。第二种情况是业主根据合同进度计划的安排,需提前使用尚未全部建成的工程,如大坝工程达到某一特定高程可以满足初期发电时,可对该部分工程进行验收,以满足初期发电要求。验收通过后应签发临时移交证书。工程未完成部分仍由承包商继续施工。对通过验收的部分工程由于在施工期运行而使承包商增加了修复缺陷的费用,业主应给予适当的补偿。

（5）业主拖延验收。如业主在收到承包商完工验收申请报告后,不及时进行验收,或在验收通过后无故不颁发移交证书,则业主应从承包商发出完工验收申请报告56天后的次日起承担照管工程的费用。

2）工程保修

工程移交前,虽然已通过验收,但是还未经过运行的考验,而且还可能有一些尾工项目和修补缺陷项目未完成,所以还必须有一段期间用来检验工程的正常运行,这就是保修期（FIDIC条款中称为缺陷通知期）。水利水电土建工程保修期一般为1年,从移交证书中注明的全部工程完工日期开始起算。在全部工程完工验收前,业主已提前验收的单位工程或部分工程,若未投入正常运行,其保修期仍按全部工程完工日期起算;若验收后投入正常运行,其保修期应从该单位工程或部分工程移交证书上注明的完工日期起算。

保修责任包括以下内容：

（1）保修期内,承包商应负责修复完工资料中未完成的缺陷修复清单所列的全部项目。

（2）保修期内如发现新的缺陷和损坏,或原修复的缺陷又遭损坏,承包商应负责修复。至于修复费用由谁承担,需视缺陷和损坏的原因而定:由于承包商施工中的隐患或其他承包商原因所造成,应由承包商承担;若由于业主使用不当或业主其他原因所致,则由业主承担。

在全部工程保修期满,且承包商不遗留任何尾工项目和缺陷修补项目,业主或授权工程师应在28天内向承包商颁发保修责任终止证书（FIDIC条款中称为履约证书）。

保修责任终止证书的颁发表明承包商已履行了保修期的义务,工程师对其满意,也表明了承包商已按合同规定完成了全部工程的施工任务,业主接受了整个工程项目。但此时合同双方的财务账目尚未结清,可能有些争议还未解决,故并不意味合同已履行结束。

3）清理现场与撤离

圆满完成清场工作是承包商进行文明施工的一个重要标志。一般而言,在工程移交证书颁发前,承包商应按合同规定的工作内容对工地进行彻底清理,以便业主使用已完成的工程。经业主同意后也可留下部分清场工作在保修期满前完成。

承包商应按下列工作内容对工地进行彻底清理,直至经工程师检验合格为止：

（1）工程范围内残留的垃圾已全部焚毁、掩埋或清除出场。

（2）临时工程已按合同规定拆除,场地已按合同要求清理和平整。

（3）承包商设备和剩余的建筑材料已按计划撤离工地,废弃的施工设备和材料亦已清除。

（4）施工区内的永久道路和永久建筑物周围的排水沟道,均已按合同图纸要求和工程师指示进行疏通和修整。

（5）主体工程建筑物附近及其上、下游河道中的施工堆积场,已按工程师的指示予以清理。

此外,在全部工程的移交证书颁发后42天内,除了经工程师同意,由于保修期工作需要留下部分承包商人员、施工设备和临时工程外,承包商的队伍应撤离工地,并做好环境恢复工作。

第三节　水利工程质量事故分析处理

随着国民经济的不断发展,人们对工程建设质量提出更高的要求,而工程建设中经常发生质量事故,不仅严重危害工程的质量,阻碍工程质量的进一步提高,而且对国家和人民的生命财产造成了巨大的损失。

为了确保工程质量,清除影响工程质量的因素,最大限度地减少工程质量事故的发生,掌握预防、诊断工程质量事故的基本规律和方法,及时分析处理质量事故是极其必要的。

需要指出的是,不少事故开始时经常只被认为是一般的质量缺陷,容易被忽视。随着时间的推移,待认识到这些质量缺陷问题的严重性时,则往往处理困难,或难以补救,或导致建筑物失事。因此,除了明显的不会有严重后果的缺陷外,对其他的质量问题,均应分析,进行必要处理,并提出处理意见。

一、工程质量事故与分类

水利工程质量事故是指在水利工程建设过程中,由于建设管理、监理、勘测、设计、咨询、施工、材料、设备等原因造成工程质量不符合规程规范和合同规定的质量标准,影响使用寿命和对工程安全运行造成隐患和危害的事件。

日常所说的事故大多指施工质量事故。

在水利水电工程中,按对工程的耐久性和正常使用的影响程度,检查和处理质量事故对工期影响时间的长短以及直接经济损失的大小如表 4-1 所示,将质量事故分为一般质量事故、较大质量事故、重大质量事故和特大质量事故。

表 4-1　水利工程质量事故分类标准

损失情况＼事故类别		特大质量事故	重大质量事故	较大质量事故	一般质量事故
事故处理所需的物资、器材和设备、人工等直接经济损失费用/万元	大体积混凝土工程、金结制作和机电安装工程	＞3000	＞500 ≤3000	＞100 ≤500	＞20 ≤100
	土石方工程、混凝土薄壁工程	＞1000	＞100 ≤1000	＞30 ≤100	＞10 ≤30
事故处理所需合理工期/月		＞6	＞3,≤6	＞1,≤3	≤1
事故处理后对工程功能和寿命的影响		影响工程正常使用,需限制条件运行	不影响正常使用,但对工程寿命有较大影响	不影响正常使用,但对工程寿命有一定影响	不影响正常使用和工程寿命

注　1.直接经济损失费用为必须条件,其余两项主要适用于大中型工程;
　　2.达不到一般质量事故标准的质量问题称为质量缺陷。

(1)一般质量事故是指对工程造成一定经济损失,经处理后不影响正常使用,不影响工程使用寿命的事故。小于一般质量事故的统称为质量缺陷。

（2）较大质量事故是指对工程造成较大经济损失或延误较短工期，经处理后不影响正常使用，但对工程使用寿命有较大影响的事故。

（3）重大质量事故是指对工程造成重大经济损失或延误较长工期，经处理后不影响正常使用，但对工程使用寿命有较大影响的事故。

（4）特大质量事故是指对工程造成特大经济损失或长时间延误工期，经处理后仍对工程正常使用和使用寿命有较大影响的事故。

二、工程质量事故的处理方法

1. 质量事故发生的原因

造成工程质量事故的原因多种多样，但从整体上考虑，一般原因大致可以归纳为下列几方面：

（1）违反基本建设程序。基本建设程序是建设项目建设活动的先后顺序，是客观规律的反映，是几十年工程建设正反两方面经验的总结，是工程建设活动必须遵循的先后次序。违反基本建设程序而直接造成工程质量事故的问题有：① 可行性研究依据资料不充分或不可靠，或根本不做可行性研究。② 违章承接建设项目，如越级设计工程和施工，由于技术素质差，管理水平达不到标准要求。③ 违反设计顺序，如设计前不做详细调查与勘测。④ 违反施工顺序，如基础工程未经检查验收，就开始上部工程施工，相邻近的工程施工先后顺序不当等。

（2）工程地质勘察失误或地基处理失误。工程地质勘察失误或勘测精度不足导致勘测报告不详细、不准确，甚至错误，不能准确反映地质的实际情况，因而导致严重质量事故。

（3）设计方案和设计计算失误。在设计过程中，忽略了应该考虑的影响因素，或者设计计算错误，是导致质量重大事故的祸根。

（4）建筑材料及制品不合格。不合格工程材料、半成品、构配件或建筑制品的使用，必然导致质量事故或留下质量隐患。常见建筑材料或制品不合格的现象有如下几种。① 水泥：安定性不合格；强度不足；水泥受潮或过期；水泥标号用错或混用。② 钢材：强度不合格；化学成分不合格；可焊性不合格。③ 砂石料：岩性不良；粒径、级配与含泥量不合格；有害杂质含量多。④ 外加剂：外加剂本身不合格；混凝土和砂浆中掺用外加剂不当。

（5）施工与管理失控。施工及管理失控是造成大量质量事故的常见原因。其主要问题有如下几个。①不按图施工。其表现在：无图施工；图纸不经审查就施工；不熟悉图纸，仓促施工；不了解设计意图，盲目施工；未经设计师或监理人员同意，擅自修改设计。②不遵守施工规范规定。这方面的问题很多，较常见的表现在：违反材料使用的有关规定；不按规定校验计量器具；违反检查验收的规定。③施工方案和技术措施不当。这方面主要表现在：施工方案考虑不周；技术措施不当；缺少可行的季节性施工措施；不认真贯彻执行施工组织设计。④施工技术管理制度不完善。其表现在：没有建立完善的各级技术责任制；主要技术工作无明确的管理制度；技术交底不认真，又不做书面记录或交底不清。⑤施工人员的问题。其表现在：施工技术人员数量不足，技术业务素质不高或使用不当；施工操作人员培训不够，素质不高，对持证上岗的岗位控制不严，违章操作。

2. 事故处理的目的

工程质量事故分析与处理的目的主要是：正确分析事故原因，防止事故恶化；创造正常的施工条件；排除隐患，预防事故发生；总结经验教训，区分事故责任；采取有效的处理措施，尽量减少经济损失,保证工程质量。

3.事故处理的原则

质量事故发生后,应坚持"三不放过"的原则。认真调查事故原因,研究处理措施,查明事故责任,做好事故处理工作。必须针对事故原因提出工程处理方案,经有关单位审定后实施。

一般质量事故,由项目法人负责组织有关单位制定处理方案和实施,并报上级主管部门或流域主管机构备案。

较大质量事故,由项目法人负责组织有关单位制定处理方案,经上级主管部门审定后实施,并报省级水行政主管部门或流域主管机构备案。

重大质量事故,由项目法人组织有关单位提出处理方案,征得事故调查组意见后,报省级水行政主管部门或流域主管机构备案。

特大质量事故,由项目法人负责组织有关单位提出处理方案,征得事故调查组意见后,报省级水行政主管部门或流域主管机构审定后,并报水利部备案。

质量事故发生后,事故单位要严格保护现场,采取有效措施抢救人员和财产,防止事故扩大。因抢救人员、疏导交通等需移动现场物体时,应当作出标志,绘制现场简图并作出书面记录,妥善保管现场重要痕迹、物证,并进行拍照或录像。

4.工程质量事故处理的程序方法

根据《水利工程质量事故处理暂行规定》(水利部令第 9 号),有关单位接到事故报告后,必须采取有效措施,防止事故扩大,并立即按照管理权限向上级部门报告或组织事故调查和处理。

1)事故调查的基本程序

发生质量事故,要按照规定的管理权限组织调查组进行调查,查明事故原因,提出处理意见,提交事故调查报告。事故调查组成员实行回避制度。

2)事故调查管理权限原则

(1)一般事故由项目法人组织设计、施工、监理等单位进行调查,调查结果报项目主管部门核备。

(2)较大质量事故由项目主管部门组织调查组进行调查,调查结果报上级主管部门批准并报省级水行政主管部门核备。

(3)重大质量事故由省级以上水行政主管部门组织调查组进行调查,调查结果报水利部核备。

(4)特别重大质量事故由水利部组织调查。需要注意的是,根据《生产安全事故报告和调查处理条例》(国务院令第 493 号)的规定,特别重大事故是指造成 30 人以上死亡,或者 100 人以上重伤(包括急性工业中毒),或者 1 亿元以上直接经济损失的事故。特别重大质量事故由国务院或者国务院授权有关部门组织事故调查组进行调查。

3)事故调查的主要任务

(1)查明事故发生的原因、过程、经济损失情况和对后续工程的影响;

(2)组织专家进行技术鉴定;

(3)查明事故的责任单位和主要责任人应负的责任;

(4)提出工程处理和采取措施的建议;

(5)提出对责任单位和责任人的处理建议;

（6）提出事故调查报告。

4）事故处理的方法

（1）修补。这种方法适合于通过修补可以不影响工程的外观和正常使用的质量事故。此类事故是施工中多发的。

（2）返工。这类事故是严重违反规范或标准，影响工程使用和安全，且无法修补的，必须返工。

有些工程质量问题，虽严重超过了规程、规范的要求，已具有质量事故的性质，但可针对工程的具体情况，通过分析论证，不需做专门处理，但要记录在案。如混凝土蜂窝、麻面等缺陷，可通过涂抹、打磨等方式处理；欠挖或模板问题使结构断面被削弱，经设计复核验算，仍能满足承载要求的，也可不做处理，但必须记录在案，并有设计和监理单位的鉴定意见。

第四节　水利工程质量验收与评定

一、工程质量评定

1. 工程质量评定的意义

工程质量评定，是依据国家或部门统一制定的现行标准和方法，对照具体施工项目的质量结果，确定其质量等级的过程。水利水电工程按《水利水电工程施工质量检验与评定规程》（SL176－2007）（以下简称《评定标准》）执行，其意义在于统一评定标准、方法，正确反映工程的质量，使之具有可比性；同时也考核企业等级和技术水平，促进施工企业提高质量。

工程质量评定以单元工程质量评定为基础，其评定的先后次序是单元工程、分部工程和单位工程。

工程质量的评定在施工单位自评的基础上，由建设（监理）单位复核、认定，报政府质量监督机构核备或核定。

2. 工程质量评定依据

（1）国家与水利水电部门有关行业规程、规范和技术标准。

（2）经批准的设计文件、施工图纸、设计修改通知、厂家提供的设备安装说明书及有关技术文件。

（3）工程合同采用的技术标准。

（4）工程试运行期间的试验及观测分析成果。

3. 工程质量评定标准

（1）单元工程。单元工程质量等级按《评定标准》进行。当单元工程质量达不到合格标准时，必须及时处理，其质量等级按如下规定确定：

① 全部返工重做的，可重新评定等级。

② 经加固补强并经过鉴定能达到设计要求，其质量只能评定为合格。

③ 经鉴定达不到设计要求，但建设（监理）单位认为能基本满足安全和使用功能要求的，可不补强加固；或经补强加固后，改变外形尺寸或造成永久缺陷的，经建设（监理）单位认为能

基本满足设计要求,其质量可定为合格,但应按规定进行质量缺陷备案。

单元(工序)工程施工质量优良标准应按照《水电水利基本建设单元工程评定等级标准》(DL/T 5113.1—2005)以及合同约定的优良标准执行。全部返工重做的单元工程,经检验达到优良标准时,可评为优良等级。

(2)分部工程。分部工程施工质量同时满足下列标准时,其质量评为合格:

① 所含单元工程的质量全部合格,质量事故及质量缺陷已按要求处理,并经检验合格。

② 原材料、中间产品及混凝土(砂浆)试件质量全部合格,金属结构及启闭机制造质量合格,机电产品质量合格。

分部工程施工质量同时满足下列标准时,其质量评为优良:

① 所含单元工程的质量全部合格,其中70%以上达到优良等级,重要隐蔽单元工程和关键部位单元工程质量优良率达到90%以上,且未发生过质量事故。

② 中间产品全部合格,混凝土(砂浆)试件质量达到优良等级(当试件组数小于30组时,试件质量合格),原材料质量、金属结构及启闭机制造质量合格,机电产品质量合格。

(3)单位工程。单位工程施工质量同时满足下列标准时,其质量评定为合格:

① 所含分部工程质量全部合格;

② 质量事故已按要求进行处理;

③ 工程外观质量得分率达到70%以上;

④ 单位工程施工质量检验与评定资料基本齐全;

⑤ 工程施工期及试运行期,单位工程观测资料分析结果符合国家和行业技术标准以及合同约定的标准要求。

单位工程施工质量同时满足下列标准时,其质量评定为优良:

① 所含分部工程质量全部合格,其中70%以上达到优良等级,主要分部工程质量全部优良,且施工中未发生过较大质量事故。

② 质量事故已按要求进行处理。

③ 外观质量得分率达到85%以上。

④ 单位工程施工质量检验与评定资料齐全。

⑤ 工程施工期及试运行期,单位工程观测资料分析结果符合国家和行业技术标准以及合同约定的标准要求。

(4)工程项目。工程项目施工质量同时满足下列标准时,其质量评为合格:

① 单位工程质量全部合格。

② 工程施工期及试运行期,各单位工程观测资料分析结果均符合国家和行业技术标准以及合同约定的标准要求。

工程项目施工质量同时满足下列标准时,其质量评为优良:

① 单位工程质量全部合格,其中70%以上单位工程质量达到优良等级,且主要单位工程质量全部优良。

② 工程施工期及试运行期,各单位工程观测资料分析结果均符合国家和行业技术标准以及合同约定的标准要求。

二、工程质量验收

1. 概述

工程验收是在工程质量评定的基础上,依据一个既定的验收标准,采取一定的手段来检验工程产品的特性是否满足验收标准的过程。水利水电工程验收分为分部工程验收、阶段验收、单位工程验收和竣工验收。按照验收的性质,可分为投入使用验收和完工验收。工程验收的目的是:检查工程是否按照批准的设计进行建设;检查已完工程在设计、施工、设备制造安装等方面的质量,并对验收遗留问题提出处理要求;检查工程是否具备运行或进行下一阶段建设的条件;总结工程建设中的经验教训,并对工程作出评价;及时移交工程,尽早发挥投资效益。

工程验收工作的依据是有关法律、规章和技术标准,主管部门有关文件,批准的设计文件及相应设计变更、修设文件,施工合同,监理签发的施工图纸和说明,设备技术说明书等。当工程具备验收条件时,应及时组织验收。未经验收或验收不合格的工程不得交付使用或进行后续工程施工。验收工作应相互衔接,不应重复进行。

工程进行验收时必须要有质量评定意见,阶段验收和单位工程验收应有水利水电工程质量监督单位的工程质量评价意见;竣工验收必须有水利水电工程质量监督单位的工程质量评定报告,竣工验收委员会在其基础上鉴定工程质量等级。

2. 工程验收的主要工作

（1）分部工程验收。分部工程验收应具备的条件是该分部工程的所有单元工程已经完建且质量全部合格。分部工程验收的主要工作是:鉴定工程是否达到设计标准;按现行国家或行业技术标准,评定工程质量等级;对验收遗留问题提出处理意见。分部工程验收的图纸、资料和成果是竣工验收资料的组成部分。

（2）阶段验收。根据工程建设需要,当工程建设达到一定关键阶段(如基础处理完毕、截流、水库蓄水、机组启动、输水工程通水等)时,应进行阶段验收。阶段验收的主要工作是:检查已完工程的质量和形象面貌;检查在建工程建设情况;检查待建工程的计划安排和主要技术措施落实情况,以及是否具备施工条件;检查拟投入使用工程是否具备运用条件;对验收遗留问题提出处理要求。

（3）完工验收。完工验收应具备的条件是所有分部工程已经完建并验收合格。完工验收的主要工作是:检查工程是否按批准设计完成;检查工程质量,评定质量等级,对工程缺陷提出处理要求;对验收遗留问题提出处理要求;按照合同规定,施工单位向项目法人移交工程。

（4）竣工验收。工程在投入使用前必须通过竣工验收。竣工验收应在全部工程完建后3个月内进行。进行验收确有困难的,经工程验收主持单位同意,可以适当延长期限。竣工验收应具备以下条件:工程已按批准设计规定的内容全部建成;各单位工程能正常运行;历次验收所发现的问题已基本处理完毕;归档资料符合工程档案资料管理的有关规定;工程建设征地补偿及移民安置等问题已基本处理完毕,工程主要建筑物安全保护范围内的迁建和工程管理土地征用已经完成;工程投资已经全部到位;竣工决算已经完成并通过竣工审计。

竣工验收的主要工作:审查项目法人提交的工程建设管理工作报告和初步验收工作组提交的初步验收工作报告;检查工程建设和运行情况;协调处理有关问题;讨论并通过竣工验收鉴定书。

思　考　题

1. 简述质量管理的概念。
2. 施工过程中质量管理的内容有哪些?
3. 什么是全面质量管理?
4. 简述质量控制的方法有哪些。
5. 什么是质量事故,如何进行质量施工处理?
6. 工程质量验收有哪些?

第五章　施工现场资源管理

教学重点：施工现场资源管理的内容、材料需求量的确定、材料控制的环节、机械设备的选择、项目资金的管理。

教学目标：了解施工现场资源管理的内容、资金的收支；熟悉材料控制的环节、机械设备的选择方法；掌握材料需求计划的编制。

第一节　资源管理基本知识

一、资源管理的基本概念

（一）资源的概念

资源是指施工过程中所使用的人力资源、材料、机械设备、技术、资金和基础设施等的总称。

（二）资源管理的概念

资源管理是指对上述各种资源进行计划、组织、协调和控制等的活动。项目资源管理极其复杂，主要表现在：

（1）工程实施需要的资源种类多，数量大。

（2）建设过程中，对资源的消耗极不均衡。施工初期和后期对资源的消耗相对较少，中期较多。

（3）资源供应具有复杂性和不确定性。资源供应受外界条件的影响很大，而且资源经常需要在很多个项目之间进行调配，这些都使资源供应具有复杂性和不确定性。

（4）资源对项目成本的影响很大。

加强项目管理，必须对拟投入的各项资源进行市场调查与研究，做到合理配置、及时供应，并在生产中强化管理，以尽量小的消耗获得产出，以达到节约活劳动与物化劳动、减少支出的目的。

二、资源管理的作用

加强施工现场的资源管理，就是为了在保证工程施工质量和工期的前提下，节约活劳动和物化劳动，从而节约资源，达到降低工程成本的目的。具体作用如下：

（1）实现资源优化配置。在施工过程中适时、适量地按照一定比例配置所需的各种资源，并投入施工生产中，以满足施工的需要。

（2）对资源进行优化组合。对投入施工过程中的各种资源进行适当的搭配，使其能够协调、统一地发挥作用，以满足施工的需要。

（3）实现对资源的动态管理。工程项目的实施过程是一个不断变化的过程，对资源的需求也在不断变化，因此对各种资源的配置及组合也要随着工程的实际进展而不断调整，以满足工程的实际需要，这就是动态管理。它是实现资源优化组合和配置的手段与保证。动态管理的基本内容就是按照项目的内在规律，有效地计划、组织、协调和控制各种资源，使其在施工过程中合理地流动，在动态中求得平衡。

（4）实现资源的节约。在项目运转过程中，合理、节约地使用资源（劳动力、材料、机械设备、资金），以达到减少资源消耗的目的。

三、资源管理的程序

资源管理的全过程包括资源的计划、配置、控制和处置，具体来说，包括以下程序：

（1）按照合同要求，编制资源配置计划，确定不同时期内需要投入资源的种类和数量。项目实施时，其目标和工作范围是明确的，资源管理的首要工作就是编制计划。计划是优化配置和组合的手段，目的是对资源的投入时间和投入量作出合理安排，以满足施工进度的需要。

（2）根据资源配置计划，做好各种资源的供应工作。

（3）根据各种资源的特性，采取科学的措施，进行有效的组合，合理投入，动态控制。控制是根据每种资源的特性，制定科学合理的措施，进行动态配置和组合，协调投入，合理使用，纠正偏差，以尽可能少的资源满足项目要求，达到节约资源、降低成本的目的的过程。动态控制是资源管理目标的过程控制，包括对资源利用率和使用效率的监督、闲置资源的处理、资源随项目实施任务的增减变化及时调度等，通过管理活动予以实现。

（4）对资源投入和使用情况进行定期分析，找出存在的问题，总结经验并持续改进。

四、资源管理的内容

施工现场资源管理的内容包括人力资源管理、资金管理、材料管理和机械设备管理等内容。

（一）人力资源管理

人力资源泛指施工生产过程中从事各种生产活动的体力劳动者和脑力劳动者，包括不同层次和职能的管理人员及参加工作的各种工人（不同专业、不同级别的劳动力、操作工和修理工等）。

人力资源管理在整个资源管理中占有很重要的地位。人是生产力中最活跃的因素，具有能动性和创造性，只有加强对人力资源的管理，把他们的积极性充分调动起来，才能够更好地使用手中的材料、机械设备和资金，发挥它们的最大作用，把工程建设搞好。

项目人力资源管理的任务，就是根据项目目标，不断获取项目所需人员，并将其组合到项目组织中去，使之与项目团队融为一体。人力资源的使用，关键在于明确责任，提高工作效率；提高效率的关键是如何调动职工的积极性，调动职工积极性的最好办法是加强思想政治工作和利用行为科学，从劳动个人的需要和行为科学的观点出发，责、权、利相结合，多采取激励措施，并重视对他们的培训，提高他们的综合素质。

人力资源管理的主要内容包括以下几个方面：

（1）在人力资源需用量计划基础上编制各种需要计划。

（2）如果现有的人力资源能够满足要求,配置时应贯彻节约的原则;如果现有人力资源不能满足要求,则可以考虑用农民合同工或临时工。

（3）人力资源配置应该积极可靠,让班组有超额完成指标的可能,以获得奖励,调动劳动者的积极性。

（4）施工项目使用的人力资源在组织上应保持稳定,防止频繁调动;为保证作业需要,工种组合、技术工人及壮工比例必须配套。

（二）资金管理

资金也是一种资源,从流动过程来讲,首先是投入,即将筹集的资金投入施工项目上;其次是使用,也就是支出。资金的合理使用是施工有序进行的重要保证。资金管理应保证收入、节约支出、防范风险和提高经济效益。

工程项目的资金管理有编制资金计划、筹集资金、投入资金、资金使用（支出）、资金核算与分析等环节。

施工过程中,资金来源的渠道主要有预收工程款、已完成工程施工价款结算、银行贷款和企业的自由资金等。工程开工前,项目经理应根据施工合同、承包造价、施工进度计划、施工项目成本计划、物资供应计划等来编制相应的年、季、月度资金使用计划;开工后,及时向发包人收取工程预付款,做好分期核算、预算增减账、竣工结算等工作。

（三）材料管理

建筑材料按在生产中的作用可分为主要材料、辅助材料和其他材料。主要材料是指在施工中被直接加工,构成工程实体的各种材料,如钢材、水泥、砂石、木材等。辅助材料是指在施工中有助于产品的形成,但不构成实体的材料,如促凝剂、润滑物等。其他材料是指不构成工程实体,但是在施工过程中又是必不可少的材料,如燃料、油料等。另外还有周转材料,如脚手架、模板工具、预制构配件、机械零配件等。

一般工程中,建筑材料成本占工程造价的70%左右,因此加强对材料的管理,对于保证工程质量、降低工程成本都将起到积极的作用。施工现场材料管理在使用、节约和核算方面,尤其是节约方面潜力巨大。

施工现场材料管理的主要内容有以下几个方面:

（1）材料计划管理。工程开工前,应该编制材料需求计划,作为供应备料依据。在施工过程中,根据工程实际进度、工程变更以及调整的施工预算,及时调整材料月计划,作为动态供料的依据。

（2）材料进场验收。材料进场时,必须根据材料进料计划、送料凭证、材料质量保证书或产品合格证等进行材料数量和质量的验收;验收工作要严格按照质量验收规范和计量检测的规定进行;验收内容包括对材料品种、规格、型号、质量、数量等的验收;验收时要做好验收记录,办理验收手续,对不合格的材料或不符合计划要求的材料应拒绝验收,并督促其运出现场。

（3）材料的储存与保管。材料验收无误后应该及时入库,建立台账,对材料的保管必须做到防火、防盗、防雨、防变质、防损坏。

（4）材料领发。凡有定额的工程用料,凭限额领料单领发材料;施工设施用料也实行定额发料制度,对设施用料计划进行总控制;超限额的原料,用料前应办理手续,填制限额领料单,注明超耗原因,经签发批准后实施;建立领发料台账,记录领发状况和节超情况。

（5）材料使用监督。施工现场材料管理责任者应该对现场材料的使用进行监督。主要从以下几个方面进行：是否合理地使用材料；是否严格执行配合比；是否认真执行领、发料手续；是否严格进行用料交底和工序交接；是否按要求对材料进行保护、堆放等。

（6）材料回收。施工过程中，班组有余料必须进行回收，及时办理退料手续，并在领料单中重登记扣除。设施原料、包装物等在使用周期结束后应该组织回收。建立回收台账，处理好经济关系。

（四）机械设备管理

施工项目的机械设备，主要指施工过程中所需的施工设备、临时设施和必需的后勤供应设备。施工设备包括塔吊设备、运输设备、混凝土拌和设备等。临时设施包括施工用仓库、宿舍、办公室、工棚、厕所、现场施工用供排系统（水电管网、道路等）。

机械设备管理是指按照机械设备的特点，为了充分发挥机械设备的优势，解决好人、机械设备和施工生产对象之间的关系，从而获得最佳的经济效益而进行的计划、组织、指挥、调节、监督等工作，包括技术管理和经济性管理。技术管理是指对机械设备的选用、验收、安装、调试、使用、保养、检修等方面的技术因素进行的管理。经济性管理是根据机械设备的价值、运动形态，对机械设备的支出费用、收入费用及价值还原等经济因素进行的管理。

机械设备管理的主要任务在于正确选择机械设备，保证机械设备在使用过程中处于良好状态，减少机械设备的闲置、磨损、损坏等，提高机械化施工水平，提高使用效率。机械设备管理的关键在于提高机械设备的使用效率，而提高使用效率必须提高其利用率和完好率。利用率的提高在于人，而完好率的提高在于保养和维修。

第二节　资源管理计划

一、资源管理计划概述

资源管理计划涉及决定什么样的资源将用于整个工程，将项目实施所需要的各种资源按照正确的时间、正确的数量进行供应，降低资源的成本消耗。

（一）资源管理计划的基本要求

（1）资源管理计划应该包括建立资源管理制度，编制资源使用计划、供应计划和处置计划，确定控制程序和责任体系。

（2）资源管理计划应依据资源供应条件、施工现场条件等编制。

（3）资源计划必须纳入进度管理中。在编制网络进度计划时，不考虑资源供应条件的限制，将会导致网络进度计划不可执行。

（4）资源管理计划必须纳入项目成本管理中，作为降低成本的重要措施。

（5）资源管理计划还应该体现在项目实施方案以及技术管理的质量控制中。

（二）资源管理计划的内容

（1）资源管理制度，包括人力资源管理制度、资金管理制度、机械设备管理制度、材料管理制度。

（2）资源使用计划，包括人力资源使用计划、资金使用计划、机械设备使用计划、材料使用计划。

（3）资源供应计划，包括人力资源供应计划、资金供应计划、机械设备供应计划、材料供应计划。

（4）资源处置计划，包括人力资源处置计划、资金处置计划、机械设备处置计划、材料处置计划。

（三）资源管理计划编制的过程

（1）确定所需资源的种类、数量和用量。在工程技术设计和施工方案的基础上初步确定资源的种类、质量和用量，可以根据工程量表和资源消耗定额确定各阶段资源的种类、质量和用量，然后加以汇总，进而得到整个工程各种资源的总用量。

（2）调查资源供应情况。调查市场上各种资源的单价，进而得出各种资源的总费用；调查各种资源的可能供应渠道，以及供应商的供应能力、材料质量等。

（3）确定各种资源使用的约束条件，例如，总量限制、单位时间用量限制、供应条件和过程的限制等。对进口材料和设备，还应考虑国家法规和政策的影响及资源的安全性、可用性和经济性等。

（4）确定资源使用计划，即确定各种资源的使用时间和地点。这一过程应该在进度计划的基础上确定。作出计划时，可假定资源和时间平均分配，从而得到单位时间的投入量。资源计划的制订往往要和进度计划的制订结合在一起考虑。

（5）确定资源的供应方案、供应环节及具体的时间安排等，例如，人力资源的招雇、培训，材料的采购、运输、储存等，应该做到与网络计划相互对应，协调一致。

（6）确定后勤保障体系。例如，确定施工现场水电管网的布置，确定材料仓储的位置，确定项目办公室、职工宿舍、工棚、运输机械的数量及平面布置等。后勤保障体系对项目的施工具有不可忽视的作用，在资源计划中必须予以考虑。

二、人力资源管理计划

人力资源管理计划包括人力资源需求计划、人力资源配置计划、人力资源鼓励计划、人力资源培训计划等。

（一）人力资源需求计划

1. 确定劳动效率

工程施工中，劳动效率通常用"产量/单位时间"或"工时消耗量/单位工作量"来表示。对某个具体工程来说，单元工程量一般是确定的，可以通过图纸和规范的计算得到，但是劳动效率的确定却十分复杂，它可以在定额中直接查到，代表了社会平均先进的劳动效率。但在实际应用时，还必须考虑该工程的具体情况，如周围环境条件、气候条件、地形地貌条件、施工方案、现场平面布置、现场道路等，根据其进行具体调整。

根据劳动力的劳动效率，即可得出劳动力投入的总工时，其计算式如下：

$$劳动力投入总工时 = \frac{工程量}{产量/单位时间} = 工程量 \times \frac{工时消耗}{单位工程量} \qquad (5\text{-}1)$$

2. 确定劳动力投入量

先了解一下施工现场劳动力组织。劳动力组织是指劳务市场向施工项目供应劳动力的组织方式，即施工班组中工人的结合方式。施工现场劳动力组织有以下几种：

（1）专业班组。专业班组，即按照施工工艺，由同一工种（专业）工人组成的班组。专业班组只完成其专业范围内的施工过程，如钢筋工种班组、混凝土工种班组等。这种组织形式的优点是有利于提高专业施工水平，提高工人的熟练程度和劳动效率，缺点是不同班组之间的协作配合难度增加。

（2）混合班组。混合班组由相互联系的不同工种工人组成，可以在一个集体中进行混合作业，工作中可以打破每个工人的工种界限，可以做不同工种的作业。这种组织形式的优点是对协调有利，但是不利于工人专业技能和熟练水平的提高。

（3）大包队。大包队实际上是扩大了的专业班组或混合班组，适用于一个单位工程或单元工程的作业承包，队内可以划分专业班组。这种组织形式的优点是可以进行综合承包，独立施工能力强，有利于协作配合，简化了管理工作。

除了上述几种劳动力组织外，施工现场还有这样一类人员，他们不直接从事施工任务，但却必不可少，如服务人员（医生、司机、厨师等）、勤杂人员、工地管理人员等，可以称为间接劳动力组织。

劳动力投入量也称投入强度，在工程劳动力投入总工时一定的情况下，假设在持续的时间内，劳动力投入强度和劳动效率相等，在每日班次及每班次的劳动时间确定的情况下可以按下式进行计算：

$$某活动劳动力投入量 = \frac{劳动力投入总工时}{班次／日 \times 工时／班次 \times 活动持续时间}$$

$$= \frac{工程量 \times 工时消耗量 \times 单位工程量}{班次／日 \times 工时／班次 \times 活动持续时间} \tag{5-2}$$

3. 劳动力需求计划编制

（1）项目管理人员、专业技术人员需求计划的确定。

① 根据工作岗位的编制计划，并参考已完成的类似工程经验对管理人员、专业技术人员的需求作出预测。在人员需求中，应明确职务名称、人员需求数量、知识技能等方面的要求，选择的方法和程序，需要到岗的时间等。

② 管理人员的需求计划编制，应该提前做好工作分析，即对特定的工作职务作出明确的规定，规定这一职务的人员应该具备怎样的素质，如工作内容、工作岗位、工作时间、如何操作等。根据分析的结果，编制工作说明书，制定工作规范。

（2）劳动力需要量计划的确定。在编制劳动力需要量计划时，由于工作量、劳动力投入量、持续时间、班次、每班工作时间之间存在一定的变量关系，因此要注意它们之间的相互调节。劳动力需要量计划应该根据工程量表所列的不同专业工种的工程量来编制。查劳动定额可得出不同工种的劳动量，再根据进度计划中各单元工程各专业工种的持续时间，即可得到该部分工程在某段时间内各专业工种的平均劳动力数量。最后在进度计划表中对各种工种人数进行累加，即得各工种劳动力动态曲线。

（3）间接劳动力需求计划。间接劳动力需求计划可根据劳动力投入量的计划按比例计算，或根据现场实际需要配置。对于大型施工项目，这些计划的投入比例较大，为 5%～10%；

中小型项目投入人数较少。

　　劳动力需求计划是根据施工进度计划、工程量、劳动效率依次确定专业工种、进场时间、工人数量，然后汇集成表格形式，它可作为现场劳动力调配的依据，如表 5-1 所示。

表 5-1　劳动力需求计划

序号	工种		人数	×月			×月			备注
	名称	级别		上旬	中旬	下旬	上旬	中旬	下旬	

（二）人力资源配置计划

　　人力资源的合理配置是保证生产计划或施工项目进度计划顺利进行的保证。合理配置人力资源，是指劳动者之间、劳动者与生产资料和生产环境之间达到最佳的结合，使人尽其才、物尽其用、时尽其数，不断提高劳动生产率，降低工程成本。

1. 人力资源配置计划的依据和要求

　　就施工项目而言，人力资源配置的依据有施工进度计划、可供项目使用的人力资源情况及其他制约因素，如单位招聘人员的惯例、招聘程序、招聘原则等。

　　人力资源配置时应满足以下要求：

　　（1）结构合理。劳动力组织中的技能结构、知识结构、年龄结构、工种结构等应与所承担的施工任务相适应，能够满足施工和管理的要求。

　　（2）数量合适。根据工作量、劳动定额、施工工艺及工作面的大小确定劳动力的数量，不多配或少配人员。

　　（3）素质匹配。劳动者的技能素质与所操作的设备、工艺技术的要求相匹配；劳动者的文化程度、劳动技能、身体素质、熟练程度使其能够胜任所担任的工作。

2. 人力资源配置计划编制的内容

　　（1）制定合理的工作制度与运营班次，提出具体的工作时间及工作班次方案。

　　（2）确定各类人员应具备的劳动技能和文化素质。

　　（3）确定人员配置，根据精简高效的原则和劳动名额，提出不同岗位所需人员的数量。

　　（4）研究确定劳动生产率。

　　（5）测算职工工资和福利费用。

　　（6）提出员工选聘方案，特别是高层次管理人员和技术人员的来源和选聘方案。

3. 人力资源配置计划编制的方法

　　（1）按照劳动定额定员，即根据工作量或生产任务量，按劳动定额计算生产定员人数。劳动定额有时间定额和产品定额两种基本形式。

　　时间定额是指完成某单位产品或某项工序所必需的劳动时间，以及具有某种技术等级的工人所组成的某种专业（或混合）班组或个人，在正常施工条件下完成某一计量单位的合格产品（或工作）所必需的工作时间，其中包括准备与结束时间、基本工作时间、辅助工作时间及不可避免的中断时间等。时间定额一般以工日为单位，每一工日按 8 h 计算。

产品定额是指在单位时间内应该完成的产品数量,即在正常施工条件下,具有某种技术等级的工人,所组成的某专业(或混合)班组或个人,在单位工日内,应完成的合格产品数量。

(2)按岗位计算定员,即根据设备操作岗位和每个岗位需要的工人数计算生产定员人数。

(3)按设备计算定员,即根据机械设备的数量、工人操作设备定额和生产班次等计算生产定员人数。

(4)按比例计算定员,即服务人员数量的确定,可按服务人数占职工总人数或者生产人员数量的比例计算。

(5)按劳动效率计算定员,即根据生产任务和生产人员的劳动效率计算生产定员人数。

(6)按组织机构职责范围、业务分工计算管理人员的数量。

(三)人力资源鼓励计划

为了能够比较经济地实现施工目标,常采用激励手段来提高产量和生产率,常用的激励手段有行为激励法和经济激励法两种。行为激励法如改善职工的生活条件、工作条件,改善伙食等,这样虽然可以创造出健康的工作环境,提高劳动者的积极性,但是经济激励法却可以使员工直接受益,可以更大限度地调动工人的积极性。

经济激励法的类型如下:

(1)时间相关奖励计划,即工人超时工资按基本小时工资成比例计算。

(2)工作相关奖励计划,即对于可以测量的已完成的工作量按实际完成的工作量付酬给工人。

(3)一次付清工作报酬,该类型有两种方式:一种是按比计划节省的时间付给工人工资;另一种是按照完成具体工作的工程量,一次付清。

(4)按利润分享奖金,在预先确定的时间内,按月、季度、半年或一年支付奖金。

工程施工中,到底采用哪一种激励计划,与工程项目的类型、任务和工作性质有很大的关系,不管采用哪一种方式,都应该明确激励的起点是满足工人的需求。由于不同员工的需求存在差异性和动态性,管理者只有在掌握了员工需要的前提下,有针对性地采取激励措施,才能起到积极作用。如对于收入水平较高的员工,职务晋升、职称授予,提供相应的教育条件,放手让其工作会收到更好的激励效果;对于低收入员工,奖金的作用就十分重要;对于从事笨重、危险、工作环境恶劣的体力工作者,搞好劳动保护、改善劳动条件、增加岗位补贴、给予适当的关心等都是非常有效的激励手段。

(四)人力资源培训计划

1. 职工培训的要求

(1)从实际出发,兼顾当前和长期需求,采取多种形式,如岗前培训、在职学习、业余学习、专业技术培训班等。

(2)职工培训要有针对性和实用性,能够直接有效地为生产工作服务,讲究质量、注重实效。

(3)建立专门的培训机构,建立考试考核制度。

2. 人力资源培训计划的内容及步骤

人力资源培训计划的内容包括培训内容、培训时间、培训方式、培训人数、培训经费等。编制人力资源培训计划的具体步骤如下:

(1)调查研究阶段。研究我国关于人力资源培训的目标、方针和任务,以及工程项目对人力资源的需求;预测工程项目在计划内的发展情况以及对各类人员的需求量;摸清人力资源的技术水平、文化水平以及其他各方面的素质;摸清项目的培训条件和实际培训能力,如培训经费、师资力量、培训场地等。

(2) 计划起草阶段。经过综合分析,确定职工教育发展的总目标和分目标;制订详细的实施计划,包括计划实施过程、阶段、步骤、方法、措施和要求等;经过充分讨论,将计划用文字或图表的方式表示出来,形成文件形式的草件;上报项目经理批准,形成正式文件,下达基层并付诸实施。

三、材料管理计划

施工现场材料管理计划包括材料需求计划、材料供应计划等。

(一) 材料需求计划

项目经理应该及时向企业物资部门提供主要材料、大宗材料需求计划,由企业负责采购。工程材料需求计划一般包括整个项目(或单位工程)和各计划期(年、季、月)的需求计划。准确确定材料需求量是编制材料需求计划的关键。

整个项目(或单位工程)材料需求计划主要根据施工组织设计和施工图预算编制。整个项目材料需求计划应该于开工前提出,作为备料依据。它反映了单位工程、分部工程和单元工程材料的需求量。材料需求计划编制方法是将施工进度计划表中各施工过程的工程量按材料名称、规格、数量、使用时间汇总而得的。

计划期材料需求计划根据施工预算、施工进度及现场施工条件,按照工程计划进度编制而成,作为计划期备料依据。计划期需求量是指一定生产期(年、季、月)的材料需求量,主要用于组织材料采购、订货和供应,编制的主要依据是分部工程(或单位工程)的处理计划、计划期的施工进度计划以及材料定额。由于施工过程中材料消耗的不均匀性,还必须考虑材料的储备问题,合理确定材料期末储备量。

1. 材料需求量的计算

材料需求量的确定方法有直接的计算法和间接计算法两种,使用时根据工程的具体情况来进行选择。

1) 直接计算法

对于工程任务明确、施工图纸齐全的情况可按照以下步骤进行:

(1) 直接按照施工图纸计算分部分项工程实物量。

(2) 套用相应材料的消耗定额,逐条逐项计算各种材料的需求量。

(3) 汇总编制材料的需求计划。

(4) 按施工进度分期编制各期材料需求计划。

2) 间接计算法

对于施工任务已经落实,但计划尚未完成、技术资料不全、不具备直接计算实物量的情况,为了事先做好备料工作,可采用间接计算法。常用的间接计算法有概算指标法、比例计算法、类比计算法、经验估计法等。

2. 整个项目(或单位工程)材料需求计划的编制

1) 编制依据

编制整个项目(或单位工程)材料需求计划的主要依据有项目设计文件、投标书中的材料汇总表施工组织计划、当期材料的物资市场采购价格及有关材料的消耗定额等。

2）编制步骤

（1）材料需求计划编制人员与投标部门进行联系，了解投标书中的材料汇总表。

（2）材料需求计划编制人员查看经主管领导审批的项目施工组织设计，了解工程的进度安排和机械使用计划。

（3）根据本单位资源和库存情况，对工程所需物资供应计划进行策划，确定采购或租赁的范围，进而确定材料的供应方式并了解材料当期市场价格。

（4）进行具体编制，可按表 5-2 进行。

表 5-2　单位工程物资总量供应计划表

序号	材料名称	规格	单位	数量	单价	金额	供应单位	供应方式

制表人：　　　　　　审核人：　　　　　　审批人：　　　　　　制表时间：

3. 材料计划期（季、月）需求计划的编制

1）编制依据

计划期材料计划主要用来组织本计划期（季、月）内材料的采购、订货和供应等。编制依据有施工项目的材料计划、项目施工组织设计、企业年度方针目标、年度施工计划、现行材料消耗定额、计划期内的施工进度计划等。

2）编制方法

（1）定额计算法。根据施工进度计划中个单元工程量获取相应的材料消耗定额，求得各单元工程的材料需求量，然后进行汇总，得到计划期内各种材料的总需求量。

（2）卡段法。根据计划期施工进度的形象部位，从施工项目材料计划中，摘出与施工进度相应部分的材料需求量，然后进行汇总，得到计划期内各种材料的总需求量。

3）编制步骤

（1）了解企业年度方针目标和本项目全年计划目标。

（2）了解工程年度施工计划。

（3）根据市场行情，套用现行定额，编制年度计划。

（4）编制季、月度需求计划。月度需求计划也称物资备料计划。具体形如式表 5-3 所示。

表 5-3　物资备料计划

项目名称：　　　　　　计划编号：　　　　　　编制依据：

序号	材料名称	规格	单位	数量	质量标准	备注

制表人：　　　　　　审核人：　　　　　　审批人：　　　　　　制表时间：

（二）材料供应计划

1. 材料供应量的计算

材料供应计划是在确定计划期需求量的基础上,预计各种材料期初储存量、期末储备量,经过综合平衡后,计算出材料的供应量,然后再进行编制。材料供应量的计算公式如下:

$$材料供应量 = 材料需求量 + 期末储备量 - 期初库存量 \qquad (5\text{-}3)$$

式中,期末储备量主要由供应方式和现场实际条件决定,一般情况下,可按下式计算:

$$某项材料期末储备量 = 某项材料的日需用量 \times (该项材料供应间隔天数 +$$
$$运输天数 + 入库检验天数 + 生产前准备天数) \qquad (5\text{-}4)$$

2. 材料供应计划的编制原则

材料供应计划的编制,只是计划工作的开始,重要的是计划的实施。实施的关键是实行配套供应,也就是说,对各分部、单元工程所需的材料品种、数量、规格、时间及地点组织配套供应,不能缺项、颠倒。

实行责任承包制,明确供应双方的责任和义务,签订供应合同,以确保施工项目的顺利进行。

在执行计划的过程中,如遇到设计修改、施工工艺变更,则对计划应做相应的调整和修订,但必须有书面依据并制定相应的措施,并及时通告有关部门,积极妥善处理并解决材料的余缺以避免和减少损失。

3. 材料供应计划的内容

材料供应计划的编制,要注意从数量、品种、时间等方面进行平衡,以达到配套供应,均衡施工。计划中要明确物资的类别、名称、品种(型号)、规格、数量、进场时间、交货地点、验收人、编制日期、编制依据、送达日期、编制人、审核人、审批人等。

材料供应计划一旦确定,就要严格执行,在执行的过程中,应该定期或不定期地进行检查。检查的主要内容有供应计划的落实情况、主要材料的储备情况等,以便及时发现问题、解决问题。截取的部分材料供应计划如表5-4所示。

表5-4 材料供应计划

编制单位: 工程名称: 编制日期:

材料名称	材料型号	计量单位	期初预计库存	计划需求量				期末库存量	计划供应量					供应时间		
				合计	其中				合计	市场采购	挖潜待用	加工自制	其他	第一次	第二次	……
					工程用料	周转材料	其他									

四、机械设备的选择及需求计划

（一）机械设备的选择

1. 考虑因素

机械设备选择的目的是使机械设备在技术上先进、经济上合理,在一般情况下,技术先进、经济合理是统一的,但由于设计、制造、使用条件等的不同,两者之间会经常出现一些矛盾。先进的机械设备在一定条件下不一定是经济合理的,因此在实际中,必须考虑技术和经济的要求,综合多方面因素进行比较分析。

(1)应该考虑企业的现有装备,在现有装备能满足施工要求的情况下,能不增加设备的尽量不要增加;必须要增加时,一定要算好经济账。

(2)选择既能满足生产,技术又先进,经济又合理的机械设备,分析设备购买和租赁的分界点,进行合理配置。

(3)设备选择应该满足配套使用的要求,大、中、小型机械种类和数量要比例适当。

(4)机械设备的选择还应该考虑其技术性能,如设备的工作效率、操作人员及辅助人员、施工费和维修费、操作的难易程度、灵活性、维修的难易程度等。

2.选择方法

施工中,往往有多种机械设备可以满足施工需要,但是不同的机械设备由于其技术指标不同,故对工期的缩短、劳动消耗量的减少、成本的降低也不同,必须经济合理地选择机械设备。

1)综合考虑各种因素法

综合考虑各种因素法,即在技术性能均能满足施工要求的前提下,综合考虑各机械的工作效率、工作质量、使用费和维修费、能源耗费量、占用人员、安全性、稳定性等其他特性,对机械设备进行选择。综合指标的计算可以用加权平均法,如表 5-5 所示,也可以用简单评分法。

表 5-5　加权评分表

序号	机械特性	等级	标准分	甲机	乙机	丙机
1	工作效率	A B C	10 8 6	10	10	8
2	工作质量	A B C	10 8 6	8	10	8
3	使用费和维修费	A B C	10 8 6	10	8	10
4	能源耗量费	A B C	10 8 6	8	6	8
5	占用人员	A B C	10 8 6	8	8	6
6	安全性	A B C	10 8 6	10	8	6

序号	机械特性	等级	标准分	甲机	乙机	丙机
7	服务项目多少	A B C	10 8 6	10	10	8
8	稳定性	A B C	10 8 6	8	6	8
9	完好性和维修难易程度	A B C	10 8 6	8	8	8
10	安、拆、用的难易及灵活性	A B C	10 8 6	8	8	10

表 5-5 中每项机械特性能指标满分均为 10 分,每项分三级,采用加权评分法,评分结果是甲机得分最高,所选用甲机。

2) 单位工程量成本法

使用机械设备时,总要消耗一定的费用,这些费用按其性质不同可分为两大类:一类是可变费用(操作费),这类费用随机械的操作时间不同而变化,如操作人员的工资、燃油费、保养费和修理费等;另一类是固定费用,这类费用是按施工期限分摊的费用,无论机械工作与否,它都发生,如折旧费、机械管理费、大修理费等。用这两类费用计算单位工程量成本的公式为

$$单位工程量成本 = \frac{固定费用 + 操作时间 \times 单位时间操作费}{操作时间 \times 单位时间产量} \tag{5-5}$$

【例 5-1】有甲、乙两种挖土机都可以满足施工需要,假设每种机械每月的使用时间为 150 h,两种机械的固定费用及单位时间操作费如表 5-6 所示,试按单位工程量成本法选择合适的机械。

表 5-6　挖土机的经济资料表

机种	固定费用/(元/月)	单位时间操作费/(元/h)	单位时间产量/(m³/h)
甲	7000	30.5	45
乙	8500	28.0	50

【解】甲、乙两种挖土机的单位工程量成本计算如下:

甲挖土机单位工程量成本 $=(7000+30.5\times150)/(150\times45)$ 元/m³ $=1.71$ 元/m³

乙挖土机单位工程量成本 $=(8500+28\times150)/(150\times50)$ 元/m³ $=1.69$ 元/m³

乙挖土机单位工程量成本小,故选用乙挖土机。

3) 界限使用时间选择法

从式(5-5)可以看出,单位工程量成本受使用时间的制约,当两种机械设备的单位工程量

成本相同时,如能计算出设备的使用时间,对选择将会更有利。把这个时间称为设备的界限使用时间,用 X_0 表示。

假设甲、乙两种机械设备都满足施工需要,并已知甲、乙两种机械设备的固定费用分别为 R_a 和 $R_b(R_a < R_b)$,单位时间操作费为 P_a 和 $P_b(P_a > P_b)$,单位时间产量分别为 Q_a 和 Q_b。两种机械设备的单位工程量成本相等,可表示为

$$\frac{R_a + P_a X_0}{Q_a X_0} = \frac{R_b + P_b X_0}{Q_b X_0} \tag{5-6}$$

可解出

$$X_0 = \frac{R_b Q_a - R_a Q_b}{P_a Q_b - P_b Q_a} \tag{5-7}$$

假定两种机械设备的单位时间产量相等,则界限使用时间为

$$X_0 = \frac{R_b - R_a}{P_a - P_b} \tag{5-8}$$

当使用机械的时间少于 X_0 时,选用甲为优;相反,则选用乙。

从上面的叙述可以看出,用界限使用时间选择法选择施工机械时,需先计算出界限使用时间,然后根据实际工程的机械使用时间来选择。

【例 5-2】根据例 5-1 的基本资料,求出界限使用时间,并判断使用 100 h 和 140 h 时应该选用哪种机械设备。

【解】界限使用时间为

$$X_0 = \frac{R_b Q_a - R_a Q_b}{P_a Q_b - P_b Q_a}$$

$$= (8\ 500 \times 45 - 7\ 000 \times 50)/(30.5 \times 50 - 28 \times 45)\ h = 123\ h$$

由于 $R_a < R_b$,$P_a > P_b$,故当使用时间为 100 h 时,选用甲,使用时间为 140 h 时,选用乙。若计算出的界限使用时间为负值,则放弃现有方案。

(二)机械设备需求计划

1. 机械设备需求计划

机械设备需求计划主要用于确定施工机具设备的类型、数量、进场时间,从而组织设备进场。其编制方法为:对照工程施工进度计划确定每一个施工过程每天所需的机械设备类型、数量,并将其和施工日期进行汇总,即得出机械设备需求计划。其表格形式如表 5-7 所示。

表 5-7　机械设备需求计划表

序号	机械名称	类型、型号	需用量		货源	使用起止时间	备注
			单位	数量			

2. 机械设备使用计划

机械设备使用计划编制的依据是工程施工组织设计,施工组织设计包括工程的施工方案、

施工方法、措施等。同样的工程采用不同的施工方案、工艺及技术安全措施,选用的机械设备不同,机械设备投入量也不同。因此,编制施工组织设计,应在考虑合理的施工机械设备方案、工艺、安全措施时,还应该考虑用什么设备去组织生产,才能够合理有效、保质保量、经济地完成施工任务。

五、资金管理计划

(一)资金管理计划的目的

生产的正常进行需要一定的资金来保证,资金来源包括公司拨付资金、向发包人收取工程进度款和预付备料款,以及通过公司获取银行贷款等。

1. 抓好工程预算结算

抓好工程预算结算,以尽快确定工程价款总收入,是施工单位工程款收入的保证。

开工以后,随着工、料、机的消耗,产生资金陆续投入,必须随工程进展抓好已完工程的工程量确认及变更,索赔、奖励等工作,及时向建设单位办理工程进度款的支付。

在施工过程中,特别是工程收尾阶段,为保证能够足额拿到工程款,应注意消除工程质量缺陷,因为工程质量缺陷暂扣款有时需占用较大资金。同时还要注意做好工程保险,工程尾款在质量缺陷责任期满后及时收回。

2. 提高经济效益

项目经理部在项目完成后要做资金运用状况分析,以确定项目经济效益。项目经济效益的好坏很大程度取决于能否管好用好资金。

在支付工、料、机生产费用上,必须考虑货币的时间因素,签好有关付款协议。货比三家,压低价格。一旦发生呆账、坏账,应收工程款只停留在财务账面上,利润就实现不了。

3. 节约支出

抓好开源节约流,组织好工程款的回收,控制好生产费用支出,保证项目资金正常运转,只有在资金周转中投入能够得到补偿并增值,才能保证生产能够继续进行。

4. 防范资金风险

项目经理部对资金的收入和支出要做到合理预测,对各种影响因素进行确定评估,这样才能最大限度地避免资金收入和支出风险。

(二)工程款收支计划

1. 工程款支出计划

工程款的支出主要用于劳动对象和劳动资料的购买或租借,劳动者工资的支付和现场管理费用等。

工程款支付计划包括材料费支付计划、人工费支付计划、机械设备费支付计划、分包商工程款支付计划、现场管理费支付计划、其他支付计划(如保险费、上级管理费、利润等)等。

成本计划中的材料费是工程实际消耗价值。材料使用前,有一个采购、订购运输、入库、储存的过程,材料费的支付通常按采购的规定支付,其支付方式有以下几种:

(1)订货时交定金,到货后付清。

(2)提货时一笔付清。

（3）供应方负责送货,到达工地后付款。

（4）在供应后一段时间付款。

2. 工程款收入计划

工程款收入计划即业主工程款收入计划,它与工程进度和合同确定的付款方式有关。

（1）工程预付款的收取。在合同签订后、工程正式施工前,业主可以根据合同中工程预付款的规定,事先支付一笔款项,让承包商做施工准备,这笔款项在以后的过程进度款中按一定比例扣除。

（2）按月进度收款。按合同规定,工程款可以按月进度进行收取,即在每月月末将该月实际完成的分项工程量按合同规定进行结算,即可得出当月的工程款。但是实际上,这笔工程款要在第二个甚至是第三个月才能收取。

按照 FIDIC 条件规定,月末承包商提交该月工程进度账单,由工程师在 28 天内审核并递交业主,业主在收到账单后 28 天内支付,所以工程款的收取比成本计划要滞后 1~2 个月,并且许多未完成工程还不能结算。

（3）按工程形象进度分阶段收取。水利工程项目一般可分为导（截）流、水库下闸蓄水、引（调）水工程通水等几个阶段,工程款的收取可以按阶段进行收取。这样编制的工程款收入计划呈阶梯状。

3. 现金流量计划

在工程款支付计划和工程款收入计划的基础上,可以得到工程的现金流量,可以通过表格或图的形式反映出来。通常,按时间将工程款支付和工程款收入的主要费用项目列在一张表中,按时间计算出当期收支相抵的余额,在此基础上绘出现金流量图。

由于工程款收入计划和工程款支付计划之间存在一定的差异,如果出现正现金流量,也就是承包商占用他人资金进行施工,这固然很好,但在实际中很难实现。现实中,工程款收入与支付计划之间经常出现负现金流量,为了保证工程的顺利进展,承包商必须自己先垫付这部分资金。所以要取得项目的成功,必须要有财务的支持,现实中通常采用融资的方式来解决。项目融资的渠道很多,如施工企业的自由资金、银行贷款、发行股票、发行债券等。

4. 工程款收支计划的编制

（1）年度工程款收支计划的编制。年度工程款收支计划的编制,要根据施工合同工程款支付的条款和调度生产计划安排,预测年内可能达到的工程款收入,再参照施工方案,安排工、料、机费用等资金分阶段投入,做好收入与支出在时间上的平衡。编制年度工程款计划,主要要摸清工程款到位情况,测算需要筹集的资金的额度,安排资金分期支付,平衡资金,确定年度资金管理工作总体安排。这对于保证工程项目顺利施工、保证充分的经济支付能力、稳定职工队伍、提高职工生活水平、顺利完成各项税费基金的上缴是十分重要的。

（2）季度、月度工程款收支计划的编制。季度、月度工程款收支计划的编制,是对年度工程款收支计划的落实与调整,要结合生产计划的变化,安排好季度、月度工程款收支。尤其是月度工程款收支计划,要以收定支,量入为出,根据施工月度进度计划,计算出主要工、料、机费用及分项收入,并结合材料月末库存,由项目经理部各个用款部门分别编制材料、人工、机械、管理费用及分包单位支出等分项用款计划,报财务部门汇总平衡,汇总平衡后,报公司审批,项目经理部将其作为执行依据,组织实施。

第三节　资源管理控制

一、人力资源管理控制

（一）劳动定员管理

1. 职工分类

施工企业的职工按其工作性质和劳动岗位，可分为管理人员、专业技术人员、生产人员、服务人员、其他人员等五种。

（1）管理人员是指企业职能部门从事行政、生产、经济管理等工作的人员。

（2）专业技术人员是指从事与生产、经济活动有关的技术活动及其管理工作的专业人员。

（3）生产人员是指直接参加施工活动的物质生产者，包括建筑安装人员、附属辅助生产人员、运输装卸人员以及其他生产人员等。

（4）服务人员是指负责职工生活或间接服务于生产的人员，如医生、司机、厨师等。

（5）其他人员，如脱产实习人员等。

2. 劳动定员的编制

劳动定员的编制方法有按劳动定额定员、按岗位定员、按设备定员、按比例定员、按劳动效率定员、按组织机构定员等。

3. 劳动力优化组合

定员以后，需要按照分工合作的原则，合理配备班组人员，组合方法有以下几种：

（1）自愿组合。这种组合方式可以改善职工的人际关系，消除因感情不和而影响生产的现象，可提高工人的劳动积极性和劳动效率。

（2）招标组合。对某些又脏又累、危险性高的工种，可实行高于其他工种或部门的工资福利待遇而进行公开招标组合，使劳动力的配备得以优化。

（3）切块组合。对某些专业性强、人员要求相对稳定的作业班组或职能组，采取切块组合的方式，由作业班组或职能组集体向工程处或项目经理部提出组织方案，经审核批准后实施。

某些班组成员之间各有专长，配合密切，关系融洽，对这种班组应该保持其相对稳定，不要轻易打乱重组。

（二）班组劳动力管理

1. 班组劳动力的特点

施工现场人力资源的管理归根结底是对班组的建设与管理，只有搞好了班组的建设与管理，整个企业才有坚实的基础。施工现场的班组有如下特点：

（1）班组是企业的最基本单元。在企业的组织机构中，班组是最基层、最直接的生产单位，直接与劳动对象、劳动工具相结合，站在为社会创造财富的最前沿。

（2）班组是培养和造就人才的重要阵地。班组对工人的培训更具有针对性，在施工现场针对具体的施工作业，干什么学什么，通过学习可逐步提高队伍的素质，建设一支能打硬仗的施工队伍。

（3）班组是企业各项工作的中心。施工生产的组织与管理、各项经济技术指标的考核完善、基础资料的建立等都依赖于班组的工作,企业的各项工作也都是围绕现场班组而进行的。

（4）班组是企业生存发展的源泉。随着竞争的日趋激烈,企业要发展,就要不断增强自己的实力,不断提高班组的素质、技术水平和操作技能,才能迎接这种挑战,不至于被淘汰出局。

2. 班组建设的内容

（1）班组组织建设。努力建设一个团结合作、积极进取的班组集体,同时加强定编、定员工作,对班组成员进行合理配备。

（2）班组业务建设。加强班组成员技术知识的学习和操作技能的培训,可以根据工作的实际需要,围绕现场施工进行。

（3）班组劳动纪律和规章制度建设。班组集体劳动必须具有劳动纪律的约束,班组成员必须服从工作分配,听从指挥,严格执行施工命令,坚守岗位,尽职尽责。

（4）生活需求建设。班组建设应该重视职工的生活需要,保证职工必需的物质、文化生活条件,进行劳动成果分配时要体现公平、公正、按劳分配的原则。

此外还应该加强成员的思想政治建设,提高班组成员的政治思想觉悟和工作积极性,保质保量地完成任务。

（三）人力资源培训管理

人力资源培训主要是对拟使用的人力资源进行岗前教育和业务培训,包括对管理人员的培训和对工人的培训。

1. 对管理人员的培训内容

对管理人员的培训内容有岗位培训、继续教育和学历教育。

（1）岗位培训。岗位培训是针对一切从业人员,根据岗位或职务对其具备的全面素质的不同需要,按照不同的劳动规范,本着干什么学什么的原则进行的培训活动。

岗位培训旨在提高职工的本职工作能力,使其成为合格的劳动者,并根据生产发展和技术进步的需要,不断提高其适应能力。

岗位培训包括对项目经理的培训,对基层管理人员的培训,对土建、水暖、电气工程师的培训,以及对其他岗位的业务干部、技术干部的培训。

（2）继续教育。继续教育采取按系统、分层次、多形式的方法,对具有中专及以上学历的处级以上职务的管理人员进行继续教育。

（3）学历教育。学历教育主要是有计划地选派部分管理人员到高等院校深造,培养企业高层次管理人才和技术人才,毕业后回本企业继续工作。

2. 对工人的培训

（1）对班组长的培训。按照国家建设行政主管部门制定的班组长岗位规范,对班组长进行培训,达到班组长全部持证上岗。

（2）对技术工人的培训。按照有关技术等级标准和有关技师评聘条例,开展中、高级工人和工人技师的培训,以作为其评聘的参考评聘。

（3）对特种作业人员的培训。根据国家有关特种作业人员必须单独培训、持证上岗的规定,对从事电工、塔式起重机驾驶员等工种的特种作业人员进行培训,保证全部持证上岗。

二、材料管理控制

施工现场的材料管理控制包括材料进场验收、材料的储存与保管、材料的使用验收及不合格材料的处理等。施工过程中材料管理的中心任务是,检查、保证进场施工材料的质量,妥善保管进场的物资,严格、合理地使用各种材料,降低消耗,保证实现管理目标。

(一)材料进场验收

材料进场时必须根据进料计划、送料凭证、产品合格证进行数量和质量验收,验收工作由现场施工工程师和材料员共同负责。

验收时对品种、规格、型号、质量、数量、证件做好记录,办理验收手续,对不符合的材料拒绝验收。验收合格后即签字入库,办理入库手续。需由甲方验收的材料到现场,则要及时请甲方代表到场共同验收。验收单原件交公司工程管理部备案。

1. 进场验收要求

材料进行验收的目的是划清企业内部和外部经济责任,防止进料中的差错事故和因供货单位、运输单位的责任事故造成不必要的损失。材料进场验收的要求如下:

(1)材料验收必须做到认真、及时、准确、公正、合理。

(2)严格检查进场材料的有害物质含量检测报告,按规范应复验的必须复验,无检测报告或复验不合格的应予退货。

(3)严禁使用有害物资质量含量不符合国家规定的建筑材料。

2. 进场验收方法

验收的依据有订货合同、采购计划以及所约定的标准,或经有关单位和部门确认后封存的样品或样本、材料证明或合格证书等。常用的验收方法如下:

(1)出厂现场双控把关。为了确保进场材料合格,在组织送料前,由材料管理部门业务人员会同技术质量人员先行看货验收;进货时,由保管员和材料业务人员一起组织验收方可入库。对于水泥、钢材、防水材料、各类外加剂实行检验双控,既要有出厂合格证,还要有实验室的合格试验单方可入库。

(2)联合验收把关。对直接送到现场的材料及构配件,收料人员可会同现场的技术质量人员联合验收;进库物资由保管员和材料业务人员一起组织验收。

(3)收料员验收把关。收料员对有包装的材料及产品,应该进行外观检验,查看材料规格、品种、型号是否与来料相符,宏观质量是否符合标准,包装、商标是否齐全。

(4)提料验收把关。总公司、分公司两级材料管理的业务人员到外单位及材料公司各单位提料,要认真检查验收提料质量、索取产品合格证和材质证明书;送到现场或仓库后应与现场或仓库的收料员或保管员进行交接验收。

3. 材料进场验收程序

材料进场验收前,要保持进场道路畅通,材料存放场地及设施已经准备好;同时,还应把计量器具准备齐全,针对材料的类别、性能、特点、数量来确定材料的存放地点及必需的防护措施。这些准备妥当之后,可按下述程序进行验收:

(1)单据验收。主要查看材料是否有国家强制性生产认证书、材料证明、装箱单、发货单、合格证等,也就是具体查看所到的货物是否与合同(采购计划)规定的一致;材料证明(合格证)

是否齐全并随货同行,能否满足施工质量管理的需要;材质证明的内容是否合格,是否能够满足施工资料管理的需要;材料的环保指标是否符合要求。

(2)数量验收。数量验收主要是核对进场材料的数量与单据量是否一致。不同材料,清点数量方法也不同。对计重材料的数量验证,原则上以进货方式进行验收;以磅单验收的材料,应进行复磅或检磅,磅差范围不得超过国家规范,超过规范的,按实际复磅重量验收;以理论重量换算交货的材料,应按国家验收标准规范作检尺计量换算验收,理论数量与实际数量的差超过国家标准规范的,应作为不合格材料处理;不能换算或抽查的材料一律过磅计重;计件材料的数量验收应全部清点件数。

(3)质量验收。材料质量验收应该按质量验收规范和计量检测规定进行,并做好记录和标示,办理验收手续。对一般材料,进行外观检验,主要检验规格、型号、尺寸、颜色及有无破碎等;对专用、特殊加工制品的检验,应根据加工合同、图纸及资料进行质量验收。内在的质量验收由专业技术员负责,按规定比例抽样后,送专业检验部门检验力学性能、化学成分、工艺参数等技术指标。

4．验收结果处理

(1)材料进场验收后,验收人员应按规定填写各种材料的进场检测记录。

(2)材料经验收合格后,应及时办理入库手续,由负责材料采购供应的人员填写材料验收单,经验收人员签字后办理入库,并及时登账、立卡。标识验收单通常一式四份,计划员一份,采购员一份,保管员一份,财务报销一份。

(3)验收不合格的材料,应进行标示,存放于不合格区,并要求其尽快退场,同时做好不合格记录和处理情况记录。

(二)材料储存与管理

材料的储存,应依据材料的性能和仓库条件,按照材料保管规程,采用科学方法进行保管和保养,以减少材料保管损耗,保持材料的原有使用价值。

1．仓库的布置

仓库的布置包括库房、料场和有关的通道布置等,应考虑以下问题:

(1)仓库的布置应接近用料点,以减少搬运次数和缩短搬运距离,减少搬运消耗。

(2)临时仓库和料场之间应该有合理的通道,以便吞吐材料。通道要有照明和排水设施,尽量不影响施工,要有回旋余地。

(3)仓库以及料场的容量应按使用点的最大库存量来布置。

(4)料场应满足防水、防火、防雨、防潮等要求,堆料场要平整、不积水、防塌陷。

2．现场材料的堆放与保管

1)材料堆放

材料堆放必须按类分库,同类材料安排在一处,新旧分堆,按规格排列,上轻下重,上盖下垫,定量保管;性能上互相有影响或灭火方法不同的材料,严禁安排在同一处储存;实行"四号定位",即库内保管划定库号、架号、层号、位号,库外保管划定区号、点号、排号、位号,对号入座,合理布局。

2)材料保管

(1)制度严密,防火防盗。建立健全保管、领发等制度,并严格执行,使各项工作井然有序；做好防火防盗工作，对不同材料配制不同类型的灭火器。

（2）勤于盘点，及时记账。材料保管保养过程中，应定期对材料的数量、质量有效期等进行盘查核对，对盘查中发现的问题，进行原因分析，及时解决，并有原因分析、处理意见，以及处理结果反馈等书面文件。

（3）施工现场易燃易爆、有毒有害物品和建筑垃圾必须符合环保要求。

（4）有防湿防潮要求的材料，应采取防湿防潮措施。对于怕日晒雨淋、对温度湿度要求高的材料必须入库存放，在仓库内外设置测温、测湿仪器，进行日常观察和记录，及时掌握温度、湿度的变化情况，控制和调节温度、湿度。具体办法有通风、密封、吸湿、防潮等。

（5）对于可以露天保存的材料，应该按其材料性能进行上苫下垫，做好围挡。

（6）对于金属及其制品，由于其容易被腐蚀，因此要防止和消除其产生化学反应和腐蚀的条件。

（7）有保质期的库存材料应定期检查，防止过期并做好标志。

（三）材料使用管理

（1）材料发放及领用。材料领发标志着材料从生产储备转入生产消耗，必须严格执行领发手续，明确领发责任。施工现场材料领发一般都实行限额领料，即施工班组在完成施工生产任务中所使用的材料品种和数量要与所承担的生产任务相符合。限额领料是合理使用材料、减少消耗、避免浪费和降低成本的有效措施。

（2）材料使用监督。材料管理人员应该对材料的使用进行分工监督，检查是否认真执行领发手续，是否合理堆放材料，是否严格按实际参数用料，是否严格执行配合比，是否做到工完净料、工完退料、场退地清、谁用谁清等。检查是监督的手段，应做到情况有记录、问题有分析、责任要明确、处理有结果。

（3）材料回收。班组余料应收回，并及时办理退料手续，处理好经济关系。

三、机械设备管理控制

（一）机械设备使用管理

1. 机械设备的操作人员管理

机械设备使用实行"三定"制度（即定机、定人、定岗位责任），且机械操作人员必须持证上岗。这样做有利于操作人员熟悉机械设备特性，熟练掌握操作技术，合理、正确地使用、维护机械设备，使其达较优经济效益；有利于定员管理和工资管理。

机械操作人员持证上岗是指通过专业培训考核合格后，经有关部门注册，操作证年审合格，并且在有效期内，所操作的机种与所持操作证上的允许操作机种相吻合的制度。此外，机械操作人员还必须明确机组人员责任制，建立考核制度，使机组人员严格按规范作业。应对机长、机员分别制定责任内容，做到责、权、利相结合，定期考核，奖罚明确到位，以激励机组人员努力做好本职工作。

2. 机械设备的合理使用

机械设备进场以后，应该进行必要的调试与保养。正式投入使用之前，项目部机械员应会同机械设备主管企业的机务、安全人员及机组人员一起对机械设备进行认真的检查验收，并做好检查验收记录。施工单位对进场的机械设备自检合格后还应填写机械设备进场报验表，报请监理工程师进行验收,验收合格后方可正式投入使用。

验收合格的机械设备在使用过程中,其安全保护装置、机械质量、可靠性都可能发生变化,因此机械设备在使用过程中对其进行保养、检查、修理与故障排除是确保其安全、正常使用、减少磨损、提高使用效率的必要手段。在使用过程中,应注意以下几点:

(1)机械操作人员持证上岗,人机固定。

(2)操作人员在开机前、使用中、停机后,必须按规定的项目和要求,对施工设备进行检查和例行保养,做好清洁、润滑、调整、紧固和防腐工作,经常保持施工设备的良好状态,提高设备的使用效率,节约使用费用,实现良好的经济效益,并保证施工的正常进行。

(3)为了使施工设备在最佳状态下运行使用,合理配备足够的操作人员并实行机械使用、保养责任制是关键。现场使用的各种施工设备定机定组交给一个机组或个人,使之对施工设备的使用和保养负责。

(4)努力组织好机械设备的流水施工。当施工的推进主要靠机械设备而不是人力时,划分施工段的大小必须考虑机械设备的服务能力,要使机械设备连续作业、不停歇,必要时"歇人不歇马",使机械设备三班作业。一个施工项目有多个单位工程时,应使机械设备在单位工程之间流水,减少进出场的时间和装卸费用。

(二)机械设备的磨损、保养及修理

1.机械设备的磨损

机械设备的磨损分为三个阶段:磨合磨损、正常磨损和事故性磨损。

(1)磨合磨损。这是初期磨损,包括制作和大修理中的磨合磨损和使用初期的磨合磨损,这段时间较短。此时,只要执行适当的磨合期使用规定就可降低初期磨损,延长机械使用寿命。

(2)正常磨损。这一阶段,零件经过磨合磨损,表面粗糙度提高了,磨损较小,在较长时间内将处于稳定的均匀磨损状态。这个阶段后期,条件逐渐变坏,磨损加快,进入第三阶段。

(3)事故性磨损。此时,零件配合的间隙扩展而使负荷加大,磨损激增,可能很快磨损。如果磨损程度超过了极限而不及时修理,就会引起事故性磨损,造成修理困难和经济损失。

2.机械设备的保养

保养是指在零件尚未达到极限磨损或发生故障以前,对零件采取相应的维护措施,以降低零件的磨损速度,消除产生故障的隐患,从而保证机械正常工作,延长使用寿命。

机械设备保养的目的是保持机械设备的良好技术状态,提高设备运转的可靠性和安全性,减少零件的磨损,降低消耗,延长使用寿命,提高经济效益。机械设备的保养有例行保养和强制保养两种。

例行保养属于正常使用管理工作,它不占用机械设备的运转时间,由操作人员在机械运转间隙进行保养。其主要内容是:保持机械的清洁,检查运转情况,补充燃油和润滑油,补充冷却水,防止机械磨损,检查转向与制动系统是否灵活可靠等。

强制保养是隔一定周期,需要占用机械设备的运转时间,停工进行的保养。保养周期根据各类机械设备的磨损规律、作业条件、操作维护水平及经济性四个主要因素确定。

3.机械设备的修理

机械设备的修理是对机械设备的自然损耗进行修复,排除机械运行的故障,对损坏的零部件进行更换、修复。机械设备的修理可分为大修、中修和小修。大修和中修需要列入修理计划,而小修一般是临时安排的修理,和保养相结合,不列入修理计划之中。

大修是对机械设备进行全面的解体检查修理,保证各零部件质量和配合要求,使其恢复原有的精度、性能和效率,达到良好的技术状态,从而延长机械设备的使用寿命。其检修内容包括:设备全部解体,排除和清洗设备的全部零件,修理、更换所有磨损及有缺陷的零部件,清洗、修理全部管路系统,更换全部润滑材料等。

中修是大修间隔期间对少数零部件进行大修的一次性平衡修理,对其他不需要大修的零部件只执行检查保修。中修的目的是对不能继续使用的部分零部件进行修理,使整体状况达到平衡,以延长机械设备的大修间隔。中修需要更换和修复机械设备的主要零部件和数量较多的其他磨损件,并校准机械设备的基准,恢复设备的精度,保证机械设备能使用到下一次修理。

小修一般是无计划的、临时安排的、工作量最小的局部修理,其目的是:消除操作人员无力排除的突然故障或更换部分易损的零部件;清洗设备、部分拆检零部件,调整、紧固机件等。

四、资金使用管理控制

(一)资金使用的成本管理

建立健全项目资金管理责任制,明确项目资金的使用管理由施工项目经理负责,项目经理部财务人员负责协调组织日常工作,做统一管理,归口负责,建立责任制,明确项目预算员、统计员、材料员、劳动定额员等有关职能人员的资金管理职责和权限。项目经理部按组织下达的用款计划控制使用资金,以收定支、节约开支。同时,应按会计制度规定设立财务台账,记录资金支出情况,加强财务核算,及时盘点盈亏。

(1)按用款计划控制资金使用,项目经理部各部门每次领用支票或现金,都要填写用款申请表,如表 5-8 所示,由项目经理部部门负责人具体控制该部门支出。额度不大的零星采购和费用支出也可在月度用款计划范围内由经办人申请、部门负责人审批。各项支出的有关发票和结算验收单据由各用款部门领导签字,并经审批人签证后,方可向财务报账。

表 5-8　用款申请表

申 请 人:	
用　　途:	
预计金额:	
审 批 人:	

财务部门根据实际用款情况做好记录。各部门对原计划支出数不足部分,应书面报项目经理审批追加,审批单交财务部门,做到支出有计划,追加有程序。

(2)设立财务台账,记录资金支出。为控制资金,项目经理部需要设立财务台账,如表 5-9 所示,以便及时提供财务信息,全面、准确、及时地反映债务情况,这对了解项目资金状况,加强项目资金管理十分重要。

表 5-9　财务台账

日期	凭证号	摘要	应用款	已贷款	借或贷	余额

（3）加强财务核算，及时盘点盈亏。项目经理部要随着工程进展定期进行资产和债务的清查，以考查以前的报告期结转利润的正确性和目前项目经理部利润的后劲。由于工程只有到竣工决算时才能最终确定该工程的赢利准确数字，在施工过程中报告期的财务结算只能相对准确，因此在施工过程中要根据工程完成部分，适时地进行财产清查。对项目经理部所有资产方和所有负债方及时盘点，通过资产和负债加上级拨付资金平衡关系比较看出盈亏趋向。

（二）资金收入与支出管理

1. 资金收入与支出管理原则

项目资金的收入与支出包括资金回收与分配两个方面。项目资金的回收直接关系到工程项目能否顺利进展，而资金的分配则关系到能否合理使用资金、能否调动各种关系和相关单位的积极性。为了保证项目资金的合理使用，应遵循以下两个原则：

（1）以收定支原则，即由收入确定支出。这样做可能使项目的进度和质量受到影响，但可以不加大项目的资金成本，对某些工期紧迫或施工质量要求较高的部位，应视具体情况而适当给予调整。

（2）制订资金使用计划原则，即根据工程项目的施工进度、业主的支付能力、企业垫付能力、分包商和供应商的承受能力等来制订相应的资金计划，按计划进行资金的回收和支付。

2. 项目资金的收取

项目经理部应负责编制年、季、月资金收支计划，上报给业主管理部门审批实施，除及时对资金的收入与支出情况进行管理外，还应对资金进行收取。资金收取主要有以下几种情况：

（1）对于新开工项目，应按工程施工合同，收取工程预付或开办费。

（2）工程实施过程中，发生工程变更或材料违约时，应根据工程变更记录和证明发包人违约的材料，计算索赔金额，列入工程进度款结算单。

（3）对于业主委托代购的工程设备或材料，必须签订代购合同，并收取设备订购预付款。若出现差价，应按合同规定计算，并及时请业主确认，以便与工程进度款一起收取。

（4）根据月度统计报表编制工程进度款结算单，于规定日期报送监理工程师审核，如果业主不能按期支付工程进度款且超过合同支付的最后期限，项目经理部应向业主出具付款违约通知书，并按银行的同期贷款利率计息。

（5）工程尾款应按业主认可的工程结算全额及时收取。对于工程的工期奖、质量奖、不可预见费及索赔款，应根据施工合同规定，与工程进度款同时收取。

3. 资金风险管理

项目经理部应注意发包方资金动态，在垫资施工的情况下，要适当掌握施工进度，以利于收回资金,如果工程垫资超出原计划控制幅度,要考虑调整施工方案,压缩规模,甚至暂缓施工,并积极与发包方协调,以利于回收资金。

思　考　题

1. 什么是资源和资源管理?资源管理的内容有哪些?
2. 施工现场的材料需求量是如何确定的?
3. 材料控制包含哪些环节?
4. 材料供应计划的编制内容有哪些?
5. 如何选择机械设备?有哪些方法?
6. 资金收支包含哪些内容?如何支付?

第六章 施工现场合同及成本管理

教学重点：合同的相关概念、施工合同文件、合同变更、施工索赔的程序、成本管理的内容。

教学目标：了解合同的相关概念及合同变更；熟悉施工合同文件的构成；掌握施工索赔的程序及成本管理的内容。

我国已经建立并逐步完善了社会经济体制，市场经济是法制经济，法制经济的特征是社会经济行为的规范化和有序性，而市场经济的规范化和有序性要靠健全的合同秩序体现。在市场经济中，财产的流转主要靠合同。特别是工程建设项目，其特点是投资大、工期长、协调关系多，因此合同就显得尤为重要。

施工企业是以获得利润为目的的经济实体，需要经常考虑如何以最小的投入获取最大的利润的问题，要想达到这一目标，就必须提高企业的市场竞争能力，努力推动成本管理，向科学管理要效益。

第一节 合同法基本知识

为了保护合同当事人的合法权益，维护社会经济秩序，促进社会主义现代化建设，我国于1999 年 3 月 15 日第九届全国人民代表大会第二次会议通过了《中华人民共和国合同法》（以下简称《合同法》）。

一、合同与合同法的基本原则

（一）合同

合同法是市场经济的基本法律制度，是民法的重要组成部分。民法当中的合同有广义和狭义之分。广义的合同是指两个以上（包括两个）的民事主体之间，设立、变更、终止民事权利义务关系的协议；狭义的合同是指债权合同，即两个以上的民事主体之间设立、变更、终止债权债务关系的协议。《合同法》第二条规定："本法所称合同是平等主体的自然人、法人、其他组织之间设立、变更、终止民事权利义务关系的协议。婚姻、收养、监护等有关身份关系的协议，适用其他法律的规定。"因此，《合同法》当中的合同是指狭义上的合同。

合同在工程项目建设领域占有十分重要的地位，主要体现在：合同管理贯穿于工程项目建设的整个过程；合同是工程建设过程中发包人和承包人双方活动的准则；合同是工程建设过程中双方纠纷解决的依据；合同是协调并统一各参加建设者行动的重要手段。

（二）合同法的基本原则

合同法的基本原则贯穿于合同从签订到终止的全过程，是每一个合同当事人均应遵守、不得违反的原则,主要体现在以下几方面。

（1）平等原则。《合同法》第三条规定:合同当事人的法律地位平等,一方当事人不得将自己的意志强加给另一方。

（2）自愿原则。《合同法》第四条规定:当事人依法享有自愿订立合同的权利,任何单位和个人不得非法干预。

（3）公平原则。《合同法》第五条规定:当事人应当遵循公平原则确立各方的权利和义务。

（4）诚信原则。《合同法》第六条规定:当事人行使权利、履行义务应当遵循诚实信用原则。

（5）合法原则。《合同法》第七条规定:当事人订立、履行合同,应当遵守法律、行政法规,尊重社会公德,不得扰乱社会经济秩序,损害社会公共利益。

二、合同的订立

合同的订立就是合同当事人进行协商,使各方的意思表示趋于一致的过程。合同成立是合同法律关系确立的前提,也是衡量合同是否有效以及确定合同责任的前提。合同订立的一般程序从法律上可分为要约和承诺两个阶段。

（一）要约

要约是希望和他人订立合同的意思表示。在商业活动和对外贸易中,要约又称报价、发价或发盘;在招标过程中,投标即要约。

1. 要约的法律特征

合同法规定,要约到达受要约人时生效,一项要约要取得法律效力,必须具备下列法律特征。

（1）要约的内容具体确定。

（2）要约必须标明经受约人承诺,要约人即受该意思表示约束。

2. 要约和要约邀请的区别

必须注意要约和要约邀请的区别,前者一经发出就产生一定的法律效果,后者是订立合同的预备行为,并不产生任何法律效果。在实际生活中,大多数商业广告就是一种要约邀请;在招标中,招标广告和招标文件都是要约邀请。两者的区别主要在于:

（1）要约是当事人自己发出的愿意订立合同的意思表示,而要约邀请则是当事人希望对方向自己发出订立合同的意思表示的一种意思表示;

（2）要约一经发出,邀请方可以不受自己的要约邀请约束,即受要约邀请而发出要约的一方当事人,不能要求邀请方必须接受要约。

3. 要约的形式

要约人一般以两种形式发出要约:一种是口头形式,即要约人以直接对话或者电话等方式向对方提出要约,这种形式主要用于即时清结的合同;另一种是书面形式,即要约人采用交换信函、电报、电传和传真等文字形式向对方提出要约。

（二）承诺

承诺是受要约人同意要约的意思表示。要约人有义务接受受要约人的承诺,不得拒绝。

在招投标中,招标人发的中标通知书即是承诺。合同法规定,承诺通知到达要约人时生效。承诺生效时,合同成立,当事人之间产生合同权利和义务。一项承诺必须具备下列法律特征,才能产生合同成立的法律结果:

(1)承诺必须由受要约人作出。

(2)承诺必须向要约人作出。

(3)承诺的内容应当和要约的内容一致。

(4)承诺应在要约有效期内作出。

承诺应当在要约确定的期限内到达要约人,若要约没有确定承诺期限,承诺应当依照下列规定到达:

(1)要约以对话方式作出的,应当即时作出承诺,但当事人另有约定的除外。

(2)要约以非对话方式作出的,承诺应当在合理期限内到达。

《合同法》规定:承诺应当以通知的方式作出,但根据交易习惯或者要约表明可以通过行为作出承诺的除外。承诺的形式一般应当与要约的形式一致,要约人也可以在要约中规定受要约人必须采用何种形式作出承诺,此时受要约人必须按照规定的形式作出承诺。

三、合同的效力

合同根据法律效力可分为有效合同、无效合同和可撤销的合同。合同成立之后,既可能因符合法律规定而生效,也可能因违反法律规定或者意思表示不完全而无效、可变更或者可撤销。合同生效只是合同成立后的法律效力情形之一;无效合同或者被撤销的合同自始没有法律约束力;合同部分无效,不影响其他部分效力的,其他部分仍然有效。

(一)合同生效

合同生效是指业已成立的合同具有法律约束力。合同是否成立取决于当事人是否就合同的必要条款达成合意;而合同是否生效取决于是否符合法律规定的生效条件。《合同法》第四十四条规定:依法成立的合同,自成立生效。法律、行政法规规定应当办理批准、登记等手续生效的,依照其规定。有效的合同必须是依法成立的合同,而且其主体、内容、方式、形式都必须符合法律的规定。

(二)合同无效

合同无效是指合同严重欠缺有效要件,不产生法律效力,也就是法律不允许按当事人同意的内容对合同赋予法律效果,即为合同无效。《合同法》第五十二条规定有下列情形之一的,合同无效:

(1)一方以欺诈、胁迫的手段订立合同,损害国家利益;

(2)恶意串通,损害国家、集体或者第三人利益;

(3)以合法形式掩盖非法目的;

(4)损害社会公共利益;

(5)违反法律、行政法规的强制性规定。

(三)合同的撤销

合同的撤销是指因意思表示不真实,通过撤销权人行使撤销权,使已生效的合同归于消灭的行为。合同的撤销必须具备法律规定的条件,不具备法定条件,当事人任何一方都不能随便撤销合同,否则要承担法律责任。在以下情况下,当事人一方有权请求人民法院或者仲裁机构变更或者撤销:

(1) 因重大误解订立的;

(2) 在订立合同时显失公平的;

(3) 一方以欺诈、胁迫的手段或者乘人之危,使对方在违背真实意思的情况下订立的合同。

当然,当事人请求变更的,人民法院或者仲裁机构不得撤销。

四、合同的履行

合同的履行是指合同生效后,双方当事人按照约定全面履行自己的义务,从而使双方当事人的合同目的得以实现的行为。合同履行是合同法律效力的主要内容和集中体现,双方当事人正确履行合同使双方的权利得以实现,结果是合同关系归于消灭。

(一) 合同履行的一般原则

合同履行的原则是指合同当事人双方在履行合同义务时应遵循的原则,既包括合同的基本原则,也包括合同履行的特有原则,后者主要包括以下的原则:

(1) 实际履行原则。实际履行原则主要体现在两个方面:① 合同当事人必须按照合同的标的履行,合同规定的标的是什么,就得履行什么,不得任意以违约金或按损害赔偿金等标的代替合同标的的履行;② 合同当事人一方不按照合同的标的履行时,应承担实际履行的责任,另一方当事人有权要求其实际履行。

(2) 全面履行原则。全面履行原则又称适当履行原则或正确履行原则,是指合同当事人必须按照合同规定的条款全面履行各自的义务。具体讲就是,必须按照合同规定的数量、品种、质量、交货地点、期限交付物品,并及时支付相应价金。这一原则的意义在于约束当事人信守诺言,讲究信用,全面按合同规定履行权利义务,以保证当事人双方的合同利益。

(3) 诚实信用原则。合同当事人应当遵循诚实信用原则,根据合同的性质、目的和交易习惯履行通知、协助、保密等合同的附随义务。合同的附随义务是根据《合同法》诚实信用原则产生的,是与合同的主义务相对应的义务,指合同中虽未明确规定,但依照合同性质、目的和交易习惯,当事人应负有的义务。

(二) 没有约定或者约定不明确的合同履行

合同依法订立后,当事人应当按照约定全面履行自己的义务。当事人应当遵循诚实信用的原则,根据合同的性质、目的和交易习惯履行通知、协助和保密义务。然而,一项合同不可能事无巨细、面面俱到,而且即使合同成立后,也会因情况发生变化而需要对合同的内容作出调整。因此,合同成立后,当事人可以就合同中没有规定的内容订立补充协议,作为合同的组成部分,与合同具有同等的法律效力。为此,对有缺陷的合同,《合同法》作出了明确的规定:"合同生效后,当事人就质量、价款或者报酬、履行地点等内容没有约定或者约定不明确的,可以协议补充;不能达成补充协议的,按照合同有关条款或者交易习惯确定。"如果当事人不能达成一致意见,也不能确定合同的内容,应按法律的规定履行。

(三)合同履行的抗辩权、拒绝权、代位权和撤销权

(1)抗辩权。抗辩权又称异议权,是指对抗请求权或者否认他人权利主张的权利。抗辩权的作用是使对方的权利受到阻碍或者消灭。按照《合同法》的规定,抗辩权可分为同时履行抗辩权、后履行抗辩权和不安抗辩权。

(2)拒绝权。拒绝权是债权人对债务人未履行合同拒绝接受的权利,拒绝权包括提前履行拒绝权和部分履行拒绝权。

(3)代位权。债权人代位权是指在债务人行使债权发生懈怠而对债权人造成损害的,债权人以自己的名义代债务人行使其债权的权利,但该债权专属于债务人自身的除外。

(4)撤销权。撤销权是指债务人放弃其到期债权、无偿转让财产或者以明显不合理的低价转让财产,对债权人造成损害的,债权人可以请求人民法院撤销债务人的行为的权利。

(四)当事人分立、合并后的合同履行

合同的当事人发生分立的,分立后的当事人之间对原合同享有连带债权、承担连带债务,即各分立后的法人或者其他组织对合同的另一方当事人承担连带责任,其中一个法人或者其他组织负有对合同的所有债务进行清偿的义务,也享有要求合同的另一方当事人对其履行全部合同债务的权利。但是分立后的当事人约定自债权比例,并且通知债务人的,则他们之间为按约定比例享有债权。

发生合并的,由合并的法人或者其他组织享有合同的债权、承担合同的义务。

五、合同的变更、转让和解除

(一)合同的变更

合同的变更是指合同成立后、尚未履行或未完成履行之前,合同的内容发生改变。《合同法》第七十七条规定:"当事人协商一致,可以变更合同。法律、行政法规规定变更合同应当办理批准、登记等手续的,依照其规定。"

合同的变更具有下列特征:①合同的变更是通过协议达成的;②合同的变更也可以依据法律的规定产生;③合同的变更是合同内容的局部变更,是对合同内容做某些修改和补充,而不是合同内容的全部变更;④合同的变更会变更原有权利义务关系,产生新的权利义务关系。

合同的变更须具备的条件为:①合同关系原已存在;②合同内容发生变化;③合同的变更必须依当事人协议或法律规定;④合同的变更必须遵守法律规定的方式。

(二)合同的转让

合同的转让是指合同当事人一方依法将其合同的权利和(或)义务全部或者部分地转让给第三人,包括合同权利转让、合同义务转让、合同权利义务一并转让。

合同转让的主要特征包括:①合同转让以有效合同的存在为前提;②合同的转让是合同主体改变;③合同的转让不改变原合同的权利义务内容;④合同的转让既涉及转让人(合同一方当事人)与受让人(第三方)的关系,也涉及原合同双方当事人的关系。

合同的转让需要具备以下条件:①必须有有效成立的合同存在;②必须有转让人(合同当事人)与受让人(第三方)协商一致的转让行为;③必须经债权人同意或通知债务人;④合同权利的转让必须是转让依法能够转让的权利;⑤合同转让必须办理审批登记手续。

（三）合同的解除

合同解除是指在合同有效成立后，在一定的条件下，通过当事人的单方行为或者双方协议终止合同效力的行为。合同的解除是合同终止的事由之一，具有下列特点：①合同的解除是对有效合同的解除；② 合同的解除必须具有解除的事由；③ 合同的解除必须通过解除行为而实现；④ 合同的解除产生终止合同的效力并溯及消灭合同。合同解除具有协议解除和单方解除两种基本方式。

1. 协议解除

合同的协议解除是指当事人通过协议解除合同的方式。《合同法》第九十三条规定："当事人协议一致，可以解除合同。当事人可以约定一方解除合同的条件。解除合同的条件成就时，解除权人可以解除合同。"经当事人协商一致解除合同的，当然属于协议解除，而在约定的解除条件成就时的解除，也是以合同对解除权的约定为基础的，可以看作一种特殊的协议解除。在附条件的合同中对附解除条件的合同及其效力进行了解除，对附解除条件的合同而言，解除条件成就时合同即告解除。

2. 单方解除

合同的单方解除（也可称法定解除），是指在具备法定事由时合同一方当事人通过行使解除权就可以终止合同效力的解除。《合同法》规定有下列情形之一的，当事人可以解除合同：①因不可抗力致使不能实现合同目的；② 在履行期限届满之前，当事人一方明确表示或者以自己的行为表明不履行主要债务；③ 当事人一方延迟履行主要债务，经催告后在合理期限内仍未履行；④ 当事人一方延迟履行债务或者有其他行为致使不能实现合同目的；⑤ 法律规定的其他情形。

六、违约责任

（一）概念

违约责任是指合同当事人一方不履行合同义务或其履行不符合合同约定时，对另一方当事人应承担的民事责任。构成违约责任应具备以下几个条件：

（1）违约一方当事人必须有不履行合同义务或者履行合同义务不符合约定的行为，这是构成违约责任的客观条件。

（2）违约一方当事人主观上有过错，这是违约责任的主观条件。

（3）违约一方当事人的违约行为造成了损害事实。

（4）违约行为和损害结果之间存在着因果关系。

（二）承担违约责任的形式

违约行为主要有先期违约、不履行、延迟履行、不适当履行、其他不完全履行行为等类型。违约责任是财产责任，承担违约责任的形式主要有以下几种。

1. 继续履行

继续履行是指合同当事人一方不履行合同义务或者合同义务不符合约定条件时，当事人为维护自身利益并实现其合同目的，要求违约方继续按照合同的约定履行义务。请求违约方履行和继续履行是承担违约责任的基本方式之一。

继续履行具有下列特征：① 违约方继续履行是承担违约责任的形式之一；② 请求违约方履行的内容是强制违约方交付按照约定本应交付的标的；③ 继续履行是实际履行原则的补充或者延伸。

构成继续履行应具备以下条件：① 必须有违约行为；② 必须由受害人请求违约方继续履行合同债务行为；③ 必须是违约方能够继续履行合同，如违约方不能履行，或因不可归责于当事人双方的原因致使合同履行实在困难，如果实际履行则显失公平的，不能采用强制履行；④ 强制履行不违背合同本身的性质和法律，如在一方违反基于人身依赖关系产生的合同和提供个人服务的合同情况下，不得实行强制履行。

2. 采取补救措施

这里的补救措施特指继续履行、支付违约金、赔偿金以外的，可以使债权人的合同目的得以实现的一切手段。

补救措施的具体类型，即质量不符合约定的，应当按照当事人的约定承担违约责任，对违约责任没有约定或者约定不明确，且依照《合同法》规定：合同生效后，当事人就质量、价款或者报酬、履行地点等内容没有约定或者约定不明确的，可以协议补充；不能达成补充协议的，按照合同有关条款或者交易习惯确定；若仍不能确定的，受损害方根据标的性质以及损失的大小，可以合理选择请求修理、更换、重做、退货、减少价款或者报酬等违约责任。

3. 赔偿损失

在《合同法》中，赔偿损失又称损失赔偿、损害赔偿，是指违约方以支付金钱的方式弥补受害方因违约方的违约行为所减少的财产或者所丧失的利益。赔偿损失具有下列特征：

（1）赔偿损失是最基本、最重要的违约形式。损失赔偿是由合同债务未得到的履行而产生的法律责任，任何其他责任形式原则上都可以转化为损失赔偿。

（2）赔偿损失是以支付金钱的方式弥补损失。损失是以金钱计算并支付的，任何损失一般都可以转化为金钱，以金钱赔偿是最便利的一种违约责任承担方式。

（3）赔偿损失是指由违约方赔偿受害方因违约所产生的损失，与违约行为无关的损失不存在损失赔偿，赔偿损失是违约方向受害方承担的违约责任。

（4）损失的赔偿范围或者数额允许当事人进行约定，当事人既可以约定违约金，也可以约定损失赔偿的计算方法，当事人的约定具有优先效力。

第二节　施工合同管理一般问题

工程施工合同即建筑安装合同，是发包人与承包人之间为完成商定的工程项目，确定双方权利和义务的协议。施工合同是工程过程中双方的最高行为准则。工程过程中的一切活动都是为了履行合同，都必须按合同办事，双方的行为主要靠合同来约束，所以工程管理以合同管理为核心。

一、施工合同文件

合同文件是指由发包人和承包人签订的为完成合同规定的各项工作所需的全部文件和图纸，以及在协议书中明确列入的其他文件和图纸。对于水利水电工程施工合同而言，合同文件通常应包括下列内容。

（1）合同条款。合同条款是指由发包人拟定和选定，经双方同意采用的条款，它规定了合同双方的权利和义务，合同条款一般包含通用条款和专用条款两部分。

（2）技术条款。技术条款是指合同中的技术性条款和由监理人作出或批准的对技术性条款所做的修改或补充的文件。技术条款应规定合同的工作范围和技术要求。对承包人提供的材料质量和工艺标准，必须作出明确的规定。技术条款还应包括在合同期间由承包人提供的式样和进行试验的细节。技术条款通常还应包括计量方法。

（3）图纸。图纸应足够详细，以便承包人在参照了技术条款和工程清单后，能确定合同所包括的工作性质和范围，主要包括：

① 列入合同的招标图纸和发包人按合同规定向承包人提供的所有图纸，包括配套说明和有关资料。

② 列入合同的投标图纸和承包人提交并经监理人批准所有图纸，包括配套说明和有关资料。

③ 在上述规定的图纸中由发包人提供和承包人提交并经监理人批准的直接用于施工的图纸，包括配套说明和有关资料。

（4）已标价的工程量清单。已标价的工程量清单包括按照合同应实施工作的说明、估算的工程量以及由投标者填写的单价和总价。它是投标文件的组成部分。

（5）投标报价书。投标报价书是投标人提交的组成投标书最重要的单项文件。在投标报价书中投标人要确认他已阅读了招标文件并理解了招标文件的要求，并声明他为了承担和完成合同规定的全部义务所需的投标金额。这个金额必须和工程量清单中所列的总价一致。

（6）中标通知书。中标通知书是指发包人发给承包人表示正式接受其投标书的书面文件。

（7）合同协议书。合同协议书是指双方就最后达成协议所签订的协议书。

（8）其他。其他是指明确列入中标函或合同协议书中的其他文件。

二、施工合同有关各方

发包人与承包人签订的施工合同明确了合同双方的权利义务关系，双方当事人应当按合同的约定，全面履行合同约定的义务，这样才能保证合同权利的实现。监理人受发包人委托和授权对合同进行管理，《水利水电土建工程施工合同条件》通用条款规定了监理人的职责和权力。

1. 发包人

发包人是指在合同协议书中约定，具有工程发包主体资格和支付工程价款能力的当事人，以及取得该当事人资格的合法继承人。

发包人的一般义务和职责包括：

（1）遵守法律、法规和规章。发包人应在其实施施工合同的全部工作中，遵守与合同有关的法律、法规和规章，并应承担由于自身违反合同有关的法律、法规和规章的责任。

（2）发布开工通知。发包人应委托监理人在合同规定的日期前向承包人发布开工通知。

（3）安排监理人及时进点实施监理。发包人应在开工前安排监理人及时进入工地开展监理工作。

（4）提供施工用地。发包人应按专用条款规定的承包人用地范围和期限，办清施工用地范围内的征地和移民,按时向承包人提供施工用地。

(5)提供部分施工准备工程。发包人应按合同规定,完成由发包人承担的施工准备工程,并按合同规定的期限提供给承包人使用。

(6)提供测量基准。发包人应按合同有关条款和技术条款的规定,委托监理人向承包人提供现场测量基准点、基准线和水准点及其有关资料。

(7)办理保险。发包人应该按合同规定负责办理由发包人投保的保险。

(8)提供已有的水文和地质勘探资料。发包人应向承包人提供已有的与该合同工程有关的水文和地质勘探资料,但只对列入合同文件的水文和地质勘探资料负责,不对承包人使用上述资料所做的分析、判断和推论负责。

(9)及时提供图纸。发包人应委托监理人在合同规定的期限内向承包人提供应由发包人负责提供的图纸。

(10)支付合同价款。发包人应按合同规定的期限向承包人支付合同价款。

(11)统一管理工程的文明施工。发包人应按国家有关规定负责统一管理工程的文明施工,为承包人实现文明施工目标创造必要的条件。

(12)治安保卫和施工安全。发包人应按法律及合同的有关规定履行其治安保卫和施工安全职责。

(13)环境保护。发包人应按环境保护的法律、法规和规章的有关规定统一筹划工程的环境保护工作,负责审查承包人按合同规定所采用的环境保护措施,并监督其实施。

(14)组织工程验收。发包人应按合同的规定主持和组织工程的完工验收。

(15)其他一般义务和责任。发包人应承担专用条款中规定的其他一般义务和责任。

2. 承包人

承包人是指在合同协议书中约定,被发包人接受具有工程施工承包主体资格的当事人,以及取得该当事人资格的合法继承人。

承包人的一般义务和责任包括:

(1)遵守法律、法规和规章。承包人应在其负责的各项工作中遵守与合同工程有关的法律、法规和规章,并保证发包人免于承担由于承包人违反上述法律、法规和规章的任何责任。

(2)提交履约担保证件。承包人应按合同的规定向发包人提交履约担保证件。

(3)及时进点施工。承包人应在接到开工通知后及时调遣人员和调配施工设备、材料进入工地,按施工总进度要求完成施工准备工作。

(4)执行监理人的指示,按时完成各项承包工作。承包人应认真执行监理人发出的与合同有关的任何指示,按合同规定的内容和时间完成全部承包工作。除合同另有规定外,承包人应提供为完成本合同工作所需的劳务、材料、施工设备和其他物品。

(5)提交施工组织设计、施工措施计划和由承包人负责的施工图纸,报送监理人审批,并对现场作业和施工方法的完备和可靠负全部责任。

(6)办理保险。承包人应按合同规定负责办理由承包人投保的保险。

(7)文明施工。承包人应按国家有关规定文明施工,并应在施工组织设计中提出施工方全过程的文明施工措施计划。

(8)保证工程质量。承包人应严格按施工图纸和技术条款中规定的质量要求完成各项工作。

（9）保证工程施工和人员的安全。承包人应按合同的有关规定认真采取施工安全措施，确保工程和由其管辖的人员、材料、设施和设备的安全，并应采取有效措施防止工地附近建筑物和居民的生命财产遭受损害。

（10）环境保护。承包人应遵守环境保护的法律、法规和规章，并按合同的规定采用必要的措施保护工地及其附近的环境，免受因其施工引起的污染、噪声和其他因素所造成的环境破坏和人员伤害及财产损失。

（11）避免施工对公众利益的损害。承包人在进行该合同规定的各项工作时，应保障发包人和其他人的财产和利益以及使用公用道路、水源和公共设施的权利免受损害。

（12）为其他人提供方便。承包人应按监理人的指示为其他人在该工程或附近实施与该工程有关的其他各项工作提供必要的条件，除合同另有规定外，有关提供条件的内容和费用应在监理人的协调下另行签订协议。若达不成协议，则由监理人作出决定，有关各方面遵照执行。

（13）工程维护和保修。工程未移交发包人前，承包人应负责照管和维护，移交后承包人应承担保修期内的缺陷修复工作。若工程移交证书颁发时尚有部分未完工程需在保修期内继续完成，则承包人还应负责该未完工程的照管和维护工作，直到完工后移交给发包人为止。

（14）完工清场和撤离。承包人应在合同规定的期限内完成工地清理并按期撤退其人员、施工设备和剩余材料。

（15）其他一般义务和责任。承包人应承担合同条款中规定的其他一般义务和责任。

3. 监理人

监理人是指专用条款中写明的由发包人委托对合同实施监理的当事人。

总监理工程师（以下简称总监）是监理人驻工地履行监理人职责的全权负责人。发包人应在工地开工通知发布前把总监的任命通知承包人，总监换人时应由发包人及时通知承包人。总监短期离开工地时应委托代表行使其职责，并通知承包人。

总监可以指派监理工程师、监理员负责实施监理中的某项工作，总监应将这些监理人员的姓名、职责和授权范围通知承包人。监理人员出于上述目的而发出的指示均视为已得到总监的同意。

监理人应公正地履行职责，在按合同要求由监理人发出指示、表示意见、审批文件、确定价格以及采取可能涉及发包人义务和权利的行动时，应认真查清事实，并与双方充分协商后作出公正的决定。监理人的职责和权利包括：

（1）监理人应履行该合同规定的职责。

（2）监理人可以行使合同中规定的和合同隐含的权力，但若发包人要求监理人在行使某种权力之前必须得到发包人批准，则应在专用条款中予以规定，否则监理人行使这种权力应视为已得到发包人的事先批准。

（3）除合同中另有规定外，监理人无权免除或变更合同中规定的承包人或发包人的义务、责任和权利。

三、施工合同分析

合同分析是指从执行的角度分析、补充、解释合同，将合同目标和合同规定落实到合同实施的具体问题和具体事件上，用于指导具体工作，使合同能符合日常工作管理的需要。

从项目管理的角度来看,合同分析就是为合同控制确定依据。合同分析确定合同控制的目标,并结合项目进度控制、质量控制、成本控制的计划,为合同控制提供相应的合同工作、合同对策、合同措施。从这一方面看,合同分析是承包商项目管理的起点。

(一)合同总体分析

合同总体分析的主要对象是合同协议书和合同条件。通过合同的总体分析,将合同条款和合同规定落实到一些带有全局性的具体问题上。

对工程施工合同来说,合同分析的内容包括:承包方的主要责任和权利,合同价格、计价方法和价格补偿条件,工期要求和顺延条件,合同双方的违约责任,合同变更方式、程序,工程验收的方法,索赔规定及合同解除的条件和程序,争执的解决等。

在分析中,应对合同执行中的风险及应注意的问题作出特别的说明和提示。合同总体分析的结果是工程施工总的指导性文件,应将它以最简单的形式和最简洁的语言表达出来,以便进行合同的结构分解。

(二)合同结构分解

合同结构是指一个项目上所有合同之间的构成状况和互相联系。对合同结构进行分解则是按照系统规则和要求将合同对象分解成相互独立、相互影响、相互联系的单元。合同结构分解应与项目的合同目标相一致。根据结构分解的一般规律和施工合同条件自身的特点,施工合同结构分解应遵循以下规则。

(1)保证施工合同条件的系统性和完整性。施工合同条件分解结果应包括所有的合同因素,这样才能保证应用这些分解结果时等同于应用施工合同条件。

(2)保证各分解单元间界限清晰、意义完整,保证分解结果明确有序。

(3)易于理解和接受,便于应用,即要充分尊重人们之间已经形成的概念和习惯,只在根本违背合同原则的情况下才作出更改。

(4)便于按照项目的组织分工落实合同工作和合同责任。

(三)合同漏洞的补充

合同漏洞是指当事人应当约定而未约定或者约定不明,或者是约定了无效和可能被撤销的合同条款而使合同处于不完整状态。为鼓励交易,节约交易成本,法律要求对合同漏洞应尽量予以补充,使之足够明确、清楚,达到使合同能够全面适当履行的条件。根据《合同法》,补充合同漏洞有以下三种方式。

(1)约定补充。当事人对合同疏漏之处按照合同订立的规则,在平等自愿的基础上另行协商,达成合同的补充协议,并与原合同共同构成一份完整的合同。

(2)解释补充。这是指以合同的客观内容为基础,依据诚实信用原则并考虑到交易惯例,来对合同的漏洞作出符合合同目的的填补。

(3)法定补充。这是指根据法律的直接规定,对合同的漏洞加以补充。

(四)歧义解释

合同应当是合同当事人双方完全一致的意思表示,即构成合同的各种文件及其中的各种条款应该是一个整体,它们有机结合,互为补充,互为说明。但是,由于合同文件内容众多、篇幅庞大,很难避免彼此之间出现解释不清或有异议的情况。一旦在合同履行过程中产生上述问题就可能导致合同争执,因此必须对歧义进行解释。

1. 施工合同文件优先次序

合同条款中应规定合同文件的优先次序,即当不同文件出现模糊不清或矛盾时,以哪个文件为准。一般情况下,除非合同另有规定,《水利水电土建工程施工合同条件》中规定的各种合同文件优先次序按如下排列:① 合同协议书(包括补充协议书);② 中标通知书;③ 投标报价书;④ 合同条款第二部分,即专用条款;⑤ 合同条款第一部分,即通用条款⑥技术条款;⑦图纸;⑧已标价的工程量清单;⑨经双方确认进入合同的其他文件。

如果发包人选定不同于上述的优先次序,则可以在专用条款中予以修改说明;如果发包人不规定文件的优先次序,则亦可在专用条款中说明,并可对出现的含糊或异议加以解释和校正。

2. 施工合同文件解释的原则

对合同文件的解释,除应遵循上述合同文件的优先次序和适用法律外,还应遵循国际上对工程承包合同文件进行解释的一些公认的原则,主要有以下几点:

(1) 诚实信用原则。各国法律都普遍承认诚实信用原则(简称诚信原则),它是解释合同文件的基本原则之一。诚实信用原则是指合同双方当事人在签订和履行合同中都应是诚实可靠、恪守信用的。根据这一原则,法律推定当事人在签订合同之前都认真阅读和理解了合同文件,都确认合同文件的内容是自己真实意思的表示。双方自愿遵守合同文件的所有规定。因此,按这一原则解释,即"在任何法律和环境下,合同都应按其表述的规定准确而正当地予以履行"。

根据此原则对合同文件进行解释应做到:① 按明示异议解释,即按照合同字面文字解释,不能任意推测或附加说明;② 公平合理地解释,即对文件的解释不能导致明显不合理甚至荒谬的结果,也不能导致显失公平的结果;③ 全面完整地解释,即对某一条款的解释要与合同中其他条款相容,不能出现矛盾。

(2) 反义居先原则。这个原则是指,如果合同中有模棱两可、含糊不清之处,导致对合同的规定有两种不同的解释,则按不利于文件起草方或者提供方的原则进行解释,也就是以起草方或者提供方相反的解释居于优先地位。

对于施工承包合同,业主总是合同文件的起草方或提供方,所以当出现上述情况时,承包商的理解与解释应处于优先地位。但是在实践中,合同文件的解释权通常属于监理工程师,这时,承包商可以要求监理工程师就其解释作出书面通知,并将其视为"工程变更"来处理经济与工期补偿问题。

(3) 明显证据优先原则。这个原则是指,如果合同文件中出现对同一问题有不同规定的情况,则除了遵照合同文件优先次序外,还应服从如下原则:具体规定优先于原则规定;直接规定优先于间接规定;细节规定优先于笼统规定。根据此原则形成一些公认的国际惯例:细部结构图纸优先于总装图纸;图纸上数字标志的尺寸优先于其他方式(如用比例尺换算);数值的文字表达优先于阿拉伯数字表达;单价优先于总价;定量的说明优先于其他方式说明;规范优先于图纸;专用条款优先于通用条款等。

(4) 书写文字优先原则。按此原则规定:书写文字优先于打字条文;打字条文优先于印刷条文。

（五）合同工作分析

合同工作分析是在合同总体分析和合同结构分解的基础上,依据合同协议书、合同条件、规范、图纸、工程量表等,确定各项管理人员及各种小组的合同工作,以及划分各责任人的合同责任。合同工作分析涉及承包商签约后的所有活动,其结果实质上就是承包商的合同执行计划,它包括:

（1）工程项目的结构分解,即工程活动的分解和工程活动逻辑关系的安排。

（2）技术会审工作。

（3）工程实施方案、总体计划和施工组织计划。

（4）工程详细的成本计划。

（5）与承包合同同级的各个合同的协调,包括各个分合同的工作安排和各个分合同之间的协调。

四、风险、风险分配和合同风险评估

（一）风险

在建设工程实施过程中,由于自然、社会条件复杂多变,影响因素众多,特别是水利水电工程施工期较长,受水文、地质等自然条件影响大,因此,建设工程合同当事人双方将面临很多在招标投标时难以预料、预见或不可能完全确定的损害因素,这些损害可能是人为造成的,也可能是自然和社会因素引起的,人为的因素可能属于发包人的责任,也可能属于承包人的责任,这种不确定性就是风险。

风险范围很广,从不同角度可作不同的分类:从风险的严峻程度,分为非常风险与一般风险;从风险产生原因的性质,可分为政治风险、经济风险、技术风险、商务风险和对方的资质与信誉风险等。

（二）风险的分配

风险分配就是在合同条款中写明,风险由合同当事人哪一方来承担,承担哪些责任,这是合同条款的核心问题之一。风险分配合理有助于调动合同当事人的积极性,认真做好风险防范和管理工作有利于降低成本,节约资源,对合同双方都有利。

在建设工程合同中,双方当事人应当各自承担自己责任范围内的风险。对于双方均无法控制的自然和社会因素引起的风险则应由发包人承担较为合理,因为承包人很难将这些风险估计到合同价格中。若由承包人承担这些风险,则势必增加其投标报价。当风险不发生时,反而增加工程造价;风险估计不足时,则又会造成承包人亏损,而招致工程不能顺利进行。因此,谁能更有效地防止和控制风险,或者是减少该风险引起的损失,就应由谁承担该风险。这就是风险管理理论中风险分配的原则。根据这一原则,在建设工程施工合同中,应对工程风险的责任作出合理的分配。

1. 发包人的风险

工程（包括材料和工程设备）发生以下各种风险造成的损失和损坏,均应由发包人承担风险责任:

（1）发包人负责的工程设计不当造成的损失和损坏。

（2）由于发包人责任造成工程设备的损失和损坏。

（3）发包人和承包人均不能预见、不能避免并不能克服的自然灾害造成的损失和损坏,但承包人延迟履行合同后发生的除外。

（4）战争、动乱等社会因素造成的损失和损坏。

从以上可以看出,发包人承担的风险有两种:一种是由于发包人工作失误带来的风险,如（1）、（2）项所列;另一种是由合同双方均不能预见、不能避免并不能克服的自然和社会因素所带来的风险,如（3）、（4）项所列。

2. 承包人的风险

工程（包括材料和工程设备）发生以下各种风险的损失和损坏,均应由责任承包人承担风险责任。

（1）由于承包人对工程（包括材料和工程设备）照管不周造成的损失和损坏。

（2）由于承包人的施工组织措施失误造成的损失和损坏。

（3）其他由于承包人的原因造成的损失和损坏。

由于承包人原因造成工程（包括材料和工程设备）损失和损坏,还可能有因其所属人员违反操作规程、其采购的原材料缺陷等引起的事故,均应由承包人承担风险责任。

（三）风险评估

风险评估是对风险的规律性进行研究和量化分析。

风险评估主要是对工程项目各阶段的单一风险事件发生的概率（可能性）和发生的后果（损失大小）、可能发生的时间和影响范围的大小等进行估计。风险评价就是对工程项目整体风险,或某一部分、某一阶段风险进行评价,即评价各风险事件的共同作用、风险事件的发生概率（可能性）和引起损失的综合后果对工程项目实施带来的影响。

调查与专家打分法是一种常用的定性风险评估方法,其步骤如下:

（1）识别可能发生的各种风险事件。

（2）由专家们对可能出现的风险因素或风险时间的重要性进行评价,给出每一风险事件的权重,用其反映某一风险因素对投标风险的影响程度。

（3）确定每一风险事件的可能性,并分较小、不大、中等、比较大、很大五个等级来表示。

（4）将每一风险事件的权重与风险事件可能性的分值相乘,求出该风险事件的得分,再将每一风险事件的得分累加,得到投资风险总分,即为风险评估的结果。投资风险总分越高,说明风险越大。

五、工程保险

（一）有关概念

保险是指投保人根据保险合同约定,向保险人支付保险费,保险人对于合同约定的可能发生的事故所造成的财产损失承担赔偿保险金责任,或者当被保险人死亡、伤残、发生疾病,或者达到合同约定的年龄、期限时承担给付保险责任的商业保险行为。保险是一种受法律保护的制度,其实质是一种风险转移,即投保人通过投保,将原应承担的风险责任转移给保险公司,从而增加抵御风险的能力。

保险合同是指投保人与保险人依法约定保险权利义务的人员。投保人是指与保险人订立保险合同,并按照合同负有支付保险义务的人员。保险人是指与投保人订立保险合同,并承担赔偿或者给付保险金责任的保险公司。

保险合同分为财产保险合同和人身保险合同。财产保险合同是以财产及其有关利益为标的的保险合同;人身保险合同是以人的寿命和身体为保险标的的保险合同。

(二)工程保险

工程承包业务中,通常都包含有工程保险,大多数标准合同条款都规定了必须投保的险种。水利水电工程施工一般要求投保以下工程险。

(1)工程和施工设备的保险。工程和施工设备的保险也称"工程一切险",是一种综合性保险。内容包括:已完工的工程,在建的工程,临时工程,现场的材料、设备以及承包人的施工设备等。

(2)人员工伤事故的保险。水利水电工程是工伤事故多发行业,为了保障劳动者的合法权益,在施工合同实施期间,承包人应为其雇佣的人员投保人身意外伤害险,还可能要求分包人投保其自己雇用人员的人身意外伤害险。

(3)第三者责任险(包括发包人的财产)。这是承包人应以承包人和发包人的共同名义投保在工地及其毗邻地带的第三者人员伤害和财产损失的第三者责任保险,其保险金额由双方协商确定。此项投保不免除承包人和发包人各自应付负的在其管辖区内以及毗邻地带发生的第三者人员伤害和财产损失的赔偿责任,其赔偿费用应包括赔偿费、诉讼费和其他有关费用。

一般来讲,第三者是指不属于施工承包合同双方当事人的人员。但当未为发包人和监理人员专门投保时,第三者责任险也包括对发包人和监理人由于进行施工而造成的人员伤亡和财产损失进行保险。对于领有公共交通和运输用执照的车辆事故造成的第三者的损失,不属于第三者责任险范围。

六、转包与分包

(一)转包

所谓转包,是指建设工程的承包人将其承包的建设工程倒手转让给他人,使他人实际上成为该建设工程的新的承包人的行为。《合同法》规定:"承包人不得将其承包的全部建设工程转包给第三人或者将其承包的全部建设工程肢解以后以分包的名义分别转包给第三人。"转包行为有较大的危害性。一些单位将其承包的工程压价倒手转包给他人,从中谋取不正当利益,形成"层层转包,层层扒皮"现象,最后实际用于工程建设的费用大为减少,导致严重偷工减料;一些建设工程转包后落入不具有相应资质条件的包工队手中,留下严重的工程质量后患,甚至造成重大质量事故。从法律的角度讲,承包人擅自将其承包的工程转包,违反了法律规定,破坏了合同关系的稳定性和严肃性。从合同法律关系上变更为接受转包的新承包人,原承包人对合同的履行不再承担责任。承包人将承包的工程转包给他人,擅自变更合同主体的行为,违背了发包人的意志,损害了发包人的利益,是法律所不允许的。

下列行为均属于转包:

(1)承包人将承包的工程全部包给其他施工单位,从中提取回扣。

(2)承包人将工程的主要部分或群体工程(指结构技术要求相同的)中半数以上的单位工程分包给其他施工单位者。

（3）分包单位将承包的工程再次分包给其他施工单位者。

《水利水电土建工程施工合同条件》规定，承包人不得将其承包的全部工程转包给第三人，未经发包人同意，承包人不得转移合同中的全部或部分义务，也不得转让合同中全部或部分权利，下述情况除外：

（1）承包人的开户银行代替承包人收取合同规定的款项。

（2）在保险人已清偿了承包人的损失或免除了承包人的责任的情况下，承包人将其从任何其他责任方处获得补偿的权利转让给承包人的保险人。

（二）分包

所谓分包，是指对建设工程实行总承包的承包人，将其总承包的工程项目的某一部分或几部分，再发给其他承包人，与其签订总承包项目下的分包合同，此时，总承包合同的承包人即为分包合同的发包人。

《合同法》规定："总承包人或者勘察、设计、施工承包人经发包人同意，可以将自己承包的部分工作交由第三人完成。第三人就其完成的工作成果与总承包人或者勘察、设计、施工承包人向发包人承担连带责任。"依法律的规定，承包人必须经发包人的同意才可以将自己承包的部分工作交由第三人完成，而且，分包人（第三人）应就其完成的工作成果与总承包人或者勘察、设计、施工承包人向发包人承担连带责任。

《合同法》还明确规定："禁止承包人将工程分包给不具备相应资质条件的单位。禁止分包单位将其承包的工程再分包。建设工程主体结构的施工必须由承包人自行完成。"这就明确了三个方面：① 承包人将工程分包，必须分包给具有相应资质的分包人；② 分包人不得将其承包的工程再分包；③ 建设工程主体结构的施工必须由承包人自己完成。

《水利水电土建工程施工合同条件》规定：承包人不得将其承包的工程肢解后分包出去。主体工程不允许分包；除合同另有规定外，未经监理人同意，承包人不得把工程的任何部分分包出去；经监理人同意的分包工程不允许分包人再分包出去；承包人应对其分包出去的工程以及分包人的任何工作和行为负全部责任；即使是监理人同意的部分分包工作，亦不能免除承包人按合同规定应负的责任；分包人就其完成的工作成果向发包人承担连带责任；监理人认为有必要时，承包人应向监理人提交分包合同副本。

七、工程合同变更管理

1. 变更的概念

变更是指对施工合同所做的修改、改变等。从理论上来说，变更就是施工合同状态的改变，施工合同状态包括合同内容、合同结构、合同表现形式等，合同状态的任何改变均是变更。从另一个方面来说，既然变更是对合同状态的改变，就说明变更不能超出合同范围。当然，对于具体的工程施工合同来说，为了便于约定合同双方的权利义务关系，便于处理合同状态的变化，对于变更的范围和内容一般均要作出具体的规定。水利水电土建工程受自然条件等外界因素的影响较大，工程情况比较复杂，且在招标阶段未完成施工图纸，因此在施工合同签订后的实施过程中不可避免地会发生变更。

2. 变更的组织

变更涉及的工程参建方很多，但主要是发包人、监理人和承包人三方，或者说均通过该三方来处理,其中监理人起到变更管理的中枢和纽带作用,无论是何方要求的变更,所有变更均需要通过监理人发布变更令来实施。《水利水电土建工程施工合同条件》明确规定:没有监理人的指示,承包人不得擅自变更;监理人发布的合同范围内的变更,承包人必须实施;发包人要求的变更,也要通过监理人来实施。

3. 变更的范围和内容

在履行合同过程中,监理人可根据工程的需要并按发包人的授权指示承包人进行各种类型的变更。变更的范围和内容如下:

(1)增加或减少合同中任何一项工作内容。

(2)增加或减少合同中关键项目的工作量超过专用条款规定的百分比。

(3)取消合同中任意一项工作。

(4)改变合同中任何一项工作的标准或性质。

(5)改变工程建筑物的型式、基线、标高、位置或尺寸。

(6)改变合同中任何一项工程的完工日期或改变已批准的施工顺序。

(7)追加为完成工程所需的任何额外工作。

需要说明的是,以上范围内的变更项目未引起工程施工组织和进度计划发生实质性变动和不影响其原定的价格时,不予调整该项目单价和合价,也不需要按变更处理的原则处理。监理人无权发布不属于本合同范围内的工程变更指令,否则承包人可以拒绝,变更若引起工程性质有很大的变动,应重新订立合同。变更工作程序如图 6-1 所示。

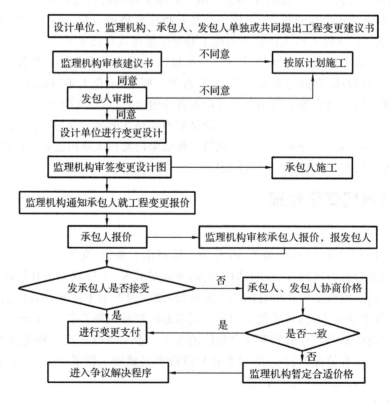

图 6-1 变更工作程序图

八、工程索赔管理

1. 索赔的概念

"索赔"一词已深入社会经济生活的各个领域，为人们熟悉。同样，在履行建设工程合同中，也常常发生索赔的情况。施工索赔是指在工程的建筑、安装阶段，建设工程合同的一方当事人因对方不履行合同义务或应由对方承担的风险事件的发生而遭受损失，向对方提出的赔偿或者补偿的要求。在工程建设的各个阶段，都有可能发生索赔，但在施工阶段发生较多。施工合同的对方当事人都有通过索赔来维护自己的合法利益的权利，依据对方约定的合同责任，构成正确履行合同义务的制约关系。在工程施工索赔实践中，习惯上一般把承包人向发包人提出的赔偿或补偿要求称为索赔，把发包人向承包人提出的补偿或补偿要求称为反索赔。

2. 索赔的特征

索赔主要有以下几个方面的特征：

（1）主体双向性特征。索赔时合同赋予当事人双方具有法律意义的权利主张，其主体是双向的。索赔的性质属于补偿行为，是合同一方的权利要求，不是惩罚，也不一定赔偿一方就一定有错，索赔的损失结果和被索赔人的行为不一定存在法律上的因果关系。

（2）合法特性。索赔必须以法律或合同为依据。不论承包人向发包人提出索赔，还是发包人向承包人提出索赔，要使索赔成立，必须要有法律依据或合同依据，否则索赔不成立。

（3）客观特性。索赔必须建立在损害后果已客观存在的基础上，不论是经济损失或权利损失，受害方才能向对方索赔。经济损失是指因对方因素造成合同外额外支出，如人工费、材料费、机械费、管理费等额外支出；权利损害是指虽然没有经济上的损失，但造成乙方权力上的损害，如由于恶劣天气对工程进度的不利影响，承包人有权要求工期延长等。因此，发生了实际的经济损失或权利损害是一方提出索赔的基本前提条件。

（4）合理特性。索赔应符合索赔事件发生的实际情况，不论是索赔工期或是索赔费用，要求索赔计算应合理，即符合合同规定的计算方法和计算基础，符合一般的工程惯例，索赔事件的影响和索赔之间有直接的因果联系，合乎逻辑。

（5）形式特性。索赔应采用书面形式，包括索赔意向通知、索赔报告、索赔处理意见等，均应采用书面形式。索赔的内容和要求应该明确而肯定。

（6）目的特性。索赔的结果一般是索赔方获得补偿。索赔要求一般有两个：工期，即合同工期的延长；费用补偿，即通过要求费用补偿来弥补自己遭受的损失。

3. 索赔的原因

水利水电工程大多数都规模大、工期长、结构复杂，在施工过程中，由于受到水文气象、地质条件的变化影响，以及规划设计变更和人为干扰，在工程项目的建设工期、工程造价、工程质量等方面都存在着变化的诸多因素。因此，超出工程施工合同条件的事项可能很多，这必然为工程的施工承包人提供了众多的索赔机会。造成索赔的原因通常有工期延误、加速施工、增加或减少工程量、地质条件变化、工程变更、暂停施工、施工图纸拖延交付、延迟支付工程款、物价波动上涨、不可预见的风险和意外风险、法规变化、发包人违约、合同文件缺陷等。

4. 索赔的程序

根据《水利水电土建工程施工合同条件》的规定，承包人向发包人提出索赔要求一般按以下程序进行：

（1）提交索赔意向书。索赔事件发生后，承包人应在索赔事件发生后的 28 天内向监理人提交索赔意向书，声明将对此事件提出索赔，一般要求承包人应在索赔意向书中简要写明索赔依据的合同条款、索赔事件发生时间和地点，提出索赔意向。该意向书是承包人就具体的索赔事件向监理人和发包人表示的索赔愿望和要求。如果超过这个期限，监理人和发包人有权拒绝承包人的要求。索赔事件发生后，承包人有义务做好现场施工的同期记录，监理人有权随时检查和调阅，以判断索赔事件造成的实际损害。

（2）提出索赔申请报告。索赔意向书提交后的 28 天内，或监理人可能同意的其他合理时间内，承包人应提交正式的索赔申请报告。索赔申请报告的内容应包括：索赔事件的综合说明，索赔的依据，索赔要求补偿的款项和工期延长的天数的详细计算，对其权益影响的证据资料，包括施工日志、会议记录，应依据充分、责任明确、条理清晰、逻辑性强、计算准确、证据确凿。

（3）提出中期索赔报告。如果索赔事件继续发展或继续产生影响，承包人应按监理人要求的合理时间间隔（一般 28 天）列出索赔累计金额和提交中期索赔申请报告。

（4）提出最终索赔申请报告。在这项索赔事件继续发展或继续产生影响结束后的 28 天内，承包人向监理人和发包人提交最终索赔申请报告，提出索赔论证资料、延续记录和最终索赔金额。

承包人提出索赔意向书，可以在监理人指示的其他合理时间内再报送正式索赔报告，也就是说，监理人在索赔事件发生后有权不马上处理该项索赔。但承包人的索赔意向书必须在索赔事件发生后的 28 天内提出，包括因对变更估价双方不能取得一致的意见，而先按监理人单方面决定的单价或价格索赔报告，此时其所受到损害的补偿，将不超过监理人认为应主动给予的补偿额。

第三节　合同实施与管理

一、合同实施管理体系

由于现代工程的特点，施工中的合同管理极为困难和复杂，日常的事务性工作极多。为了使工作有秩序、有计划地进行，必须建立工程承包合同实施保障体系。其主要内容包括如下几个方面。

（一）监理合同管理工作程序

为了协调好各方面的工作，使合同管理工作程序化、规范化，应订立如下几个方面的工作程序。

1. 定期和不定期的协商会议制度

在工程建设过程中，业主、工程师和各承包商之间，承包商和分包商之间以及承包商的项目管理职能人员和各工程小组负责人之间都应有定期的协商会议。通过会议可以解决以下问题：

（1）检查合同实施进度和各种计划落实情况。

（2）协调各方面的工作，对后期工作作出安排。

（3）讨论和解决目前已经发生的和以后可能发生的各种问题，并作出相应的决议。

（4）讨论合同变更问题，作出合同变更决议，落实变更措施，决定合同变更的工期和费用补偿量等。

承包商与业主、总包与分包之间会谈中的重大议题和决议，应用会谈纪要的形式确定下来。各方签署的会议纪要作为有约束力的合同变更，是合同的一部分。合同管理人员负责会议资料的准备，提出会议议题，起草各种文件，提出解决问题的意见或建议，组织会议，会后起草会谈纪要，对会谈纪要进行合同法律方面的检查。

对于工程中出现的特殊问题，可不定期地召开特别会议讨论解决方法。这样可保证合同实施一直得到很好的解决和控制。

同样，承包商的合同管理人员、成本管理人员、质量（技术）管理人员、进度管理人员、安全管理人员、信息管理人员都必须在现场工作，他们之间应经常进行沟通。

2. 监理合同实施工作程序

对于一些经常性工作应订立工作程序，使大家有章可循，合同管理人员也不必进行经常性的解释和指导，如图纸审批程序，工程变更程序，承（分）包商的索赔程序，承（分）包商的账单审查程序，材料、设备、隐蔽工程、已完工程的检查验收程序，工程进度付款账单的审查批准程序，工程问题的请示报告程序等。

这些程序在合同中一般都有总体规定，在这里必须细化、具体化，在程序上更为详细，并落实到具体人员。

（二）建立文档系统

首先，在合同实施过程中，业主、承包商、工程师、业主的其他承包商之间有大量的信息交往。承包商的项目经理部内部的各个职能部门（或人员）之间也有大量的信息交往。作为合同责任，承包商必须及时向业主（工程师）提出各种信息、报告、请示。这些是承包商证明其工程实施情况（完成的质量、进度、成本等），并作为继续进行工程实施、请求付款、获得赔偿、工程竣工的条件。

其次，在招标投标和合同实施工程中，承包商做好现场记录，并保存记录是十分重要的。许多承包商忽略这项工作，不喜欢文档工作，最终削弱了自己的合同地位，损害自己的合同利益，特别妨害索赔和争议的有利解决。最常见的问题有：附加工作未得到书面确定，变更指令不符合规定，错误的工作量测量结果、现场记录、会谈纪要未及时反对，重要的资料未能保存，业主违约未能用文字或信函确定等。在这种情况下，承包商在索赔及争执解决中取胜的可能性是极小的。

人们忽视记录及信息整理和储存工作是因为许多记录和文档在当时看来是没有价值的，而且其工作又是十分琐碎的。如果工程一切顺利，双方不产生争执，一般大量的记录确实没有价值，而且这项工作十分麻烦，花费不少。

但实践证明，任何工程都会有这样或那样的风险，都可能发生争执，甚至会有重大的争执，"一切顺利"的可能性极小，到那时就会用到大量的证据。

当然信息管理不仅仅是为了解决争执，它在整个项目管理中有更为重要的作用。它已是现代项目管理更为重要的组成部分。但在现代承包工程中常常存在如下情况：

（1）施工现场也有许多表格，但大家都不重视它们，不喜欢文档工作，对日常工作不记录，也没有安排专门人员从事这项工作。例如，经常不填写施工日志，或仅仅填写"一切正常""同昨日""同上"等，没有实质性内容或有价值的信息。

（2）文档系统不全面、不完整，不知道哪些该记录，哪些该保存。

（3）不保存或不妥善保存工程资料。现场办公室到处是文件，由于没有专人保管，有些日志、文件就可能丢失、损坏等。

许多项目管理者嗟叹，在一个工程中文件太多，面太广，资料工作太繁杂，做不好。常常在管理者面前有一大堆文件，但要查找一份需要用的文件却要花费许多时间。

最后，合同管理人员负责各种合同资料和工程资料的收集、整理和保存，这是一项非常烦琐和复杂的工作，要花费大量的时间和精力。工程原始资料在合同实施过程中产生，它必须由各职能人员、工程小组负责人、分包商提供，应将责任明确地落实下去。

（1）各种资料数据、资料要标准化，如各种文件、报表、单据等应有规定的格式和规定的数据结构要求。

（2）将原始资料收集整理的责任落实到人，由他对资料负责。资料的收集工作必须落实到工程现场，必须对工程小组负责人和分包商提出具体的要求。

（3）提出各种资料的提供时间要求。

（4）提出准确性要求。

（5）建立工程资料的文档系统等。

（三）工程过程中严格的检查验收制度

承包商有自我管理工程质量的责任。承包商应根据合同中的规范、设计图纸和有关标准采购材料和设备，并提供产品合格产品证明，对材料和设备质量负责，达到工程所在国法定的质量标准（规范要求）的基本要求。如果合同文件对材料的质量要求没有明确的规定，则材料要具有良好的质量，能够合理地满足用途需求和达到工程目的。

合同管理人员应主动地抓好工程质量，做好全面质量管理工作，建立一整套质量检查和验收制度，例如：每道工序结束应有严格的检查和验收；工序之间、工程小组之间应有交接制度；材料进场和使用应有一定的检验措施；隐蔽工程的检查制度等。

防止由于承包商自己的工程质量问题造成被工程师检查验收不合格，试生产失败而承担违约责任。在工程中，由此引起的返工、窝工损失，工期的拖延应由承包商自己负责，得不到赔偿。

（四）建立报告和行文制度

承包商和业主、工程师、分包商之间的沟通都应以书面形式进行，或以书面形式作为最终依据。这是合同的要求，也是法律的要求，也是工程管理的需要。在实际工作中，这项工作特别容易被忽视。报告和行文制度包括如下几方面内容：

（1）定期的工程实施报告，如日报、周报、旬报、月报等。应规定报告内容、格式、报告方式、时间及负责人。

（2）工程过程中发生的特殊情况及处理的书面文件，如特殊的气候条件、工程环境的变化等，应有书面记录，并由工程师签署。工程合同双方的任何协商、意见、请示、指示等都应落实在纸上，尽管天天见面，也应养成书面文字交往的习惯，相信"一字千金"，切不可相信"一诺千金"。

在工程中,业主、承包商和工程师之间要保持经常联系,出现问题应经常向工程师请示、汇报。

（3）工程师所涉及双方的工程活动,如材料、设备、各种工程的检查验收,场地、图纸的交接,各种文件（如会议纪要、索赔和反索赔报告、账单）的交接,都应有相当的手续,应有签收证据,这样双方的各种工程活动才有根据。

二、合同交底管理

合同和合同分析的资料是工程实施的依据。合同分析后,应对项目管理人员和各工程小组负责人进行"合同交底",把合同责任具体地落实到负责人和合同实施的具体工作上。

1. 合同交底

合同交底就是组织相关人员学习合同和合同总体分析结果,对合同的主要内容作出解释和说明,使每一个项目参加者熟悉合同中的主要内容、各种规定、管理程序,了解承包商的合同责任和工程范围、各种行为的法律责任等,树立全局观念,工作协调一致,避免在执行中发生违约行为。

（1）在我国传统的施工项目管理系统中,人们十分注重"图纸交底"工作,但却没有"合同交底"工作,所以项目经理部和各小组对项目的合同体系、合同基本内容不甚了解。我国工程管理者和技术人员有十分牢固的"按图施工"的观念,这并不错,但在现代市场经济中必须转变到"按合同施工"上来,特别是在工程使用非标准的合同文本或项目经理部熟悉的合同文本时,这个"合同交底"工作就显得尤为重要。

（2）在我国许多工程承包企业,工程投标工作主要是由企业职能部门承担的,合同签订后再组织项目经理部。项目经理部的许多人员并没有参与投标过程,不熟悉合同内容、合同签订过程和其中的许多环节,以及业主的许多软信息。所以合同交底是向项目经理部介绍合同签订及相关情况的过程,是合同签订的资料信息的移交过程。

（3）合同交底又是人员的培训过程和各职能部门的沟通过程。

（4）合同交底使项目经理部对本工程项目管理规则、运行机制有清楚的了解,同时加强项目经理部与企业各部门的联系,加强承包商与分包商、业主、设计单位、咨询单位（项目管理公司和监理单位）、供应商的联系。

这样能使承包商的整个企业和整个项目部对合同的责任、沟通和协调规则及工程实施计划的安排有十分清楚的,同时又是一致的理解,这些都是合同交底的内容。

2. 落实合同实施责任

将各种合同实施工作责任分解落实到各工程小组或分包商,使其对合同实施工作表（任务单、分包合同）、施工图纸、设备安装图纸、详细的施工说明等有十分详细的了解,并对工程实施的技术和法律问题进行解释和说明,如工程质量、技术要求和实施过程中的注意点：工期要求、消耗标准、相关事件之间的搭接关系、各工程小组（分包商）责任界限的划分,以及完不成工程的责任、影响和后果等。

3. 加强合作、沟通

在合同实施前,要与其他相关的各方面,如业主、监理工程师、承包商沟通,召开协调会议,落实各种安排。在现代工程中,合同双方有互相合作的责任,包括：

（1）互相提供服务、设备和材料。

（2）及时提交各种表格、报告、通知。

（3）提交质量体系文件。

（4）提交进度报告。

（5）避免在实施过程中对对方的干扰。

（6）现场保安、保护环境等。

（7）对对方明显的错误提出预先警告，对其他方（如水、电、气部门）的干扰及时报告。

但这些在更大程度上是承包商的责任。因为承包商是工程合同的具体实施者，是有经验的。合同规定，承包商对设计单位、业主的其他承包商、指定分包商承担协调责任，对业主的工作（如指令、图纸、场地等），承包商具有预先告知及配合，对可能出现的问题提出意见、建议和警告的责任。

4. 合同责任的完成必须经过其他经济手段来保证

对分包商，主要通过分包合同确定双方的责、权、利关系，保证分包商能及时、按质按量地完成合同责任。如果出现分包商违约行为，可对其进行合同处罚和索赔。对承包商工程小组，可通过内部的经济责任制来保证其合同责任落实。在落实工期、质量、消耗等目标后，应将合同责任的完成与工程小组经济利益挂钩，建立一整套经济奖惩制度，以保证目标的实现。

三、合同终止

合同关系反映财产流转关系，是一种有着产生、变化和消灭的过程。合同终止就是反映合同消灭制度的，因而又称合同的消灭。所谓合同的终止，是指因一定事由的产生或者出现而使合同权利义务归于消灭。《合同法》第六章将合同的终止称为"合同的权利义务终止"。

合同终止后，合同的权利或债务也随之消灭，如抵押权、质权等担保方面的从属于主债权的权利，随主债权的消灭而消灭。

《合同法》规定，有下列情形之一的，合同的权利义务终止：

（1）债务已按照约定履行。合同所规定的权利义务履行完毕，合同的权利义务自然终止，这是合同权利义务终止的正常状态。

（2）合同解除。合同有效成立后，通过协议解除或者单方面解除从而使合同效力终止。

（3）债务相互抵消。抵消是指二人互负债务时，各以其债权充当债务之清偿，而使其债务与对方的债务在对等额内相互消灭。抵消既消灭了互负的债务，也消灭了互享的债权，因此抵消是合同之债消灭的原因。抵消必须具备以下条件：双方当事人互负债务、互享债权；双方互负债务的标的种类、品质相同；双方互负的债务均届清偿期；双方互负债务均不是不得抵消的债务。

（4）债务人依法将标的物提存。提存是在因债权人的原因而难以交付合同标的物时，将该标的物提交给提存机关而消灭合同的行为。债权人将标的物依法提存后，即发生债务消灭、合同关系消灭的后果。因此，提存是合同消灭的原因。

在下列情况下债务人可以将标的物提存：债权人无正当理由拒绝受领；债权人下落不明；债权人死亡而未确定继承人；债权人丧失行为能力而未确定监护人；法律规定的其他情形。

标的物不适于提存或者提存费用过高的，债务人依法可以拍卖或者变卖标的物，提存所得的价款。标的物提存后，损坏、灭失的风险由债权人承担。提存期间标的物的孳息归债权人所有,提存费由债权人承担。

（5）债权人免除债务。免除是指债权人抛弃债权从而发生债务消灭的单方行为。因债权人抛弃债权,债务人的债务得以免除,合同关系归于消灭,因而免除是合同终止的一种方法。

（6）债权人债务归于一人。债权人和债务同归于一人的,合同的权利义务终止,但涉及第三人利益的除外。

（7）法律规定或者当事人约定的其他情形。合同的权利和义务因法律规定或者当事人约定而终止,如债务一方当事人为某公民,该公民死亡,又无继承人及遗产,则合同终止。双方当事人协商一致也可以使合同的权利义务终止。

四、合同评价

按照合同全生命期控制要求,在合同执行后必须进行合同后评价,将合同签订和执行过程中的利弊得失、经验教训总结出来,作为以后工程合同管理的借鉴。

由于合同管理工作比较偏重于经验,只有不断总结经验,才能不断提高管理水平,才能通过工程不断培养出高水平的合同管理者,所以这项工作十分重要。但现在人们对此还未加重视,或尚未有意识、有组织地做这项工作。

合同实施后的评价工作流程如图 6-2 所示。

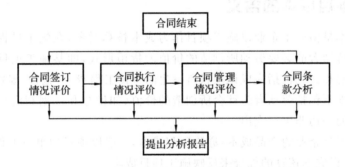

图 6-2　合同实施后的评价工作流程图

1. 合同签订情况评价

合同签订情况评价包括:

（1）预定的合同战略和策划是否正确,是否已经顺利实现。

（2）招标文件分析和合同风险分析的准确程度。

（3）该合同环境调查、实施方案、工程预算以及报价方面的问题及经验教训。

（4）合同谈判中的问题及经验教训、以后签订同类合同应注意的事项。

（5）各个相关合同之间的协调问题等。

2. 合同执行情况评价

合同执行情况评价包括:

（1）本合同执行战略是否正确,是否符合实际,是否达到预想结果。

（2）在本合同执行过程中出现了哪些特殊情况,应采取什么措施防止、避免或减少损失。

（3）合同风险控制的利弊得失。

（4）各个相关合同在执行中的协调问题等。

3. 合同管理情况评价

合同管理情况评价是对合同管理本身,如工作职能、程序、工作成果的评价,包括:

(1) 合同管理工作对工程项目的总体贡献或影响。

(2) 合同分析的准确程度。

(3) 在投标报价和工程实施中,合同管理系统与其他职能的协调问题、需要改进的地方、合同控制中程序的改进要求。

(4) 索赔处理和纠纷处理的经验教训等。

4. 合同条款分析

合同条款分析包括:

(1) 本合同的具体条款,特别对本工程有重大影响的合同条款的表达和执行利弊得失。

(2) 本合同签订和执行过程中所遇到的特殊问题的分析结果。

(3) 对具体的合同条款如何表达更为有利等。

第四节　施工现场成本管理

一、施工项目成本的含义

施工项目成本是指施工企业以施工项目作为成本核算对象,在施工过程中所耗费的生产资料转移价值和劳动者的必要劳动所创造的价值的货币形式,即某施工项目在施工中所发生的全部生产费用总和。它包括完成该项目所发生的直接工程费、措施费、规费、管理费。

施工项目成本不包括劳动者为社会所创造的价值(如税金和计划利润),也不应包括不构成施工项目价值的一切非生产支出。

施工项目成本是企业的产品成本,亦称工程成本,一般以项目的单位工程作为成本核算对象,通过各单位工程成本核算的综合来反映施工项目成本。

二、施工项目成本的构成

施工项目成本包含直接成本和间接成本两大部分,如表 6-1 所示。直接成本是指施工过程中直接耗费的构成工程实体或有助于工程形成的各项支出;间接成本是指施工企业为施工准备、组织和管理施工生产所发生的全部施工间接费用支出。

(一)直接成本

直接成本由直接工程费和措施费组成。

1. 直接工程费

直接工程费指施工过程中耗费的构成工程实体的各项费用,包括人工费、材料费、施工机械使用费。

(1) 人工费,是指直接从事建筑安装工程施工的生产工人开支的各项费用,内容包括:

① 基本工资,是指发放给生产工人的基本工资。

② 工资性补贴,是指按规定标准发放的物价补贴,煤、燃气补贴,交通补贴,住房补贴,流动施工津贴等。

表 6-1　施工项目成本的构成

直接成本	直接工程费	人工费
		材料费
		施工机械使用费
	措施费	环境保护费、文明施工费、安全施工费
		临时设施费、夜间施工费、二次搬运费
		大型机械设备进出场及安拆费
		混凝土、钢筋混凝土模板及支架费
		脚手架费、已完工程及设备保护费、施工排水费、降水费
间接成本	规费	工程排污费、工程定额测定费、住房公积金
		社会保障费，包括养老、失业、医疗保险费
		危险作业意外伤害保险
	企业管理费	管理人员工资、办公费、差旅交通费、工会经费
		固定资产使用费、工具用具使用费、劳动保险费
		职工教育经费、财产保险费、财务费
		税金及其他

③ 生产工作辅助工资，是指生产工作年有效施工天数以外非作业天数的工资，包括：职工学习、培训期间的工资，调动工作、探亲、休假期间的工资，因气候影响的停工工资，女工哺乳时间的工资，病假在 6 个月以内的工资及产、婚、丧假期的工资。

④ 职工福利费，是指按规定标准计提的职工福利费。

⑤ 生产工人劳动保护费，是指按照规定标准发放的劳动保护用品的购置费及修理费、工人服装补贴、防暑降温费、在有碍身体健康环境中施工的保健费等。

（2）材料费，是指施工过程中耗费的构成工程实体的原材料、辅助材料、构配件、零件、半成品的费用。内容包括：

① 材料原价（或供应价格）。

② 材料运杂费，是指材料自来源地运至工地或指定堆放地点所发生的全部费用。

③ 运输损耗费，是指材料在运输装卸过程中不可避免的损耗。

④ 采购及保管费，是指组织采购、供应和保管材料过程中所需要的各项费用。它包括采购费、仓储费、工地保管费、仓储损耗。

⑤ 检验试验费，是指建筑材料、构成和建筑安装物进行一般鉴定、检查所发生的费用，包括自设实验室进行试验耗用的材料和化学药品等费用，不包括新结构、新材料的试验费和建设单位对具有出厂合格证明的材料进行检验，对构件做破坏性试验及其他特殊要求检验试验的费用。

（3）施工机械使用费，是指施工机械作业所发生的机械使用费以及机械安拆费和场外运费。

施工机械台班单价应由下列七项费用组成：

① 折旧费,是指施工机械在规定的使用年限内,陆续收回其原值及购置资金的时间价值。

② 大修理费,是指施工机械按规定的大修间隔台班进行必要的大修理,以恢复其正常功能所需的费用。

③ 经常修理费,是指施工机械除大修理以外的各级保养和临时故障排除所需的费用,包括为保障机械正常运转所需替换设备与随机配备工具附具的摊销和维护费用,机械运转中日常保养所需润滑与擦拭的材料费用及机械停滞期间的维护和保养费用等。

④ 安拆费及场外运费。安拆费是指施工机械在现场进行安装与拆卸所需的人工、材料、机械和试运转费用,以及机械辅助设施的折旧、搭设、拆除等费用。场外运费是指施工机械整体或分体自停放地点运至施工现场或由一施工地点运至另一施工地点的运输、装卸、辅助材料及架线等的费用。

⑤ 人工费,是指机上司机(司炉)和其他操作人员的工作日人工费及上述人员在施工机械规定的年工作台班以外的人工费。

⑥ 燃料动力费,是指施工机械在运转作业中所消耗的固体燃料(煤、木柴)、液体燃料(汽油、柴油)及水、电等的费用。

⑦ 养路费及车船使用税,是指施工机械按照国家规定和有关部门规定应缴纳的养路费、车船使用税、保险费及年检费等。

2. 措施费

措施费是指为完成工程项目施工,发生于该工程施工前和施工过程中非工程实体项目的费用。它包括以下内容:

(1) 环境保护费,是指施工现场为达到环保部门要求所需要的各项费用。

(2) 文明施工费,是指施工现场文明施工所需要的各项费用。

(3) 安全施工费,是指施工现场安全施工所需要的各项费用。

(4) 临时设施费,是指施工企业为进行建筑工程施工所必须搭设的生活和生产用的临时建筑物、构筑物和其他临时设施费用等。临时设施包括:临时宿舍、文化福利及公用事业房屋与构筑物,仓库、办公室、加工,以及规定范围内道路、水、电、管线等临时设施和小型临时设施。临时设施费包括临时设施的搭设、维修、拆除费或摊销费。

(5) 夜间施工费,是指因夜间施工所发生的夜班补助费,夜间施工降效、夜间施工照明设备摊销及照明用电等费用。

(6) 二次搬运费,是指因施工场地狭小等特殊情况而发生的二次搬运费用。

(7) 大型机械设备进出场及安拆费,是指机械整体或分体自停放场地运至施工现场或由一个施工地点运至另一个施工地点,所发生的机械进出场运输及转移费用及机械在施工现场进行安装、拆卸所需的人工费、材料费、机械费、试运转费和安装所需的辅助设施的费用。

(8) 混凝土、钢筋混凝土模板及支架费,是指混凝土施工过程中需要的各种钢模板、木模板、支架等的支、拆、运输费用,以及模板、支架的摊销(或租赁)费用。

(9) 脚手架费,是指施工需要的各种脚手架搭、拆、运输费用及脚手架的摊销(或租赁)费用。

(10) 已完工程及设备保护费,是指竣工验收前对已完工程及设备进行保护所需费用。

(11) 施工排水、降水费,是指为确保工程在正常条件下施工,采取各种排水、降水措施所发生的各种费用。

（二）间接成本

间接成本由规费、企业管理费组成。

1. 规费

规费指政府和有关权力部门规定必须缴纳的费用（简称规费），包括：

（1）工程排污费，是指施工现场按规定缴纳的工程排污费。

（2）工程定额测定费，是指按规定支付给工程造价（定额）管理部门的定额测定费。

（3）社会保障费，包括：

① 养老保险费，是指企业按规定标准为职工缴纳的基本养老保险费。

② 失业保险费，是指企业按照规定标准为职工缴纳的失业保险费。

③ 医疗保险费，是指企业按照规定标准为职工缴纳的基本医疗保险费。

（4）住房公积金，是指企业按规定标准为职工缴纳的住房公积金。

（5）危险作业意外伤害保险，是指按照《建筑法》规定的，企业为从事危险作业的建筑安装施工人员支付的意外伤害保险费。

2. 企业管理费

企业管理费是指建筑安装企业组织施工生产和经营管理所需费用。内容包括：

（1）管理人员工资，是指管理人员的基本工资、工资性补贴、职工福利等。

（2）办公费，是指企业管理办公用的文具、纸张、账表、印刷、邮电、书报、会议、水电、烧火集体取暖（包括现场临时宿舍取暖）用煤等的费用。

（3）差旅交通费，是指职工因公出差、调动工作的差旅费、住勤补助费，市内交通费和误餐补助费，职工探亲路费，劳动力招募费，职工离退休、退职一次性路费，工伤人员就医路费，工地转移费以及管理部门使用的交通工具的油料、燃料、养路费及牌照费。

（4）固定资产使用费，是指管理和试验部门及附属生产单位使用的属于固定资产的房屋、设备仪器等的折旧、大修、维修或租赁费。

（5）工具用具使用费，是指管理使用的不属于固定资产的生产工具、器具、家具、交通工具和检验、试验、测绘、消防用具等的购置、维修和摊销费。

（6）劳动保险费，是指由企业支付离退休职工的易地安家补助费、职工退职金、6个月以上的病假人员工资、职工死亡丧葬补助费、抚恤费、按规定支付给离休干部的各项经费。

（7）工会经费，是指企业按职工工资总额计提的工会经费。

（8）职工教育经费，是指企业为职工学习先进技术和提高文化水平，按职工工资总额计提的费用。

（9）财产保险费，是指施工管理用财产、车辆保险。

（10）财务费，是指企业为筹集资金而发生的各种费用。

（11）税金，是指企业按规定缴纳的房产税、车船使用税、土地使用税、印花税等。

（12）其他，包括技术转让费、技术开发费、业务招待费、绿化费、广告费、公证费、法律顾问费、审计费、咨询费等。

三、施工项目成本的主要形式

施工项目成本根据管理的需要，按照不同的划分标准有多种表现形式。

1. 按成本发生的时间

施工项目按成本发生的时间,可分为预算成本、承包成本、计划成本和实际成本。

(1)预算成本。工程预算成本是根据施工预算定额编制的,是施工企业投标报价的基础。预算定额是完成规定计算量单位分项工程计价的人工、材料和机械台班消耗的数量标准。

(2)承包成本。承包成本是指业主与承包商在合同文件中确定的工程价格,即合同价,是项目经理部确定计划成本和目标成本的主要依据。

(3)计划成本。计划成本是指在项目经理的领导下组织施工、充分挖掘潜力、采取有效的技术措施和加强管理与经济核算的基础上,预先确定的工程项目的成本目标。它是根据合同价以及企业下达的成本降低指标,在成本发生前预先计算的,反映了企业在计划期内应达到的成本水平,有助于加强企业和项目经理部的经济核算,建立和健全成本责任制,控制生产费用,降低施工项目成本,提高经济效益。

(4)实际成本。实际成本是施工项目在报告期内通过会计核算计算出的实际发生的各项生产费用总和。实际成本可以反映施工企业的成本管理水平,它受到企业本身的生产技术、施工条件、项目经理部组织管理水平以及生产经营管理水平的制约。

2. 按生产费用与工程量的关系

(1)固定成本。固定成本是指在一定的期间和一定的工程量范围内,其发生的成本额不受工程量增减变动的影响而相对固定的成本,如折旧费、大修理费、管理人员工资、办公费、照明费等。这一成本是为了保持企业一定的生产经营条件而发生的,一般来说每年基本相同;但是,当工程量超过一定范围而需要增添机械设备和管理人员时,固定成本将会发生变动。此外,所谓固定是就其总额而言的,至于分配到每个项目单位工程量的固定费用,则是变动的。

(2)变动成本。变动成本是指发生总额随着工程量的增减变动而成正比例变动的费用,如直接用于工程的材材料费、实行计件工资制的人工费等。所谓变动也是就其总额而言的,至于单位分项工程上的变动费用,往往是不会变的。

3. 按施工项目成本费用目标

(1)生产成本。生产成本是指完成某项工程项目所必须消耗的费用。

(2)质量成本。质量成本是指项目经理部为保证和提高建筑产品质量而发生的一切必要的费用,以及因未达到质量标准而蒙受的经济损失。

(3)工期成本。工期成本是指项目部为实现工期目标或合同工期而采取相应措施所发生的一切必要费用以及工期索赔等费用的总和。

(4)不可预见成本。不可预见成本是指项目经理部在施工过程中所发生的除生产成本、质量成本、工期成本之外的成本,诸如扰民费、资金占用费、人员伤亡等安全事故损失费、政府部门罚款等不可预见的费用。此项成本可能发生,也可能不发生。

4. 按成本控制要求

(1)事前成本。事前成本是指实际发生成本和工程结算之前所计算和确定的成本,带有计划性和预测性。

(2)事后成本。事后成本是指施工项目在报告期内实际发生的各项生产费用的总和。

四、施工项目成本管理的内容

施工项目成本管理是施工项目管理系统中的一个子系统。施工项目成本管理包括成本预测、成本计划、成本控制、成本核算、成本分析和成本考核六项内容,其目的是促使施工项目系统内各种要素按照一定的目标运行,使实际成本能够控制在预定的计划成本范围内。

(1)成本预测。成本预测是通过项目成本信息和施工项目的具体情况,运用专门的方法,对未来的费用水平及其可能发展趋势作出科学的估计,其实质就是在施工以前对成本进行核算。通过成本预测,可以使项目经理部在满足建设单位和施工企业要求的前提下,选择成本低、效益好的最佳成本方案,并能够在施工项目成本形成过程中,针对薄弱环节加强成本控制,克服盲目性,提高预见性。由此可见,施工项目成本预测是施工项目成本决策与计划的依据。

(2)成本计划。成本计划是项目经理部对项目施工成本进行计划管理的工具。它是以货币形式编制施工项目在计划期内的生产成本、成本水平、成本降低率以及为降低成本所采取的主要措施和规划的书面方案,是建立项目成本管理责任制、开展费用控制和核算的基础。施工项目成本计划应包括从开工到竣工所必需的施工成本,它是该施工项目降低成本的指导文件,是设立目标成本的依据。

(3)成本控制。成本控制是指在施工过程中对影响施工项目成本的各种因素加强管理,并采取各种有效措施,将施工中实际发生的各种消耗和支出严格控制在成本计划范围内,同时,随时提示并及时反馈,严格审查各项费用是否符合标准,计算实际成本和计划成本之间的差异并进行分析,消除施工中的损失浪费现象,发现和总结先进经验,通过成本控制达到预期目的和效果。

(4)成本核算。成本核算是指对施工项目所发生的成本支出和工程成本形成的核算。项目经理部应认真组织成本核算工作,它所提供的成本核算资料是成本分析、成本考核和成本评价以及成本预测的重要依据。

(5)成本分析。成本分析是在成本形成过程中,根据成本核算资料和其他有关资料,对施工项目成本进行分析和评价,为以后的成本预测和降低成本指明方向。成本分析要贯穿于项目施工的全过程,要将实际成本与目标成本、预算成本以及类似施工项目的实际成本等进行比较,了解成本的变动情况,检查成本计划的合理性,并深入揭示成本变动的规律,寻找降低施工项目成本的途径和潜力。

(6)成本考核。成本考核是对成本计划执行情况的总结和评价。项目经理部应根据现代化管理的要求,建立健全成本考核制度,定期对各部门完成的计划指标进行考核、评比,并把成本管理经济责任制和经济利益结合起来,通过成本考核有效地调动职工的积极性,为降低施工项目成本、提高经济效益作出贡献。

五、成本计划

成本计划是以货币形式预先规定施工项目进行中的施工生产耗费的水平,确定对比项目总投资(或中标额)应实现的计划成本降低额与降低率,提出保证成本计划实施的主要措施方案。成本计划一经确定,就应按成本管理层次、有关成本项目以及项目成本进展的各阶段对成本计划加以分解,层层落实到部门、班组,并制定各级成本实施方案。

成本计划是施工项目成本管理的一个重要环节,许多施工单位仅单纯重视项目成本管理的事中控制及事后考核,却忽视甚至省略了至关重要的事前计划,使得成本管理从一开始就缺乏目标。成本计划是对生产耗费进行事前预计、事中检查控制和事后考核评价的重要依据。经常将实际生产耗费与成本计划指标进行对比分析,发现执行过程中存在的问题,及时采取措施,可以改进和完善成本管理工作,保证施工项目成本计划各项指标得以实现。

1. 成本计划编制的原则

(1)从实际出发的原则。编制成本计划必须从企业的实际情况出发,充分挖掘企业内部潜力,正确选择施工方案,合理组织施工,提高劳动生产率,改善材料供应,降低材料消耗,提高机械利用率,节约施工管理费用等,使降低成本指标既积极可靠,又切实可行。

(2)与其他计划结合的原则。一方面,成本计划要根据施工项目的生产、技术组织措施、劳动工资、材料供应等计划来编制;另一方面,编制其他各项计划时都应考虑适应降低成本的要求。因此,编制成本计划,必须与施工项目的其他各项计划,如施工方案、生产进度、财务计划、材料供应及耗费计划等密切结合,保持平衡。

(3)采用先进的技术经济定额的原则。编制成本计划,必须以各种先进的技术经济定额为依据,并针对工程的具体特点,采取切实可行的技术组织措施作保证。只有这样,才能编制出既有科学根据,又有实现的可能,并能起到促进和激励作用的成本计划。

(4)统一领导、分级管理的原则。编制成本计划,应实行统一领导、分级管理的原则,应在项目经理的领导下,以财务、计划部门为中心,发动全体职工共同参与,总结降低成本的经验,找出降低成本的正确途径,使成本计划的制订和执行具有广泛的群众基础。

(5)弹性原则。在项目施工过程中很可能发生一些在编制计划时所未预料的变化,尤其是材料供应、市场价格千变万化。因此,在编制计划时应充分考虑各种变化因素,留有余地,使计划保持一定的适应能力。

2. 成本计划的内容

成本计划应在项目实施方案确定和不断优化的前提下编制,成本计划的编制是成本预控的重要手段。成本计划应在工程开工前编制完成,以便将计划成本目标分解落实,为各项成本的执行提供明确的目标、控制手段和管理措施。成本计划的具体内容包括:

(1)编制说明。编制说明是对工程的范围、合同条件、企业对施工项目经理提出的责任成本目标、成本计划编制的指导思想和依据等的具体说明。

(2)成本计划的指标。成本计划的指标应经过科学分析预测确定,可以采用对比法、因素分析法等进行测定。

(3)按工程量清单列出单位工程计划成本汇总表。按工程量清单列出的单位工程计划成本汇总表如表6-2所示。

表6-2　单位工程计划成本汇总表

序号	清单项目编码	清单项目名称	合同价格	计划成本
1				
2				
⋮				

(4)按成本性质列出单位工程成本汇总表。根据清单项目的造价分析,分别对人工费、材料费、机械费、措施费、企业管理费和税费进行汇总,形成单位工程成本汇总表。

六、成本控制

在项目生产成本形成过程中,应采用各种行之有效的措施和方法,对生产经营的消耗和支出进行指导、监督、调节和限制，使项目的实际成本能控制在预定的计划目标范围内，及时纠正将要发生和已经发生的偏差，以保证计划成本控制得以实现。

（一）成本控制的原则

1．开源与节流相结合的原则

在成本控制中，坚持开源与节流相结合的原则，要求做到：每发生一笔金额较大的成本费用，都要查一查有无与其相对应的预算收入，是否支大于收；在经常性的分部分项工程成本核算和月度成本核算中，也要进行实际成本与预算收入的对比分析，以便从中探索成本节超的原因，纠正项目成本的不利偏差，实现降低成本的目标。

2．全面控制原则

（1）项目成本的全员控制。项目成本是一项综合性很强的工作，它涉及项目组织中各个部门、单位和班组的工作业绩，仅靠施工项目经理和专业成本管理人员及少数人的努力是无法收到预期效果的，应形成全员参与项目成本控制的成本责任体系，明确项目内部各职能部门班组和个人应承担的成本控制责任，其中包括各部门、各单位的责任网络和班组经济核算等。

（2）项目成本的全过程控制。项目成本的全过程控制是指在工程项目确定以后，从施工准备到竣工交付使用的施工全过程中，对每项经济业务，都要纳入成本控制的轨道，使成本控制工作随着项目施工进展的各个阶段连续进行，既不疏漏，又不能时紧时松，自始至终使施工项目成本置于有效的控制之下。

3．中间控制原则

中间控制原则又称动态控制原则。由于施工项目具有一次性的特点，应特别强调项目成本的中间控制。计划阶段的成本控制，只是确定成本目标、编制成本计划、制定成本控制方案，为今后的成本控制做好准备，只有通过施工过程的实际成本控制，才能达到降低成本的目标。而竣工阶段的成本控制，由于成本盈亏已经基本定局，即使发生了偏差，也来不及纠正了。因此，成本控制的重心应放在施工过程中，坚持中间控制的原则。

4．节约原则

节约人力、物力、财力的消耗，是提高积极效益的核心，也是成本控制的一项最主要的基本原则。节约要从三方面入手：① 严格执行成本开支范围、费用开支标准和有关财务制度，对各项成本费用的支出进行限制和监督；② 提高施工项目的科学管理水平，优化设施方案，提高生产效率，节约人、财、物的消耗；③ 采取预防成本失控的技术组织措施，杜绝可能发生的浪费。

5．例外管理原则

在工程项目管理过程中，一些不经意出现的问题，称为例外问题。这些例外问题往往是关键问题，对成本目标的顺利完成影响很大，必须予以高度重视，如在成本管理中常见的成本盈亏异常现象：盈余或亏损超过正常比例；本来是可以控制的成本，突然发生失控的现象；某些暂时看起来是在节约，但可能对今后带来隐患（如平时机械维修费的节约，可能会造成未来的停工修理和更大的经济损失）等。这都应视为例外的问题，要进行重点检查，深入分析，并采取相应的积极措施加以纠正。

6．责、权、利相结合的原则

要使成本控制真正发挥及时有效的作用，必须严格按照经济责任制的要求，贯彻责、权、利相结合的原则。在项目施工过程中,施工项目经理、工程技术人员、业务管理人员以及各单位和生产班组都负有一定的成本控制责任,从而形成整个项目的成本控制责任网络。各部门、各单位、各班组在肩负成本控制责任的同时,还应享有成本控制的权力,即在规定的范围内可以决定某项费用能否开支,如何开支和开支多少,也行使对项目成本的实质性控制。另外,施工项目经理还要对各部门、各单位、各班组在成本控制中的业绩进行定期的检查和考评,并与工资分配紧密挂钩,实行有奖有罚。实践证明,只有贯彻责、权、利相结合的成本控制,才能收到预期的效果。

(二)成本控制的依据

(1)工程承包合同。成本控制要以工程承包合同为依据,从预算收入和实际成本两方面,努力挖掘增收节支潜力,降低成本,从而获得最佳的经济效益。

(2)成本计划。成本计划是成本控制的指导性文件,是设立目标成本的依据。

(3)施工进度报告。施工进度报告提供了施工中每一时刻实际完成的工程量、施工实际成本支出,找出实际成本与计划成本之间的偏差,通过分析偏差产生的原因,采取纠偏措施,达到有效控制成本的目的。

(4)工程变更。在施工过程中,由于各方面的原因,工程变更是难免的。一旦出现工程变更,工程量、工期、成本都将发生变化,成本管理人员应随时掌握工程变更情况,按合同或有关规定确定工程变更价款以及可能带来的施工索赔等。

(三)施工现场成本控制

工程实施过程中,各生产要素被逐渐消耗掉,工程成本逐渐发生。由于施工生产对要素的消耗巨大,对其消耗量进行控制,对降低工程成本具有明显的意义。

1. 定额管理

定额管理一方面可以为项目核算、签订分包合同、统计实物工程量提供依据;另一方面它也是签发任务单、限额领料的依据。定额管理是消耗控制的基础,要求准确及时、真实可靠。

(1)施工中出现设计修改、施工方案改变、施工返工等情况是不可避免的,由此会引起原预算费用的增减,项目预算员应根据设计变更单或新的施工方案、返工记录及时编制增减账,并在相应的台账中进行登记。

(2)为控制分包费用,避免效益流失,项目预算员要协助施工项目经理审核和控制分包单位预(决)算,避免"低进高出",保证项目获得预期的效益。

(3)竣工决算的编制质量直接影响企业的收入和项目的经济效益,必须准确编制竣工决算书,按时决算的费用要凭证齐全,对实际成本差异较大的,要进行分析、核实,避免遗漏。

(4)随着大量新材料、新工艺问世,简单地套用现有定额编制工程预算显然不行。预算员要及时了解新材料的市场价格,熟悉新工艺、新的施工方法,测算单位消耗,自编估价表或补充定额。

(5)项目预算人员应该经常深入现场了解施工情况,熟悉施工过程,不断提高业务素质。对设计考虑不周导致的施工现场的技术问题,可随时发现,随时处理、返工等,并督促有关人员及时办妥签证,作为追加预算的依据。

2. 材料费的控制

在建筑安装工程成本中,材料费约占70%左右,因此,材料成本是成本控制的重点。控制材料消耗费主要包括材料消耗数量的控制和材料价格的控制两个方面。为此要做好以下几个方面的工作：

（1）主要材料的消耗定额的控制。材料消耗数量主要是按照材料消耗定额来控制的。为此，制定合理的材料消耗定额是控制原材料消耗的关键。所谓消耗定额，是指在一定的生产、技术、组织条件下，企业生产单位产品或完成单位工作量所必须消耗的物资数量的标准，它是合理使用和节约物资的重要手段。材料消耗定额也是企业编制施工预算、施工组织设计和作业计划的依据，是限额领料和工程用料的标准。严格按定额控制领发和使用材料，是施工过程中成本控制的重要内容，也是保证降低工程成本的重要手段。

（2）材料供应计划管理。及时控制材料供应计划是在施工过程中做好材料管理的首要环节。项目的材料计划主要有单位工程材料总计划、材料季度计划、材料月度计划、材料周计划等。

（3）材料领发的控制。材料领发制度是控制材料成本的关键。控制材料领发的办法主要是，实行限额领料制度，用限额领料来控制工程用料。

限额领料一般由项目分管人员签发。签发时，必须按照限额领料单上的规定栏目要求填写，不可缺项；同时分清分部分项工程的施工部位，实行一个分项一个领料单制度，不能多项一单。

项目材料员收到限额领料单后，应根据预算人员提供的实物工程量与项目施工员提供的实物工程量进行对照复核，主要复核限额领料单上的工程量、套用定额、计算单位是否正确，并与单位工程的材料施工预算进行核对，如有差异，应分析原因，及时反馈。签发限额领料单的项目分管人员应根据进度要求，下达施工任务，签发任务单，组织施工。

3．分包控制

在总分包制组织模式下，总承包公司必须善于组织和管理分包商。要选择企业信誉好、质量管理能力强、施工技术有保证、复核技术有保证、符合资质条件的分包商，如选择不利，则意味着它将被分包商拖进困境。如果其中一家分包商拖延工期或者因质量低劣而返工，则可能引起连锁反应，影响与之相关的其他分包商的工作进程。特别是因分包商违约而中途解除分包合同，承包商将会碰到难以预料的困难。

应善于用合同条款和经济手段防止分包商违约。还要懂得做好各项协调和管理工作，使多家公司紧密配合，协同完成全部工程任务。在签订合同的有关条款中，要特别避免主从合同的矛盾，即总承包商和业主签订的合同与总承包商和分包商签订的合同之间产生矛盾，专项工程分包单位的施工进度受总承包单位的管理，总承包单位亦应在材料供应、进度、工期、安全等方面对所有分包单位进行协调。

4．间接费控制

间接费包括规费和企业管理费，是按一定费率提取的，在工程成本中占的比重比较大。在成本预控中，间接费应依据费用项目及其分配率按部门进行拆分，项目实施后，将计划值与实际发生的费用进行对比，对差异较大者给予重点分析。

应采取以下措施控制间接费的支出：

（1）提高生产率，采取各种技术组织措施以缩短工期，减少间接费的支出。

（2）编制间接费支出预算，严格控制其支出。按计划控制资金支出的用量和投入的时间，使每一笔开支在金额上最合理，在时间上最恰当，并控制在计划之内。

（3）项目经理在组建项目经理班子时，要本着"精简、高效"的原则，防止人浮于事。

（4）对于计划外的一切开支必须严格审查，除应由成本控制工程师签署意见外，还应由相应的领导人员进行审批。

（5）对于虽有计划但超出计划数额的开支，也应由相应的领导人员审查和核定。

总之，精简管理机构，减少层次，提高工作质量和效率，实行费用定额管理，才能把施工管理费用支出真正降低下来。

5．制度控制

成本控制是企业的一项重要的管理工作，因此，必须建立和健全成本管理制度，作为成本控制的一种手段。

成本管理制度、财务管理制度、费用开支标准等规定了成本开支的标准和范围，规定了费用开支的审批手续，它们对成本能起到直接控制作用。有的制度对劳动管理、定额管理、仓库管理进行了系统的规定，这些规定对成本控制也能起到控制作用；有的制度对生产技术操作进行了具体规定，生产工作人员按照这些技术规范进行操作，就能保证正常生产，顺利完成生产任务，同时也能保证工时定额和材料定额的完成，从而起到控制成本的作用；另外，还有一些制度，如责任制度和奖惩制度，也有利于促使职工努力增产节约，更好地控制成本。总之，通过各项制度，都能对成本起到控制作用。

思　考　题

1．名词解释

合同　合同的抗辩权　拒绝权　代位权　撤销权　合同变更　索赔　合同交底

2．合同的订立从法律上分为哪两个阶段？

3．施工合同通常包括哪些文件？其优先次序是什么？

4．承包人的一般义务和责任包括哪些？

5．转包与分包有何区别？

6．承包人向发包人索赔要按照什么程序？

7．施工项目成本的含义及构成是什么？

8．施工项目成本管理的内容有哪些？

第七章　施工现场技术管理

教学重点：图纸会审和技术交底、施工现场技术管理资料、质量保证资料、工程现场施工技术要求。

教学目标：了解图纸会审和技术交底工作的内容、熟悉施工现场技术资料质量资料的管理、掌握工程现场主要工种施工技术要求。

技术是人类为实现社会需要而创造和发展起来的手段、方法和技能的总称，它是技术工作中技术人才、技术设备和技术资料等技术要素的综合。施工现场技术管理是对现场施工中的一切技术活动进行一系列组织管理工作的总称，技术管理是施工现场进行生产管理的重要组成部分，它的任务是对设计图纸、技术方案、技术操作、技术经验和技术革新等因素进行合理安排，保证施工过程中的各项工艺和技术建立在先进的技术基础之上，使施工过程符合技术规定要求，充分发挥材料的性能和设备的潜力，提高企业管理效益和生产率，降低成本，增强施工企业的竞争力。

第一节　施工现场技术管理制度

施工现场技术管理制度是施工现场中的一切技术管理准则的总和。

一、图纸会审制度

1. 目的

施工图纸是施工和验收的主要依据之一。为使施工人员充分领会设计意图、熟悉设计内容、正确按图施工，确保施工质量，避免返工浪费，必须在工程开工前进行图纸会审，对于施工图纸中存在的差错和不合理部分、专业之间的矛盾，尽最大可能解决在工程开工之前，以保证工程顺利进行。

2. 会审人员

参加会审的人员包括施工项目经理、项目技术负责人员、专业技术人员、内业技术人员、质检员和其他相关人员。

3. 会审时间

会审一般应在工程开工前进行，特殊情况下也可边开工边组织会审（如图纸不能及时供应时）。

4. 图纸会审内容

（1）施工图纸与设备、特殊材料的技术要求是否一致。

（2）设计与施工主要技术方案是否相适应。

（3）图纸表达深度能否满足施工需要。

（4）构件划分和加工要求是否符合施工能力。

（5）扩建工程新工厂及新老系统之间的衔接是否吻合，施工过渡是否可能，图纸与实际是否相符。

（6）各专业之间设计（如设备外形尺寸与基础尺寸、建筑物预留孔洞及埋件与安装图纸要求、设备与系统连接部位及管线之间相互关系等）是否协调。

（7）施工图和总分图之间、总分尺寸之间有无矛盾。

（8）设备布置及构件尺寸能否满足设备运输及吊装要求。

（9）设计采用的新结构、新材料、新设备、新工艺、新技术在技术施工、机具和物资供应上有无困难。

（10）能否满足生产运行安全经济的要求和检修作业的合理要求。

（11）设计能否满足设备与系统启动调试的要求。

5. 图纸会审要求

（1）图纸会审前，主持单位应事先通知参加人员熟悉图纸，准备意见，进行必要的核对和计算工作。

（2）图纸会审由主持单位做好详细记录。

（3）施工图纸及设备图纸到达现场后，应立即进行图纸会审，以确保工程质量和工程进度，避免返工和浪费。

（4）图纸会审应在单位工程开工前完成，未经图纸会审的项目，不准开工。当施工图由于客观原因不能满足工程进度时，可分阶段组织会审。

（5）外委加工的加工图由委托单位进行审核后交出。加工单位提出的设计问题由委托单位提交设计单位解决。

（6）图纸会审后，形成图纸会审记录，较重要的或有原则性问题的记录应经监理公司、建设单位会签后，传递给设计代表，对会审中存在的问题，由设计代表签署解决意见，并按设计变更单的形式办理手续。

（7）图纸会审记录由主持单位保存，施工部保存一份各专业图纸会审记录。

二、技术交底制度

在工程正式施工前，通过技术交底使参与施工的技术人员和工人熟悉和了解所承担工程任务的特点、技术要求、施工工艺、工程难点、施工操作要点以及工程质量标准，做到心中有数。

1. 技术交底范围划分

技术交底工作应分级进行，一般按四级进行技术交底：设计单位向施工单位技术负责人员进行技术交底；施工总工程师向项目部技术负责人进行交底；项目部技术负责人向各专业施工员或工长交底；施工员或工长向班组长及工人交底。施工员或工长向班组长及工人进行技术交底是最基础的一级，应结合承担的具体任务向班（组）成员交代清楚施工任务、关键部位、质量要求、操作要点、分工及配合、安全等事项。

2. 技术交底的要求

（1）除领会设计意图外，必须满足设计图纸和变更的要求，执行和满足施工规范、规程、工艺标准、质量评定标准,满足建设单位的合理要求。

（2）整个施工过程包括各分部分项工程的施工均需做技术交底,对一些特殊的关键部位、技术难度大的隐蔽工程,更应认真做技术交底。

（3）对易发生质量事故和工伤事故的工种和工程部位,在技术交底时,应着重强调各种事故的预防措施。

（4）技术交底必须以书面形式,交底内容字迹要清楚、完整,要有交底人、接收人签字。

（5）技术交底必须在工程施工前进行,作为整个工程和分部分项工程施工前准备工作的一部分。

3.技术交底的内容

（1）单位工程施工组织设计或施工方案。

（2）重点单位工程和特殊分部（项）工程的设计图纸,根据工程特点和关键部位,指出施工中应主意的问题,保证施工质量和安全必须采取的技术措施。

（3）初次采用的新结构、新技术、新工艺、新材料及新的操作方法以及特殊材料使用过程中的注意事项。

（4）土建与设备安装工艺的衔接,施工中如何穿插与配合。

（5）交代图纸审查中所提出的有关问题及解决方法。

（6）设计变更和技术核定中的关键问题。

（7）冬、雨季特殊条件下施工采取的技术措施。

（8）技术组织措施计划中,技术性较强、经济效果较显著的重要项目。

（9）重要的分部（项）工程的具体部位,标高和尺寸,预埋件、预留孔洞的位置及规格。

（10）保证质量、安全的措施。

（11）现浇混凝土、承重构件支模方法、拆模时间等。

（12）预制、现浇构件配筋规格、品种、数量和制作、绑扎、安装等要求。

（13）管线平面位置、规格、品种、数量及走向、坡度、埋设标高等。

（14）技术交底记录的归档,谁负责交底,谁就负责填写交底记录并负责将记录移交给项目资料员存档。

三、技术复核制度

在施工过程中,对重要的和影响全面的技术工作,必须在分部分项工程施工前进行复核,以免发生重大差错,影响工程质量和使用。如复核发现差错,则应及时纠正方可施工。技术复核除按标准规定的复查、检查内容外,一般在分部分项工程正式施工前应重点检查以下项目和内容:

（1）建筑物的位置和高程:四角定位轴线（网）桩的坐标位置、测量定位的标准轴线（网）桩位置及其间距,水准点、轴线、标高等。

（2）地基与基础工程设备基础:基坑（槽）底的土质、基础中心线的位置、基础底标高和基础各部尺寸。

（3）混凝土及钢筋混凝土工程:模版的位置、标高及各分部尺寸,预埋件、预留孔的位置、标高、型号和牢固程度;现浇混凝土的配合比、组成材料的质量状况、钢筋搭接长度;预埋件安装位置及标高、接头情况、构件强度等。

（4）砖石工程：墙身中心线、皮数杆、砂浆配合比等。

（5）屋面工程：防水材料的配合比、材料的质量等。

（6）钢筋混凝土柱、屋架、吊车梁，以及特殊屋面的形状、尺寸等。

（7）管道工程：各种管道的标高及坡度。

（8）电气工程：变、配电位置，高低压进出口方向，电缆沟的位置和方向，送电方向。

（9）工业设备、仪器仪表的完好程度、数量及规格，以及根据工程需要指定的符合项目。

技术复核记录由复核工程内容的技术员负责填写，并经质检人员和项目技术负责人签署复查意见，交项目资料员进行造册登记归档。技术复核记录必须在下一道工序施工前办理完毕。

四、隐蔽工程验收制度

隐蔽工程是指在施工过程中上一工序的工作结果将被下一工序所掩盖，无法再次进行质量检查的工程部位。由于隐蔽工程在隐蔽后，如果发生质量问题，就得重新剥露，再重新覆盖或掩盖，会造成返工等非常大的损失。为了避免资源的浪费和当事人双方的损失，保证工程质量和工程顺利完成，承包人在隐蔽工程隐蔽前，必须通知发包人及监理单位检查，检查合格后方可进行隐蔽工程施工。

1. 隐蔽工程检查要求

（1）凡隐蔽工程都必须组织隐蔽验收，一般隐蔽工程验收由建设单位、工程监理、施工负责人参与验收，验收合格签字后方可进行下一工序施工。

（2）隐蔽工程检查记录是工程档案的重要内容之一，隐蔽工程经三方共同验收后，应及时填写隐蔽工程检查记录，隐蔽检查记录由技术员或该项工程施工负责人填写，工程质检员和建设单位代表会签。

（3）不同项目的隐蔽工程，应分别填写检查记录表。

2. 隐蔽工程项目及检查内容

（1）地基与基础工程：地质、土质情况，标高尺寸，坟、井、坑、塘的处理，基础断面尺寸，桩的位置、数量、试桩打桩记录，人工地基的试验记录、坐标记录。

（2）钢筋混凝土工程：钢筋的品种、规格、数量、位置、形状、焊接尺寸、接头位置、除锈情况，预埋件的数量及位置，预应力钢筋的对焊、冷拉、控制应力，混凝土、砂浆标号及强度，以及材料代用等情况。

（3）砖砌体：抗震、拉结、砖过梁的部位、规格及数量。

（4）木结构工程：屋架、檩条、墙体、天棚、地下等隐蔽部位的防腐、防蛀、防菌等的处理。

（5）屏蔽工程：构造及做法。

（6）防水工程：屋面、地下室、水下结构物的防水找平的质量情况、干燥程度、防水层数，玛蹄脂的软化点、延伸度、使用温度，屋面保温层做法，防水处理措施的质量。

（7）暗管工程：位置、标高、坡度、试压、通水试验、焊接、防锈、防腐、保温及预埋件等。

（8）电气线路工程：导管、位置、规格、标高、弯度、防腐、接头等，电缆耐压绝缘试验，地线、地板、避雷针的接地电阻。

（9）完工后无法进行检查、重要结果部位及有特殊要求的隐蔽工程。

3. 隐蔽工程检查记录表的填写内容

（1）单位工程名称，隐蔽工程名称、部位、标高、尺寸和工程量。

（2）材料产地、品种、规格、质量、含水率、容重、比重等。

（3）合格证及实验报告编号。

（4）地基土类别及鉴定结论。

（5）混凝土、砂浆等试块（件）强度，报告单编号，外加剂的名称及掺量。

（6）隐蔽工程检查记录，文字要简练、扼要，能说明问题，必要时应附三面图（平面图、立面图、剖面图）。

实践中，工程具备覆盖、掩盖条件的，承包人（施工方）应当先进行自检，自检合格后，在隐蔽工程进行隐蔽前及时通知发包人（建设单位）或发包人派驻的工地代表及现场监理对隐蔽工程的条件进行检查，通知包括承包人的自检记录、隐蔽的内容、检查时间和地点。发包人或其派驻的工地代表接到通知后，应当在要求的时间内到达隐蔽现场，对隐蔽工程的条件进行检查，发包人或现场监理检查发现隐蔽工程条件不合格的，有权要求承包人在一定期限内完善工程条件，隐蔽工程条件符合规范要求的，发包人及现场监理检查合格后，承包人可以进行隐蔽工程施工。

发包人及现场监理接到通知后，没有按期对隐蔽工程的条件进行检查的，承包人应当催告发包人及现场监理在合理期限内进行检查。因为发包人及现场监理不进行检查，承包人就无法进行隐蔽施工，所以承包人通知发包人及现场监理检查而又未能及时进行检查的，承包人有权暂停施工，承包人可以顺延工期，并要求发包人赔偿因此造成的停工、窝工、材料和构件积压等损失。

承包人未通知发包人及现场监理检查而自行进行隐蔽工程施工的，事后发包人及现场监理有权要求对已隐蔽的工程进行检查，承包人应当按照要求进行剥露，并在检查后重新隐蔽或修复后隐蔽。如果经检查隐蔽工程不符合要求的，承包人应当返工，在这种情况下检查隐蔽工程所发生的费用（如检查费用、返工费用、材料费用等）由承包人负担，承包人还应承担工期延误的违约责任。

五、试块、试件、材料检测制度

试块、试件、材料检测就是对工程中涉及结构安全的试块、试件、材料按规定进行必要的检测。结构安全问题涉及财产和生命安危，施工企业必须建立健全试块、试件、材料检测制度，严把质量关，这样才能确保工程质量。

1. 见证取样和送检

见证取样和送检是指在建设单位或监理人员的见证下，由施工单位的现场试验人员对工程中涉及的结构安全的试块、试件和材料在现场取样，并送至建设行政主管部门对其资质认可的质量检测单位进行检测。见证人员应由建设单位或监理单位具有建筑施工试样知识的专业人员担任，在施工过程中，见证人员应按见证取样和送检计划，对施工现场的取样和送检样进行验证，取样人员应在试样或包装上作出标志，标志应注明工程名称、取样部位、取样日期、样品名称和样品数量，并由见证人和取样人签字。见证人员应做见证记录，并将见证记录归入技术档案，见证人员和取样人员应对试样的代表性和真实性负责。

2．必须实施见证取样的试块、试件和材料

（1）用于承重结构或重要部位的混凝土试块。

（2）用于承重墙体的砂浆试块。

（3）用于承重结构的钢筋及连接接头试件。

（4）用于承重结构的砖和混凝土小型砌块。

（5）水泥、防水材料。

（6）国家规定必须实行见证取样和送检的其他试块、试件和材料。

3．常用材料检验项目

常用材料检验项目如表 7-1 所示。

表 7-1　常用材料检验项目

序号	名　称	主要项目
1	水泥	凝结时间、强度、体积安定性
2	混凝土用砂、石料	颗粒级配、含水率、含泥量、比重、孔隙率、松散容重
3	混凝土用外加剂	减水率、抗压强度比、钢筋锈蚀、凝结时间差
4	砌筑砂浆	拌和物性能、抗压强度
5	混凝土	拌和物性能、抗压强度
6	普通黏土砖、非黏土砖	强度等级
7	热轧钢筋、冷拉钢筋、型钢钢板、异型钢	抗拉、冷弯
8	冷拉低碳塑钢丝	拉力、反复弯曲、松弛
9	符合土工膜	单位面积重量、梯形撕破力、断裂强度、断裂伸长率、顶破强度、渗透系数、抗渗强度
10	土石坝用土料	天然含水率、天然容重、比重、孔隙率、液限、塑限、塑限指数、饱和度、颗粒级配、渗透系数、最优含水量、内摩擦角
11	土石坝用石料	岩性、比重、容重、抗压强度、渗透性

六、施工图翻样制度

施工图翻样是施工单位为了施工方便和简化钢筋等工程的图纸内容，将施工图按施工要求绘制成施工翻样图的工作。有时由于原设计表达不清或图纸比例太小，按图施工有困难或工程比较复杂等，也需要另行绘制施工翻样图。

1．施工图翻样的作用

（1）能更好地学习和领会设计意图。

（2）有利于对施工图所注尺寸的全面核对和方便施工。

（3）便于工程用料清单的制作。

2．施工图翻样的分类

（1）模板翻样图。对比较复杂的工程，需绘制模板大样图。

（2）钢筋翻样图。钢筋工每天都需按图纸"翻"出各种钢筋的根数、形状、细部尺寸和每根钢筋的下料长度。

（3）委托外单位加工的构件翻样图。

（4）按分部工程和工种绘制的施工翻样图。

七、工程变更

工程变更是指在工程项目实施过程中，按照合同约定的程序对部分或全部工程在材料、工艺、功能、构造、尺寸、技术指标、工程数量及施工方法等方面所作出的改变。广义的工程变更包含合同变更的全部内容，如设计方案和施工方案的变更、工程量清单数量的增减、工程质量和工期要求的变动、建设规模和建设标准的调整、政府行政法规的调整、合同条款的修改以及合同主体的变更等；而狭义的工程变更只包括以工程变更令形式变更的内容，如建筑物尺寸的变动、基础形式的调整、施工条件的变化等。

1. 工程变更的表现形式

（1）更改工程有关部分的标高、基线、位置和尺寸。

（2）增减合同中约定的工程量。

（3）增减合同中约定的工程内容。

（4）改变工程质量、性质或工程类型。

（5）改变有关工程的施工顺序和时间安排。

（6）为使工程竣工而必须实施的任何种类的附加工作。

2. 工程变更原则

（1）设计文件是安排建设项目和组织施工的重要依据，设计一经批准，不得任意改变。

（2）工程变更必须坚持高度负责的精神与严格的科学态度，在确保工程质量标准的前提下，对降低工程造价、节约用地、加快施工进度等方面有显著效益时，应考虑工程变更。

（3）工程变更，事先应周密调查，备有图文资料，其要求与原设计文件的相同，以满足施工需要，并填写变更设计报告单，详细申述变更理由、变更方案（附简图及现场图片）、与原设计的技术经济比较，按照变更审批程序报请审批，未经批准的不得按变更设计施工。

（4）工程变更的图纸设计要求和深度等同原设计文件的。

3. 工程变更分类

根据提出变更申请和变更要求的不同部门，将工程变更划分为三类，即建设单位变更、监理单位变更、施工单位变更。

（1）建设单位变更（包含上级部门变更、建设单位变更、设计单位变更）。

① 上级部门变更：上级行政主管部门提出的政策性变更和由于国家政策变化引起的变更。

② 建设单位变更：建设单位根据现场实际情况，为提高质量标准、建设进度、节约造价等因素综合考虑而提出的工程变更。

③ 建设单位变更：建设单位在工程施工过程中发现工程设计中存在设计缺陷或需要进行优化设计而提出的工程变更。

（2）监理单位变更：监理工程师根据现场实际情况提出的工程变更和工程项目变更、新增工程变更等。

（3）施工单位变更：施工单位在施工过程中发现设计与施工现场的地形、地貌、地质结构等情况不一致而提出来的工程变更。

八、安全技术交底制度

施工现场各分项工程在施工作业活动前必须进行安全技术交底。安全技术交底就是施工员在安排分项工程生产任务的同时，必须向作业人员进行有针对性的安全技术交底。安全技术交底应按工程结构层次的变化和实际情况有针对性地反复进行，同时必须履行交底认签手续，由交底人签字，由被交底班组的集体签字认可。

施工现场安全员必须认真履行检查、监督职责，切实保证安全交底工作不流于形式，提高全体作业人员安全生产的自我保护意识。

九、工程技术资料管理制度

工程技术资料是为建设施工提供指导和对施工质量、管理情况进行记载的技术文件，也是竣工后存查或移交建设单位作为技术档案的原始凭证。单位工程必须从工程准备开始就建立技术资料档案，汇集整理有关资料，并贯穿施工的全过程，直到交工验收为止。凡列入工程技术档案的技术文件、资料，都必须经各级技术负责人正式审定，所有资料、文件都必须如实反映情况，要求记载真实、准确、及时，内容齐全、完整，整理系统化、表格化，字迹工整，并分类装订成册，严禁擅自修改、伪造和事后补做。

工程技术资料档案是永久性保存文件，必须严格管理，不得遗失、损坏，人员调动时必须办理移交手续。由施工单位保存的工程资料档案，一般工程在交工后统一交给项目部资料员保管，重要工程及新工艺、新技术等的资料档案由单位技术科资料室保存，并根据工程的性质确定保存期限，资料一般应一式两份。

第二节　施工现场料具管理

施工现场是建筑安装企业从事施工生产活动，最终形成建筑产品的场所。施工现场的材料与工具管理，属于生产领域材料耗用过程的管理，与企业其他技术经济管理有密切的关系。施工现场料具管理是对现场施工中一切资料和机具进行组织管理工作的总称。在建筑企业生产经营中，占建筑产品造价70%的料具要通过现场施工来消耗。实现施工现场的整齐、清洁、文明，做好料具管理具有重要意义。

一、施工现场材料管理

1. 现场材料管理的概念

现场材料管理，是在现场施工过程中，根据工程类型、场地环境、材料保管和消耗特点，采用科学的管理办法，从材料投入到成品产出全过程进行计划、组织、协调和控制，力求保证生产需要和材料的合理使用，最大限度地降低材料消耗。

现场材料管理的质量，是衡量建筑企业经营管理水平和实现文明施工的重要标志，也是保证工程进度、工程质量，提高劳动效率，降低工程成本的重要环节，并对企业的社会声誉和投标承揽任务都有极大影响。加强现场材料管理,是提高材料管理水平、克服施工现场混乱和浪费现象、提高经济效益的重要途径之一。

2. 现场材料管理的原则和任务

(1)全面规划。在开工前作出现场材料管理规划,参与施工组织设计的编制,规划材料存放场地、道路,做好材料预算,知道现场材料管理目标。全面规划是使现场材料管理全过程有序进行的前提和保证。

(2)计划进场。按施工进度计划,组织材料分期分批有秩序地入场。一方面保证施工生产需要;另一方面要防止形成大批剩余材料。计划进场是现场材料管理的重要环节和基础。

(3)严格验收。按照各种材料的品种、规格、质量、数量要求,严格对进场材料进行检查,办理收料。验收是保证进场材料品种、规格对路以及质量完好、数量准确的第一道关口,也是保证工程质量、降低成本的重要保证。

(4)合理存放。按照现场平面布置要求,做到合理存放,在方便施工、保证道路畅通、安全可靠的原则下,尽量减少二次运输。合理存放是妥善保管的前提,是生产顺利进行的保证,是降低成本的有效措施。

(5)妥善保管。按照各项材料的自然属性,依据物资保管技术要求和现场客观条件,采取各种有效措施进行维修、保养,保证各项材料不降低使用价值。妥善保管是物尽其用、实现成本降低的保证条件。

3. 工程材料进场存放及码放要求

1)确定存放位置

(1)在总平面布置范围内应细化材料堆放场地,确定各阶段、各种材料存放位置,制定基础、主体施工阶段的现场存放布置详图。图中明确规划出各种材料所占用的长宽尺寸及运输通道。

(2)各阶段的现场具备条件后,按规划布置详图中的位置及长宽尺寸在场地上明显标界,挂标志牌。通过标界,强行落实各种材料分类有序存放,消除随意乱放现象。

(3)材料进场前,依据当天或当次进场材料的规格、数量,由生产经理组织物资管理员、现场管理员划出位置界线(或撒出白灰线),使收料人员明白本次的存卸范围并遵照执行。

2)材料码放标准

(1)钢筋码放。

① 按规格、型号分类码放,严禁混乱堆压而造成使用不便。

② 钢筋支垫(垫木)采用100 mm×100 mm短方木(长度500 mm内),垫木两端外伸长度不超过钢筋侧面100 mm,钢筋两端从500 mm处垫起,中间间隔约1 m控制,码放时必须按一头齐、一条线、一般高、一般宽的标准控制,钢筋码放时距墙或围挡栏的距离不小于500 mm,直条的码放高度一般不超过5层,盘条高度不超过2捆。

③ 钢筋码放合格后,及时挂"待检"标志牌,经现场取样或见证取样,依复试结果随即更换"合格"或"不合格"标志牌。钢筋场地也应搭设高度1.5 m的钢管围挡栏,实行封闭式管理。

(2)水泥码放。入库保存,库内底部垫高300 mm(可用机砖码空斗),上铺两层油毡防潮,码放高度不超过15袋高度,距墙200 mm,按不同的品牌、强度等级分垛码放并标示。

(3)砂、石存放。砂石进场检验合格后,直接卸入已划定的位置内,随后整理成梯形,砂堆用密目网覆盖,不露天,不扬尘。

（4）管材码放。按规格、型号、品种分类码放整齐。

（5）砌块码放。材料进场前，场地要整平压实，画线定位，码放高度不超过 1.5 m，垛体方正，并达到一头齐、一同宽、一条线、一般高。

4. 材料使用

（1）钢材使用必须按检验批先进先用，用完上一批次后再用下一批次，清底使用。结构施工中的预留筋，一律用短钢筋，但必须符合设计及规范要求的搭接长度。

（2）水泥使用必须分进场先后，按检验批先进先用，用完上一批次后再用下一批次，清底使用。

（3）砂、石料必须清底使用。

（4）使用砌块时，必须从一头拆垛，先上后下，清底使用。

二、施工现场工具管理

施工现场工具管理是对现场施工所用的周转料具、工具进行使用管理的总称。

1. 周转料具的码放

1）大模板码放

（1）存放场地先硬化，硬化前先作出场地的排水走向，排水坡度按 0.5% 设计，大模板进场卸车或使用完毕拆除后存放时，底部垫 500 mm×100 mm 的方木，间距为 1 m，板面朝下、四边上下对齐码放，高度以不超过 10 层为宜。

（2）大模板区设钢管围挡栏，高度为 1.5 m，满挂密网，封闭管理，挂警示牌，非专业操作人员禁止入内。

（3）模板拆除后，必须及时清理干净板面残留浆渣，满涂脱模剂，然后再规范码放，使用中每浇一步须随时清理模板背面的存灰、黏灰（包括钢模、木模等），最后一步浇完后清干净模板背面并蘸水刷干净。

2）钢支柱、小钢模、方木、门窗洞口模板的码放

依照现场平面布置详图设定的位置，按不同的料具、不同的型号规格分别划线，确定占用的场地。进场验收合格的料具由木工配合卸车，负责将不同大小、长短的料具分别堆放到已确定的区位，码放标准达到一头齐、一条线、成方成垛，高度不超过 1.5 m，严禁散堆乱垛。

3）架管、架扣、架板的码放

依照现场平面布置设定的区位，划线确定占用的面积，架管按不同长度分别按一头齐标准码放，底部垫高 100 mm；架板顺线落地码放成方垛；架扣袋装，按直角、回转、对接型分别码放，层高不超过 10 袋层高。

2. 料具管理方法

（1）施工班组要有兼职工具保管人员，要督促组内人员爱护使用工具和记载保管手册。

（2）零星工具可由班组交给个人保管使用，丢失赔偿。

（3）对工具要爱护使用，每日收工时由使用人员做好清理清洗工作，由工具员检查数量和保洁情况后妥善保管。

三、施工现场机械设备管理

施工机械是施工企业生产的重要工具，针对施工现场的具体情况，使施工机械经常处于最

佳运行状态和最优化的机群组合,是企业提高生产效率和经济效益、减轻劳动强度、改善劳动环境、保证工程质量、加快施工速度的重要保证。随着建筑工业化的发展,施工机械越来越多,并将逐步代替繁重的体力劳动,在施工中发挥愈来愈大的作用。

1. 施工现场机械设备管理的任务和内容

建筑企业机械设备管理是对企业的机械设备进行的动态管理,即从选购(或自制)机械设备开始,到投入施工、磨损、修理,直至报废全过程的管理。而现场施工机械设备管理的任务主要是正确地选择(或租赁)和使用机械设备,及时搞好施工机械设备的维护和保养,按计划检查和修理,建立现场施工机械设备使用管理制度,提高施工机械主设备的使用效率,尽可能降低工程项目的机械使用成本,提高工程项目的经济效益。

现场施工机械设备管理的主要内容有以下几个方面:

(1) 机械设备的选择与配套。任何一个工程项目施工机械设备的合理装备,必须依据施工组织设计。首先,对机械设备的技术经济进行分析,选择购买和租赁既满足生产要求,又先进且经济合理的机械设备;其次,现场施工机械设备的装备性能、能力等方面应相互配套,如果设备数量多,相互之间不配套,不仅机械性能不能充分发挥,而且会造成经济上的浪费,所以不能片面地认为设备的数量越多,机械化水平越高,就一定带来好的经济效益。

(2) 现场机械设备的合理使用。现场机械设备的管理要处理好"养""管""用"三者之间的关系,遵照机械设备使用的技术规律和经济规律,合理、有效地利用机械设备,使之发挥较高的使用效率。为此,操作人员使用机械设备时必须严格遵守操作规程,反对"拼设备""吃设备"等野蛮操作。

(3) 现场机械设备的保养和修理。为了提高机械设备的完好率,使机械设备经常处于良好的技术状态,必须做好机械设备的维修保养工作。同时,定期检查和校检机械设备的运转情况和工作进度,发现隐患及时采取措施,根据机械设备的性能、结构和使用状况,制订合理的维修计划,以便及时恢复现场机械设备的工作能力,预防事故的发生。

2. 合理安全使用机械设备的要求

(1) 实行操作合格证制度。每台机械的专门操作人员必须经过培训,确认合格,发给操作合格证书,这是安全生产的重要前提,也是保证机械设备得到合理使用的必要条件。

(2) 实行定机、定人、定岗制度。由谁操作哪台机械,确定后不随意变动,并把机械使用、维护保养各环节的具体责任落实到每个人的身上。

(3) 实行安全交底制度。现场分管机械设备的技术人员在机械作业前应向操作人员进行安全操作交底,使操作人员对施工要求、场地环境、气候等安全生产要素有详细的了解。

第三节　施工现场内业资料管理

施工现场内业资料管理主要是指对单位工程质量控制资料的管理和工程安全、功能检测资料的管理,以及施工单位为系统积累经验所保存的技术资料的管理。它主要分为工程技术资料管理和质量保证资料管理。它是系统积累施工技术材料、保证各项工程交工后合理使用的基础,并为今后的维护、改造、扩建提供依据。因此,项目技术部门必须从工程准备开始就监理工程技术资料的档案,汇集整理有关资料,并把这项工作贯穿于整个施工过程,直到工程交工验收结束为止。

一、施工现场技术资料管理

施工现场主要技术资料一般包括：① 开工报告；② 施工组织设计；③ 图纸会审；④ 工程技术交底；⑤ 测量成果；⑥ 工程质量事故报告；⑦ 设计变更及技术核定；⑧ 混凝土施工日志；⑨ 竣工图等。

1. 开工报告

开工报告单内容应填写清楚、完整，表中所体现的各单位应签字盖章。

2. 施工组织设计

施工组织设计编制完后需业主单位签字盖章。

3. 图纸会审

会审纪要内容应按实填写清楚、齐全，各参加单位均应签字盖章。

4. 工程技术交底

各分项工程应有详细的技术交底记录，交底人与接底人均应签字齐全，注明交底时间，且质安员应参与交底签字。

5. 测量成果

（1）建筑物定位放线的测量成果要求注明建筑物的±0.000 m，新建筑物定位测量参照点在测量成果上均应绘出，定放线的测量成果应由业主单位签字认可。

（2）单层建筑应有±0.000 m标高，多层、高层建筑的每层高度均要有水准测量记录。

（3）高层建筑、重要建筑、对不均匀沉降有严格限制的建筑以及设计有沉降观测要求的建筑均要按有关规定和设计要求进行沉降观测记录。

6. 工程质量事故报告

在施工过程中，出现了质量事故，应对其进行详细记录。重大质量事故，事故调查报告上应有调查组全体人员的签字，事故处理报告的印章、签字应齐全；一般质量事故（包括质量问题）处理鉴定记录上施工单位技术负责人、质检员、建设单位现场代表、监理单位现场代表和设计单位的签字应完善。

7. 设计变更及技术核定

由设计单位签发的设计变更通知书应由设计人员签字认可。由施工单位要求变更的技术核定单应由设计人员签字认可，施工单位应由项目工程师签字审核，涉及经济方面的应由业主单位签字认可。

8. 混凝土施工日志

要求按实填写，不得漏项、缺项，会签人员应签字齐全。

9. 竣工图

（1）单位工程竣工后，均应有真实反映工程实际情况的竣工图。在施工过程中没有变更或变更较小的可在原施工图上用简图和文字进行说明，并标出设计变更或技术核定单的编号，由项目工程师签名，加盖竣工图专用章。

（2）不符合上述条件的，则应重新绘制竣工图。重新绘制的竣工图，应在图纸的标题栏内注明原施工图号，并在说明中注明变动原因及依据，经项目工程师签名后，加盖竣工图专用章。

（3）凡未作变更按原施工图施工的，也都应加盖竣工图专用章。

10．施工日志

要求记录真实齐全，部位准确。

二、施工现场质量保证资料管理

施工现场质量保证资料一般包括：① 钢材出厂合格证、试验报告单；② 水泥出厂合格证、试验报告单；③ 砖出厂合格证、试验报告单；④ 混凝土试块使用报告单；⑤ 砂浆试块使用报告单；⑥ 机制砖（块材）出厂合格证、试验报告单；⑦ 防水卷材合格证、试验报告单；⑧ 土壤试验材料；⑨ 地基验槽记录；⑩ 结构吊装、结构验收记录（包括隐蔽工程记录）；⑪焊接试（检）验报告、焊条合格证等。

1．原材料资料

从厂家直接提货的原材料既要有出厂合格证，又要有进场时按规定取样的材料性能试验报告，出厂合格证与相应的试验报告均应注明批量、单位工程名称及使用部位。

合格证的抄件应将原件的报告编号、生产厂家、出厂编号、出厂日期、品种、规格（标号）等抄全，合格证的抄件或复印件必须由有经营资格的供货单位提供，且注明销售批量，并加盖公章方有效。钢结构用材应有出厂合格证，且关键部位钢材与进口钢材均应进行机械性能试验及化学成分分析、焊接试验。

2．构件合格证、半成品合格证

所有外部委托生产的构件，均应有构件出厂合格证，并附有钢筋、水泥材质证明和相应的混凝土试块试压报告及静载试验报告。

施工现场预制的一般构件除应有钢材、水泥材质证明外，还应有每台班混凝土试块试验报告，隐蔽记录和钢筋、模板、混凝土分项工程质量评定。

3．混凝土试块试验报告

混凝土试块的留置应符合混凝土结构工程施工及验收规范要求，混凝土试块强度以 28 天龄期为准，混凝土试块强度应分批进行验收、汇总，进行强度评定，汇总表中应注明试块试验报告编号。

混凝土强度的评定方法如下：

（1）预制构件厂（场）搅拌的混凝土，排架结构、框架结构、高层建筑以及主要基础工程一个验收批内的混凝土试块组数在 10 组以上，采用统计法评定。

（2）对零星生产的预制构件的混凝土或现场搅拌批量不大的混凝土，一个验收批内的混凝土试块组数可少于 10 组，按非统计法评定。

4．砂浆试块试验报告

砂浆强度应以标准养护龄期为 28 天的试块抗压试验结果为准，一般每 250 m^3 砌体至少应留设一组试块。

5．土壤试验

施工现场土的干容重（或干密度）由实验室测定，并出具相应的试验记录，对回填部位、回填土夯实记录、土壤夯实干容重（或干密度）每层均应按规定的抽检数量和标准进行试验，并做好取样部位和试验记录，且均要有施工技术负责人、实验员的签字。

6. 地基验槽记录

当地基坑(槽)开挖到接近设计标高时,施工单位应邀请建设单位、设计单位、监理单位等一道对地基坑(槽)进行检查验收,施工技术人员要负责填写验收记录,参加验槽单位均要在验槽记录上签字,以明确各方的质量责任。验槽内容填写完善,工程名称、验收日期等均应填写清楚。

7. 结构吊装、结构验收记录

结构吊装记录应有各构件的轴线位置、垂直度、标高等测量记录及连接点的焊缝质量、搁置长度、检测记录。

吊装所用的钢材、焊条应有出厂合格证,并应在合格证上予以注明用于吊装。基础、主体、竣工验收表均需有业主、设计、质监、施工四方单位的签字盖章。

8. 焊接材料

焊接骨架、焊接网片、闪光对焊、电弧焊、电渣压力焊、重要的预埋件钢筋 T 形接头焊、钢筋气压焊等均应有外观检查记录和焊件试验报告。焊条、焊剂应有出厂合格证,如焊条用量少,可将焊条塑料袋上足以证明其各种性能的合格证复印后经业主单位签字认可,合格证应注明焊条批量。焊缝外观检查记录、焊件试验报告均应注明焊接部位,并附有焊工上岗证复印件。

9. 建筑电气安装工程

电气安装中所用高压设备以及柜盘、绝缘子、套管、避雷管、隔离开关、油开关、变压器、瓦斯继电器、温度计、电动机等主要电气设备材料和线材、管材、灯具、开关、绝缘油、插座、低压设备及附件等其他材料均必须有足以证明其材质性能的出厂合格证,合格证应有制造厂名、规格型号、检验员证、出厂日期。

主要电气设备、材料进场后,安装前应按有关设计规范要求进行检查验收,并进行验收检查登记,登记表中供货方与验收方均应签证。

电气设备试验、调整记录:高压设备试验及系统调试的报告应由有资质的试验单位提出。凡电气工程竣工前必须进行通电试验,并认真做好记录,记录数据、性能鉴定、外观情况均应真实、准确。

绝缘接地电阻检查记录:绝缘电阻测试记录主要包括设备绝缘电阻测试,线路相线与相线、相线对地间、零线对地间的测试记录,系统绝缘电阻测试记录。

电气安装隐蔽工程记录:各类防雷接地隐蔽工程,各类辅助接地、保护接地、重复接地、工作接地和保护接零等工程,电线管暗敷工程,地下电缆工程,大(高)型灯具吊扇预埋件隐蔽工程,变形缝补偿装置隐蔽工程,穿过建筑物和设备基础的套管隐蔽工程等均应按隐蔽工程记录。

上述几项试验、检验记录必须有试验(检验)人、业主方、施工方代表签证。

三、施工现场向监理(业主)提交的报告

(1)工程开工报告。
(2)施工技术方案报审表。
(3)建筑材料报验单。

（4）进场设备报验单。

（5）施工放样报验单。

（6）分包申请。

（7）合同外工程单价申请表。

（8）复工申请。

（9）合同工程月计量申报表。

（10）人工、材料价格调整申报表。

（11）付款申请。

（12）延长工期申报表。

（13）索赔申报表。

（14）事故报告单。

（15）竣工报验单。

第四节　施工现场主要工种施工技术要求

一、混凝土工程施工技术要求

（一）混凝土原材料称量要求

（1）在每一工作班正式称量混凝土前,应先检查原材料质量,必须使用合格材料,各种衡器应定期校核,每次使用前进行零点校核,保证计量准确。

（2）施工中应测定骨料的含水率,当雨天施工含水率有显著变化时,应增加测定次数,依据测试结果及时调整配合比中的用水量和骨料用量。

（3）混凝土原材料按重量计的允许偏差不得超过以下规定:

① 水泥、外掺混合材料,±1%。

② 粗细骨料,±2%。

③ 水、外加剂溶液,±1%。

（二）混凝土原材料质量要求

（1）水泥必须有质量证明书,并应对其品种、标号、包装、出厂日期等进行检查。水泥质量有怀疑或水泥出厂超过 3 个月（快硬硅酸盐水泥为 1 个月）的,应复查试验。

（2）骨料应符合有关规定。粗骨料最大颗粒粒径不得大于结构截面最小尺寸的1/4,同时不得大于钢筋间距最小净距的3/4。

（3）水宜用饮用水。

（4）外加剂应符合有关规定,并经试验符合要求,方可使用。

（5）混合材料掺量应通过试验确定。

（三）混凝土配合比要求

在实验室先进行试配,经试验合格后方能正式生产,并严格按配合比进行计量上料,认真检查混凝土组成材料的质量、用量、坍落度及搅拌时间,按要求做好试块。

（四）混凝土拌和

（1）拌和设备投入混凝土生产前，应按经批准的混凝土施工配合比进行最佳投料顺序和拌和时间的试验。

（2）混凝土拌和必须按照试验部门签发并经审核的混凝土配料单进行配料，严禁擅自更改。

（3）混凝土组成材料的配料量均以重量计。

（4）混凝土拌和时间应通过试验确定，表7-2中所列最少拌和时间可参考使用。

（5）每台班开始拌和前，应检查拌和机叶片的磨损情况，在混凝土拌和过程中，应定时检测骨料含水量，必要时应加密测量。

（6）混凝土掺和料在现场宜用干掺法，且应保证拌和均匀。

（7）外加剂溶液中的水量，应在拌和用水量中扣除。

（8）二次筛分后的粗骨料，其粒径应控制在要求范围内。

（9）混凝土拌和物出现下列情况之一者，按不合格料处理：

① 错用配料单已无法补救，不能满足质量要求。

② 混凝土配料时，任意一种材料计量失控或漏配，不符合质量要求。

③ 拌和不均匀或夹带生料。

④ 出机口混凝土坍落度超过最大允许值。

表 7-2　混凝土最少拌和时间

拌和机容量 Q /m³	最大骨料粒径 /mm	最少拌和时间/s	
		自由式拌和机	强制式拌和机
$0.8 \leqslant Q \leqslant 1$	80	90	60
$1 < Q \leqslant 3$	150	120	75
$Q > 3$	150	150	90

注　（1）入机拌和量应在拌和机额定容量的110%以内。

（2）加冰混凝土的拌和时间应延长30 s（强制15 s），出机的混凝土拌和物中不应有冰块。

（五）运输

（1）选择混凝土运输设备及运输能力，应与拌和、浇筑能力、仓面具体情况相适应。

（2）所用的运输设备应使混凝土在运输过程中不致发生分离、漏浆、严重泌水、过多温度回升和坍落度损失。

（3）同时运输两种以上强度等级、级配或其他特性不同的混凝土时，应设置明显的区分标志。

（4）混凝土在运输过程中，应尽量缩短运输时间及减少转运次数。掺普通减水剂的混凝土运输时间不宜超过表7-3所示的规定。因故停歇过久，混凝土已初凝或已失去塑性时，应做废料处理。严禁在运输途中和卸料时加水。

（5）在高温或低温条件下，混凝土运输工具应设置遮盖或保温设施，以避免气温等因素影响混凝土质量。

（6）混凝土的自由下落高度不宜大于 2 m。超过时，应采取缓降或其他措施，以防止骨料分离。

表 7-3　混凝土运输时间

运输时段的平均气温/(℃)	混凝土运输时间/min
20～30	45
10～20	60
5～10	90

（7）用汽车、翻斗车、侧卸车、料罐车、搅拌车及其他专用车辆运送混凝土时，应遵守下列规定：

① 运输混凝土的汽车应为专用的，运输道路应保持平整。

② 装载混凝土的厚度不应小于 40 cm，车厢应平滑、密闭、不漏浆。

③ 每次卸料，应将所载混凝土卸净，并应适时清洗车厢（料罐）。

④ 汽车运输混凝土直接入仓时，必须有确保混凝土施工质量的措施。

（8）用门式、塔式、缆式起重机以及其他吊车配吊罐运输混凝土时，应遵守下列规定：

① 起重设备的吊钩、钢丝绳、机电系统配套设施、吊罐的吊耳及吊罐放料口等，应定期进行检查维修，保证设备完好。

② 吊罐不得漏浆，并应经常清洗。

③ 起重设备运转时，应注意与周围施工设备保持一定距离和高度。

（9）用各类皮带机（包括塔带机、胎带机等）运输混凝土时，应遵守下列规定：

① 混凝土运输中应避免砂浆损失；必要时适当增加配合比的砂率。

② 当输送混凝土的最大骨料粒径大于 80 mm 时，应进行适应性试验，满足混凝土质量要求。

③ 皮带机卸料处应设置挡板、卸料导管和刮板。

④ 皮带及布料应均匀，堆料高度应小于 1 m。

⑤ 应有冲洗设施及时清洗皮带上黏附的水泥砂浆，并应防止冲洗水流入仓内。

⑥ 露天皮带机上宜搭设盖棚，以免混凝土受日照、风、雨等影响；低温季节施工时，应有适当的保温措施。

（10）用溜筒、溜管、负压（真空）溜槽运输混凝土时，应遵守下列规定：

① 溜筒（管、槽）内壁应光滑，开始浇筑前应用砂浆润滑筒（管、槽）内壁。当用水润滑时，应将水引出仓外，仓面必须有排水措施。

② 溜筒（管、槽）应经过试验论证，确定溜筒（管、槽）高度与合适的混凝土坍落度。

③ 溜筒（管、槽）宜平顺，每节之间应连接牢固，应有防脱落保护措施。

④ 运输和卸料过程中，应避免混凝土分离，严禁向溜筒（管、槽）内加水。

⑤ 运输结束或溜筒（管、槽）堵塞后，应及时清洗，且应防止清洗水进入新浇混凝土仓内。

（六）混凝土浇筑

（1）建筑物地基必须经验收合格后，方可进行混凝土浇筑仓面准备工作。

（2）岩基上的松动岩块及杂物、泥土均应清除。岩基面应冲洗干净并排净积水,如有承压水,必须采取可靠的处理措施。清洗后的岩基在浇注混凝土前应保持洁净和湿润。

（3）软基或容易风化的岩基,应做好下列工作：

① 在软基上准备仓面时,应避免破坏或扰动原状土壤,如有扰动,必须处理。

② 非黏性土壤地基,如湿度不够,应至少浸湿 15 cm 深,使其湿度与最优强度时的湿度相符。

③ 当地基为湿陷性黄土时,应采取专门的处理措施。

④ 在混凝土覆盖前,应做好基础保护。

（4）浇筑混凝土前,应详细检查有关准备工作,包括地基处理（或缝面处理）情况,混凝土浇筑的准备工作,模板、钢筋预埋件等是否符合设计要求,并应做好记录。

（5）基岩面和新老混凝土施工缝面在浇筑第一层混凝土前,可铺水泥砂浆、小级配混凝土,保证新混凝土与基岩或新老混凝土施工缝面接合良好。

（6）混凝土的浇筑,可采用平铺法或台阶法施工。应按一定厚度、次序、方向,分层进行,且浇筑层面平整。台阶法施工的台阶宽度不应小于 2 m。在压力钢管、竖井、孔道、廊道等周边及顶板浇筑混凝土时,混凝土应对称均匀上升。

（7）混凝土浇筑胚层厚度,应根据拌和能力、运输能力、浇筑速度、气温及振捣能力等因素确定,一般为 30～50 cm。根据振捣设备类型确定浇筑胚层的允许最大厚度可参照表 7-4 所示的规定;如采用低塑性混凝土及大型强力振捣设备,则其浇筑胚层厚度应根据试验确定。

表 7-4　混凝土浇筑胚层的允许最大厚度

振捣设备类别		浇筑胚层允许最大厚度
插入式	振捣机	振捣棒（头）长度的 1.0 倍
	电动或风动振捣器	振捣棒（头）长度的 4/5
	软轴式振捣器	振捣棒（头）长度的 1.25 倍
平板式	无筋或单层钢筋结构中	250 mm
	双层钢筋结构中	200 mm

（8）入仓的混凝土应及时平仓振捣,不得堆积,仓内若有粗骨料堆叠,则应均匀地分布至砂浆较多处,但不得用水泥砂浆覆盖,以免造成蜂窝,在倾斜面上浇筑混凝土时,应从低处开始,浇筑面应水平,在倾斜面处收仓面应与倾斜面垂直。

（9）混凝土浇筑的振捣应遵守下列规定：

① 混凝土浇筑应先平仓后振捣,严禁以振捣代替平仓。振捣时间以混凝土粗骨料不再显著下沉,并开始泛浆为准,应避免欠振或过振。

② 振捣设备的振捣能力应与浇筑机械和仓位客观条件相适应,适用塔带机浇筑的大仓位宜配置振捣机振捣。使用振捣机时,应遵守下列规定：

a. 振捣棒组应垂直插入混凝土中,振捣完应慢慢拔出。

b. 移动振捣棒组,应按规定间距相接。

c. 振捣第一层混凝土时,振捣棒组应距硬化混凝土面 5 cm。振捣上层混凝土时,振捣棒头应插入下层混凝土 5～10 cm。

d. 振捣作业时,振捣棒头离模板的距离应不小于振捣棒有效作用半径的1/2。

③ 采用手持式振捣器时应遵守下列规定:

a. 振捣器插入混凝土的间距应根据试验确定,并不超过振捣器有效半径的1.5倍。

b. 振捣器宜垂直按顺序插入混凝土。如略有倾斜,则倾斜方向应保持一致,以免漏振。在振捣时,应将振捣器插入下层混凝土5 cm左右。

c. 严禁振捣器直接碰撞模板、钢筋及预埋件。

d. 在预埋件特别是止水片、止浆片周围,应细心振捣,必要时辅以人工捣固密实,对浇筑块第一层、卸料接触带和台阶边坡处的混凝土应加强振捣。

(10)混凝土浇筑过程中,严禁仓内加水;混凝土和易性较差时,必须采取加强振捣等措施;仓内的泌水必须及时排出;应避免外来水进入仓内,严禁在模板上开孔赶水,带走灰浆;应随时清除黏附在模板、钢筋和预埋件表面的砂浆;应有专人做好模板维护,防止模板位移、变形。

(11)混凝土的坍落度应根据建筑物的结构断面、钢筋含量、运输距离、浇筑方法、运输方式、振捣能力和气候等条件决定,在选定配合比时应综合考虑,并宜采用较小的坍落度。混凝土在浇筑地点的坍落度可参照表7-5选用。

表 7-5　混凝土在浇筑地点的坍落度

混凝土类别	坍落度/cm
素混凝土或少筋混凝土	1~4
配筋率不超过1%的钢筋混凝土	3~6
配筋率超过1%的钢筋混凝土	5~9

(12)混凝土浇筑应保持连续性。

① 混凝土浇筑允许间歇时间应通过试验确定。掺普通减水剂混凝土的允许间歇时间可参照表7-6选择,如因故超过允许间歇时间,但混凝土能重塑者可继续浇筑。

② 如局部初凝,但未超过允许面积,则在初凝部位铺水泥砂浆或小级配混凝土后可继续浇筑。

表 7-6　混凝土的允许间歇时间

混凝土浇筑时的气温/(℃)	允许间歇时间/min	
	中热硅酸盐水泥、硅酸盐水泥、普通硅酸盐水泥	低热矿渣硅酸盐水泥、矿渣硅酸盐水泥、火山灰质硅酸盐水泥
20~30	90	120
10~20	135	180
5~10	195	—

(13)浇筑仓面出现下列情况之一时,应停止浇筑:

① 混凝土初凝并超过允许面积。

② 混凝土平均浇筑温度超过允许偏差值,并在1 h内无法调整至允许温度范围内。

(14)浇筑仓面混凝土料出现下列情况之一时,应予挖除:

① 出现下列情况之一的为不合格料：

a.已错用配料单且已无法补救，不能满足质量要求。

b.混凝土配料时，若任意一种材料计量失控或漏配，则不符合质量要求。

② 拌和不均匀或夹带生料。

③ 下到高等级混凝土浇筑部位的低等级混凝土料。

④ 不能保证混凝土振捣密实或对建筑物带来不利影响的级配错误的混凝土料。

⑤ 长时间不凝固导致超过规定时间的混凝土料。

(15)混凝土施工缝处理，应遵守下列规定：

① 混凝土收仓面应浇筑平整，在其抗压强度尚未达到 2.5 MPa 前，不得进行下道工序的仓面准备工作。

② 混凝土施工缝面应无乳皮，微露粗砂。

③ 毛面处理宜采用 25～50 MPa 高压水冲毛机，也可采用低压水、风砂枪、刷毛机及人工凿毛等方法。毛面处理的开始时间由试验确定，采取喷洒专用处理剂时，应通过试验后实施。

(16)结构物混凝土达到设计顶面时，应使其平整，其高程必须符合设计要求。

(七)混凝土雨季施工

(1)雨季施工应做好下列工作：

① 砂石料仓的排水设施应畅通无阻；

② 运输工具应有防雨及防滑措施；

③ 浇筑仓面应有防雨措施并备有不透水覆盖材料；

④ 增加骨料含水率测定次数，及时调整拌和用水量。

(2)中雨以上的雨天不得新开混凝土浇筑仓面，有抗冲耐磨和抹面要求的混凝土不得在雨天施工。

(3)在小雨天气进行浇筑时，应采取下列措施：

① 适当减小混凝土拌和用水量和出机口混凝土的坍落度，必要时应适当缩小混凝土的水胶比。

② 加强仓内排水和防止周围雨水流入仓内。

③ 做好新浇筑混凝土面尤其是接头部位的保护工作。

(4)在浇筑过程中，遇大雨、暴雨，应立即停止进料，已入仓混凝土应振捣密实后遮盖，雨后必须先排除仓内积水，对受雨水冲刷的部位应立即处理，如混凝土还能重塑，应加铺接缝混凝土后继续浇筑，否则应按施工缝处理。

(5)及时了解天气预报，加强施工区气象观测，合理安排施工。

(八)混凝土养护

(1)混凝土浇筑完毕后，应及时洒水养护，保持混凝土表面湿润。

(2)混凝土表面养护的要求如下：

① 混凝土浇筑完毕后，养护前宜避免太阳光曝晒。

② 塑性混凝土应在浇筑完毕后 6～18 h 内开始洒水养护，低塑性混凝土宜在浇筑完毕后立即喷雾养护，并及早开始洒水养护。

③ 混凝土应连续养护，养护期内始终使混凝土表面保持湿润。

（3）混凝土养护时间，不宜少于 28 天，有特殊要求的部位宜适当延长养护时间。

（4）混凝土的养护用水应与拌制用水相同。

（5）混凝土养护应有专人负责，并做好养护记录。

（九）低温季节混凝土施工

1. 一般规定

（1）日平均气温连续 5 天稳定在 5 ℃以下或最低气温连续 5 天在－3 ℃以下时，按低温季节施工。

（2）低温季节施工，必须编制专项施工组织设计和技术措施，以保证浇筑的混凝土满足设计要求。

（3）混凝土早期允许受冻临界强度应满足下列要求：

① 大体积混凝土，不应低于 7 MPa。

② 非大体积混凝土和钢筋混凝土，不应低于设计强度的 85%。

（4）低温季节，尤其在严寒和寒冷地区，施工部位不宜分散。已浇筑的有保护要求的混凝土，在进入低温季节之前，应采取保温措施。

（5）进入低温季节，施工前应先准备好加热、保温和防冻材料（包括早强、防冻外加剂），并应有防火措施。

2. 施工准备

（1）原材料的储存、加热、输送和混凝土的拌和、运输、浇筑仓面，均应根据气候条件，通过热工计算，选择适宜的保温措施。

（2）骨料宜在进入低温季节前筛洗完毕。成品料应有足够的储备和堆高，并要有防止冰雪和冻结的措施。

（3）低温季节混凝土拌和宜先加热水。当日平均气温稳定在－5 ℃以下时，宜加热骨料。骨料宜采用蒸汽排管法加热，粗骨料可以直接用蒸汽加热，但不得影响混凝土的水灰比。骨料不需加热时，应注意不能结冰，也不应混入冰雪。

（4）拌和混凝土之前，应用热水或蒸汽冲洗拌和机，并将积水排除。

（5）在岩基或老混凝土上浇筑混凝土前，应检测其温度，如为负温，应加热至正温，加热深度不小于 10 cm 或以浇筑仓面边角（最冷处）表面测温为正温（大于 0 ℃）为准，经检验合格后方可浇筑混凝土。

（6）仓面清理宜采用热风枪或机械方法，不宜用水枪或风水枪。

（7）在软基土上浇筑第一层基础混凝土时，基土不能受冻。

3. 施工方法及保温措施

（1）低温季节混凝土的施工方法宜符合下列要求：

① 在温和地区宜采用蓄热法，风沙大的地区应采取防风措施。

② 在严寒和寒冷地区，预计日平均气温在－10 ℃以上时，宜采用蓄热法；预计日平均气温为－15～－10 ℃时，可采用综合蓄热法或暖棚法；对风沙大、不宜搭设暖棚的仓面，可采用覆盖保温被下布置供暖设备的办法；在特别严寒的地区（最热月与最冷月平均温度差大于42 ℃），在进入低温季节施工时要认真研究确定施工方法。

③ 除工程特殊需要外，日平均气温在－20 ℃以下时不宜施工。

（2）混凝土的浇筑温度应符合设计要求：温和地区不宜低于 3 ℃；严寒和寒冷地区采用蓄热法时不应低于 5 ℃，采用暖棚法时不应低于 3 ℃。

（3）当采用蒸汽加热或电加热法施工时，应进行专门的设计。

（4）温和地区和寒冷地区采用蓄热法施工，应遵守下列规定：

① 保温模板应严密，保温层应搭接牢靠，尤其在孔洞和接头处，应保证施工质量。

② 有孔洞和迎风面的部位，应增设挡风保温设施。

③ 浇筑完毕后应立即覆盖保温。

④ 使用不易吸潮的保温材料。

（5）外挂保温层必须牢固地固定在模板上。模板内贴保温层表面应平整，并有可靠措施保证在拆模后能固定在混凝土表面。

（6）混凝土拌和时间应比常温季节要适当延长，具体通过试验确定。已加热的骨料和混凝土应尽量缩短运距，减少倒运次数。

（7）在施工过程中，应注意控制并及时调节混凝土的机口温度，尽量减少波动，保持浇筑温度均匀。控制方法以调节拌和水温为宜。提高混凝土拌和物温度的方法：首先应考虑加热拌和用水；当加热拌和用水还不能满足浇筑温度要求时，要加热骨料，水泥不得直接加热。

（8）拌和用水加热超过 60 ℃时，应改变加料顺序，将骨料与水先拌和，再加入水泥，以免假凝。

（9）混凝土浇筑完毕后，外露面应及时保温。新老混凝土接合处和边角应加强保温，保温层厚度应是其他面保温层厚度的 2 倍，保温层搭接长度不应小于 30 cm。

（10）在低温季节浇筑的混凝土，拆除模板必须遵守下列规定：

① 拆除非承重模板时，混凝土强度必须大于允许受冻的临界强度或成熟度值。

② 承重模板拆除应经计算确定。

③ 拆模时间及拆模后的保护应满足温控防裂要求，并遵守内外温差不大于 20 ℃或 2～3 天内混凝土表面温降不超过 6 ℃。

（11）混凝土质量检查除按规定成形时间检测外，还可采取无损检测手段随时检查混凝土早期强度。

4. 温度观测

（1）施工期间，温度观测规定如下：

① 外界气温宜采用自动测温仪器，若人工测温，则每天应测 4 次。

② 暖棚内气温每 4 h 测一次，以混凝土面 50 cm 的温度为准，测四边角和中心温度的平均数为暖棚内气温值。

③ 水、外加剂及骨料的温度每小时测一次。测量水、外加剂溶液和砂的温度时，温度传感器或温度计插入深度不小于 10 cm；测量粗骨料温度时，插入深度不小于 10 cm，并大于骨料粒径的 1.5 倍，周围要用细粒径充填。用点温计测量时，应自 15 cm 以下取样测量。

④ 混凝土的机口温度、运输过程中温度损失及浇筑温度，根据需要测量或每 2 h 测量一次。温度传感器或温度计插入深度不小于 10 cm。

⑤ 已浇混凝土块体内部温度可用电阻式温度计或热电偶等仪器观测或埋设测量孔（孔深应大于 15 cm，孔内灌满液体介质），用温度传感器或玻璃温度计测量。

（2）大体积混凝土浇筑后 1 天内应加密观测温度变化，外部混凝土每天应观测最高、最低温度；内部混凝土每 8 h 观测一次，其后宜每 12 h 观测一次。

（3）气温骤降和寒潮期间，应增加观测次数。

二、钢筋工程施工技术要求

（1）严格执行钢筋工程的施工规范。钢筋的品种和质量必须符合要求和《钢筋混凝土用钢　第 1 部分：热轧光圆钢筋》（GB 1499.1—2008）、《钢筋混凝土用钢　第 2 部分：热轧带肋钢筋》（GB 1499.2—2007）的规定，焊条、焊剂的牌号、性能必须符合设计要求和《低碳钢及低合金高强度钢焊条》（GB 981—76）的规定，进口钢筋焊接前必须进行化学成分检验和焊接试验。

（2）钢筋绑扎后，应根据设计图纸检查钢筋的直径、根数、间距、锚固长度、形状是否正确，特别要注意检查负筋的位置。

（3）保证钢筋绑扎牢固，无松动、变形现象。

（4）钢筋表面的油污、铁锈必须清除干净。

（5）钢筋采用焊接接头时，设置在同一构件内的焊接接头应相互错开，错开距离为受力筋直径的 30 倍且不小于 500 mm。一根钢筋不得有两个接头，有接头的钢筋截面面积占钢筋总截面面积的百分率：在受拉区不宜超过 50%；在受压区和装配式结构节点不限制。

（6）钢筋采用绑扎接头时，接头位置应相互错开，错开距离为受力钢筋直径的 30 倍且不小于 500 mm。有绑扎接头的受力筋截面面积占受力筋总截面面积的百分率：在受拉区不得超过 25%，在受压区不得超过 50%。

（7）焊接接头尺寸允许偏差必须符合相关规定。

（8）钢筋安装及预埋件位置的允许偏差符合相关规定。

（9）钢筋接头不宜设置在梁端、柱端的箍筋加密区。抗震结构绑扎接头的搭接长度，一、二级时应比非抗震的最小搭接长度相应增加 $10d$、$5d$（d 为搭接钢筋直径）。

（10）钢筋焊接前，必须根据施工条件进行试焊合格后方可正式施焊。焊工必须有焊工合格证，并在规定的范围内进行焊接操作。

（11）钢筋连接采用锥螺纹连接时，接头连接套需有质量检验单和合格证，连接接头强度必须达到钢材强度值，按每种规格接头，以 300 个为一批（不足 300 个仍为一批），每批三根接头，试件长度不小于 600 mm 做拉伸试验；钢筋套丝质量必须符合要求，要求逐个用月牙形规和卡规检查，要求牙形与牙形规的牙形吻合，小端直径不得超过允许值；钢筋螺纹的完整牙数不小于规定牙数；连接完的钢筋头必须用油漆作标记，其外露丝扣不得超过一个完整丝扣；连接套规格需与钢筋的相符，连接钢筋时必须将力矩扳手扭矩值调到规定钢筋接头拧紧值，不要超过允许的扭矩值。

三、模板工程施工技术要求

（1）保证混凝土结构和构件各部分设计形状、尺寸和相互位置正确。

（2）具有足够的强度、刚度和稳定性，能可靠地承受有关标准规定的各项施工荷载，并保证变形在有关范围内。

（3）面板板面平整、光洁，拼缝密合不漏浆。

（4）安装和拆卸方便、安全，一般能够多次使用。尽量做到标准化、系列化，有利于混凝土工程的机械化施工。

（5）模板应与混凝土结构和构件的特征、施工条件和浇筑方法相适应。大面积的平面支模应选用大模板；当浇筑层厚度不超过 3 m 时，宜选用悬臂大模板。

（6）组合钢模板、大模板、滑动模板等模板的设计、制作和施工应符合国家现行标准《组合钢模板技术规范》（GB 50214—2001）、《液压滑动模板施工技术规范》（GBJ113）和《水工建筑物滑动模板施工技术规范》（SL 32—92）相应规定。

（7）对模板采用的材料及制作、安装等工序均应进行质量检测。模板制作前，应由材料供货商提供材质方面的证明材料，确认是否满足设计要求，不合格的材料不得使用。模板（包括外购的模板及委托模板公司加工制作的模板）制作完成后，需要对其加工制作的误差进行检测。其中，钢模台车、悬臂模板、自升模板等，均需要进行预拼装，特别是重复应用于第二个工程项目时更应如此，这有利于对模板进行调整和矫正，合格后方可运至现场安装。模板安装就位，并固定牢靠后，其实测资料（有轨滑模，应提供滑轨的测量资料）再由质监部门及监理工程师检查验收，合格后才能进行混凝土浇筑。

四、砌体工程施工技术要求

（一）砌砖体工程

（1）严格执行砌体工程施工及验收规范。

（2）砌体施工应设置皮数杆，并根据设计要求、砖石规格和灰缝厚度在皮数杆上标明批数及竖向构造的变化部位。

（3）砌体表面的平整度、垂直度、灰缝厚度及砂浆饱满度，均应按规定随时检查并校正。

（4）砂浆品种符合设计要求，强度必须符合有关规定。

（5）砖的品种、标号必须符合设计要求，并应规格一致。

（6）根据砌体抗震规范的要求，埋入砌砖体中的拉结筋，应设置正确、平直。其外露部分在施工中不得任意弯折。

（7）砌砖体的尺寸和位置的允许偏差不应超过有关规定。

（8）砌砖体的水平灰缝厚度和竖直灰缝宽度一般为 10 mm，但不小于 8 mm，也不大于12 mm。

（9）清水墙勾缝应采用加浆勾缝，勾缝砂浆宜采用细砂拌制的 1：15 的水泥砂浆，勾缝深度为 4～5 mm。

（10）砌砖体的转角处和交接处同时砌筑。对不能同时砌筑而又必须留置的临时间断处，应砌成斜槎。实心砌砖体的斜槎长度不应小于高度的 2/3，空心砌砖体斜槎长、高应按砖的规格尺寸确定。如临时间断处留槎确有困难，除转角处外，也可留直槎，但必须做成阳槎，并加设拉结筋。拉结筋的数量为每 12 cm 墙厚放置 1 根直径为 6 mm 的钢筋，间距沿墙高不得超过50 cm，埋入深度从墙的留槎算起，每边均不小于 50 cm，末端应有 90°的弯钩。

（二）石砌体工程

1. 干砌石施工技术要求

（1）砌石应垫稳填实，与周边砌石靠紧，严禁架空。石料应坚硬、密实，表面应无全风化、强风化极软岩。

（2）严禁出现通缝、叠砌及浮塞，不得在外露面用块石砌筑，而中间用小石填心，不得在砌筑层面以小石块、片石找平，堤顶应以大石块或混凝土预制块压顶。

2．浆砌石施工技术要求

（1）砌石前应将石料刷洗干净，并保持湿润，砌体石块间应用胶结材料黏结、填实。石料应选择坚硬、密实，表面应无全风化、强风化极软岩等。

（2）护坡、护底和翼墙内部石块间较大的空隙，应先灌填砂浆或细石混凝土并认真振捣，再用碎石块嵌实，不得采用先填碎石块、后塞砂浆的方法处理。

（3）拱石砌筑，必须两端对称进行，各排拱石互相交错，错缝距离不得小于 10 cm。

（4）当最低温度在 0～5 ℃时，砌筑作业应注意表面保护，最低气温在 0 ℃以下时应停止砌筑。

3．石砌体基础施工技术要求

（1）砌筑毛石基础的第一皮石块应坐浆，应将大面向下。毛石基础如做成阶梯形，上级阶梯的石块应至少压砌下级阶梯的 1/2，相邻阶梯的毛石应互错缝搭砌。

（2）砌筑料石基础的第一皮应用丁砌层坐浆砌筑。阶梯形料石基础，上级阶梯的料石应至少压砌下级阶梯的 1/3。

4．石砌挡土墙施工技术要求

（1）毛石的中部厚度不宜小于 200 mm。

（2）毛石每砌 3～4 皮为一个分层高度，每个分层高度应找平一次。

（3）毛石外露面的灰缝厚度不得大于 40 mm，两个分层高度间分层处毛石的错缝不得小于 80 mm。

（4）料石挡土墙宜采用同皮内丁顺相间的砌筑形式。当中间部分用毛石填砌时，丁砌料石伸入毛石部分长度不应小于 200 mm。

（5）石砌挡土墙泄水孔当设计无规定时，应符合下列要求：

① 泄水孔应均匀设置，在每米高度上间隔 2 m 左右设置一个泄水孔；泄水孔与土体间铺设长宽各 300 mm、厚 200 mm 的卵石或碎石作疏水层。

② 挡土墙内侧回填土必须分层夯填，分层松土厚度应为 300 mm。挡土墙应有坡度以使水流向挡土墙外侧。

五、堤防工程施工技术要求

1．堤基施工的一般要求

堤基施工系隐蔽工程施工，因此施工技术应从严要求，控制有关施工方案与技术措施，保证堤基施工的质量，避免以后工程运行中产生不可挽回的危害与损失。

对比较复杂或施工难度较大的堤基，施工前应进行现场试验，这是解决堤基施工中存在的问题，取得必要施工技术参数的关键性手段，并有利于堤基处理的组织实施，保证工程质量。

冰夹层和冻胀土层的融化处理通常采用自然升温法或夜间地膜保护法，以及土墙挡风法等，个别严寒地区亦可考虑在温棚内加温融化。基坑渗水和积水是堤基施工经常遇到问题，处理不当就会出现事故，造成严重质量隐患，对较深基坑，要采取措施防止坍岸、滑坡等事故的发生,消除隐患。

2. 堤基清理要求

(1)堤基清理的范围应包括堤身、戗台、铺盖、压载的基面,其边界应在设计基面边线外 0.3～0.5 m,老堤加高培厚,其清理范围尚应包括堤顶及堤坡。

(2)堤基表面的淤泥、腐殖土、泥炭等不合格土及草皮、树根、建筑垃圾等杂物必须清除。

(3)堤基内的井窖、墓穴、树坑、坑塘及动物巢穴,应按堤身建筑要求进行回填处理。

(4)堤基清理后,应在第一次铺填前进行平整。除了深厚的软弱堤基需另行处理外,还应进行压实。压实后的质量应符合设计要求。

(5)新老堤结合部的清理、刨毛应符合《堤防工程施工规范》(SL 260—98)的要求。

3. 土料防渗体填筑的要求

(1)黏土料的土质及其含水率应符合设计和碾压试验确定的要求。

(2)填筑作业应按水平层次铺填,不得顺坡填筑。分段作业面的最小长度,机械作业时不应小于100 mm,人工作业时不应小于50 mm。应分层统一铺土,统一碾压,严禁出现界沟。当相邻作业面之间不可避免出现高差时,应按照《堤防工程施工规范》(SL 260—98)的规定施工。

(3)必须分层填土,铺料厚度和土块直径的限制尺寸应符合表7-7所示的规定。

表 7-7 铺料厚度和土块直径限制尺寸

压实功能类型	压实机具种类	铺料厚度/mm	土块限制直径/mm
轻型	人工夯、机械夯	15～20	小于或等于5
	5～10 t平碾	20～25	小于或等于5
中型	12～15 t平碾、斗容为2.5 m³的铲运机、5～8 t振动碾	25～30	小于或等于10
重型	斗容大于7 m³的铲运机、10～16 t振动碾、加载气胎碾	30～50	小于或等于10

(4)碾压机械行走方向应平行于堤轴线,相邻作业的碾迹必须搭接。搭接碾压宽度,平行堤轴线方向不应小于0.5 m,垂直堤轴线方向不应小于1.5 m,机械碾压不到的部位应采用机械或人工夯实,夯击应连环套打,双向套压,夯迹搭压宽度不应小于1/3夯径。

(5)土料的压实指标应根据实验成果和《堤防工程设计规范》(GB 50286—2013)的设计压实度要求确定设计干密度值进行控制。

思 考 题

1. 施工前进行图纸会审有何目的?
2. 施工前进行技术交底有何作用?
3. 什么是隐蔽工程?什么是见证取样?

4．施工现场技术管理资料包括哪些？

5．混凝土拌和物出现何种情况时按不合格料处理？

6．混凝土工程施工对原材料称量的允许偏差有何规定？

7．在钢筋混凝土构件中，对钢筋接头有何规定？

8．浆砌石施工技术要求有哪些？

9．模板在混凝土浇筑前应做哪些方面的检查？

10．土方碾压施工中确定其铺实厚度应考虑哪些因素？

第八章　施工单位工程资料管理

教学重点：工程档案资料管理、水电工程资料验收的基本要求、水电工程项目划分及质量评定。

教学目标：了解工程档案资料管理的内容；熟悉水电工程资料验收的基本要求；掌握水电工程项目的划分及质量评定。

第一节　水利基本建设项目(工程)档案资料管理规定

一、一般规定

水利工程档案工作是水利基本建设工作的重要组成部分，必须将其纳入基本建设项目管理工作的全过程，按统一领导、分级管理的原则，建立相应机构或配专人做好这一工作。

水利工程档案是水利科技档案的重要组成部分，是专业技术人员劳动智慧的结晶，它产生于整个水利基本建设全过程，包括从项目提出、可行性研究、设计、决策、招(投)标、施工、质检、监理到竣工验收、试运行(使用)等过程中形成的，应当归档保存的文字、图纸、图表、声像、计算材料等不同形式与载体的各种历史记录。

水利工程档案工作的进程要与工程建设进程同步。所有基本建设项目，从立项时，就应开始进行文件材料的收集、积累和整理工作；签订勘测、设计、施工、监理等协议(合同)时，要对水利工程档案(包括竣工图)的质量、份数和移交工作提出明确要求；检查工程进度与施工质量时，要同时检查水利工程档案的收集、整理情况；进行单元与分部工程质量等级评定和工程验收(包括单位工程与阶段和竣工验收)时，要同时验收应归档文件材料的完整程度与整理质量，并在验收后，及时整理归档。整个项目的归档工作应在竣工验收后 3 个月内完成(项目尾工的归档工作应在尾工完成后的 1 个月内完成)。

水利基本建设项目(工程)在各阶段工程质量评定和竣工时，水利工程档案(特别是竣工图)达不到规定要求的，不能算完成施工任务，不得进行鉴定验收；在规定期限内未完成归档任务的基本建设项目，不得评为优质工程。

水利工程档案的整理质量应是衡量工程(项目)勘测、设计、研究、施工、监理等工作质量的重要内容。因此有关单位在未完成归档工作(办理移交手续)前，建设单位不得返还其扣留的工程(项目)质量保证金。对于归档质量优良的有关单位或责任人，建设单位可予以适当的奖励。

工程技术人员应将本职工作中形成的有关工程的各种材料按档案部门的要求进行收集、整理和立卷。各单位应加强对此工作的督促检查。未完成归档任务的，不算完成工作任务，更不能申报有关奖励(项目)。工作调动前必须交清有关档案资料(对于可告一段落的项目，还应按要求完成有关材料的立卷归档工作），否则，不能调动工作。

各有关单位（包括建设、管理、监理、施工、勘察设计等单位）和工程现场指挥机构，必须有一位负责人分管档案工作。建设单位要对水利工程档案负全责，其他有关单位也要各负其责。大、中型建设项目，特别是国家和省、部级的重点工程，建设单位在建设初期就必须设立档案室，落实档案专职人员，负责集中统一管理有关工程建设的全部档案资料，并对有关业务部门档案资料的整理工作进行指导；管理单位也应在组建初期建立健全档案工作，为接收工程档案资料创造条件。

兴建国家重点水利基本建设项目时，均应设计建设与工作任务相适应的、符合要求的专用档案资料库房（具体标准可参见《档案馆建筑设计规范》（JGJ 25—2000）），并为档案保管与利用配置必要的装具和设备；其他水利基本建设项目，也应为档案工作解决所需的库房、装具和设备，其费用可分别列入工程总概算的管理房屋建筑工程项目类和生产准备费中。

水利项目参建各有关单位要采取有效措施强化档案部门参加设备开箱工作，特别要做好引进技术，设备资料和图纸的收集与整理工作。对于通过其他途径获得的与引进技术、设备有关的档案资料，也应及时移交给档案资料部门统一管理，以确保有关文件材料的完整与安全。建立水利工程档案管理登记制度，所有项目的建设与管理单位均应按期向上级主管单位的档案部门报送（建设项目档案资料管理情况登记表）。

档案资料部门在加强收集工作的同时，要大力开展编研工作，完善提供、利用手段与措施，努力提高管理水平，积极为生产一线提供服务，以充分发挥档案资料的作用。对于不能或暂不能公开的档案资料，应按有关单位提出的利用范围，做好保密工作；对已超过保管期限的水利工程档案，应按《水利科学技术档案管理暂行规定》进行鉴定、销毁。

二、工程档案资料的整理、汇总与移交

水利工程档案必须完整、准确、系统，并做到字迹清楚、图面整洁、装订整齐、签字手续完备，图片、照片等还要附以有关情况说明，所有归档材料不得使用圆珠笔、铅笔和红墨水等易褪色材料书写（包括拟写、修改、补充、注释或签名）。

水利基本建设前期工作（如勘测、设计、科研等）产生的档案资料，除依据合同必须向委托或建设单位提供的材料和有关成果外，其余部分均应向产生单位的档案部门归档。

竣工图是工程的实际反映，是水利工程档案的重要组成部分，必须做到图物相符。施工单位一定要在施工过程中，认真做好施工记录、检测记录、交接验收记录和签证，整理好变更文件（单独立卷），按规定及时编制好竣工图。所有竣工图必须由施工单位在图标上方加盖竣工图章，并履行签字手续后，才能作为竣工图保存。竣工图的编制形式和深度可按以下情况区别对待：

（1）凡按图施工、没有变动的，可利用原施工图作为竣工图。

（2）凡在施工中，虽有一般性设计变更，但能在原施工图上修改、补充的，可由施工单位在原施工图（必须是新蓝图）上注明修改部分与修改依据和施工说明后，作为竣工图。

（3）凡结构改变、工艺改变、平面布置改变、项目改变以及有其他重大变更，原施工图不能代替或利用的，必须重新绘制竣工图。

（4）反映建设项目过程的图片、照片（包括底片）、录音、录像等声像材料，是水利工程档案的重要内容，应按其种类分别整理、立卷，并应对每个画面附以比较详细的语言或文字说明。

有关单位特别是施工单位从施工初期就应指定专人负责,认真做好记录并随时加以整理、注释。大中型建设项目,特别是重点工程的重大事件、事故,必须有完整的文字和声像材料,否则不予验收。

水利工程档案的移交应履行签字手续,并按以下原则进行:

(1)基本建设项目实行总承包的,各分包单位应负责收集、整理分包范围内的档案资料,然后交总包单位汇总、整理,再统一向建设单位与工程管理单位移交。

(2)基本建设项目由建设单位分别向几个单位发包的,各承包单位应负责收集、整理所包工程的档案资料,并由建设单位汇总,或由建设单位委托一个承包单位负责汇总、整理后,再向建设单位和工程管理单位移交。

(3)基本建设项目实行监理制度的,由各有关单位按以上原则汇总、整理后交监理部门审查,经审查合格后的案卷,再向建设单位和工程管理单位移交。

(4)竣工图一般不得少于三套:一套交工程管理单位档案部门,一套交管理单位负责运行维护的业务部门,一套交工程建设单位档案部门(当建设单位就是管理单位时,可少交一套);凡关系到全国性或某些城市规划的重要项目,按国家档案局的规定,增交一套给有关档案馆。集资或合资兴建的项目,可由建设单位根据实际情况增加竣工图的份数。

三、归档范围和保管期限

水利基本建设项目(工程)文件材料的归档范围与保管期限,应严格执行《水利基本建设项目(工程)文件材料归档范围和保管期限表》的规定执行。需由若干单位保存的文件材料只有一份时,则由工程(项目)的产权单位保存原件(多家产权的,由投资多的一方保存原件),其他单位保存复印件。

对于有特殊要求的建设项目,在正式开工前,建设单位根据工程特点、规模和工程全过程对将要产生的文件材料规定出比较详细的归档范围和保管期限表,直接印发给工程各有关单位,同时抄送给主管机关的档案部门。

归档文件及其保管期限如表 8-1 所示。

表 8-1　归档文件及其保管期限

序号	归档文件	保管单位/期限		
		项目法人	运行管理单位	流域机构档案馆
1	工程建设前期工作文件材料	—	—	—
1.1	勘测设计任务书、报批文件及审批文件	永久	永久	—
1.2	规划报告书、附件、附图、报批文件及审批文件	永久	永久	—
1.3	项目建议书、附件、附图、报批文件及审批文件	永久	永久	—
1.4	可行性研究报告书、附件、附图、报批文件及审批文件	永久	永久	—
1.5	初步设计报告书、附件、附图、报批文件及审批文件	永久	永久	—
1.6	各阶段的环境影响、水土保持、水资源评价等专项报告及批复文件	永久	永久	—
1.7	各阶段的评估报告	永久	永久	—
1.8	各阶段的鉴定、实验等专题报告	永久	永久	—

序号	归 档 文 件	保管单位/期限		
		项目法人	运行管理单位	流域机构档案馆
1.9	招标设计文件	永久	永久	—
1.10	技术设计文件	永久	永久	—
1.11	施工图设计文件	长期	长期	—
2	工程建设管理文件材料	—	—	—
2.1	工程建设管理有关规章制度、办法	永久	永久	—
2.2	开工报告及审批文件	永久	永久	—
2.3	重要协调会议与有关专业会议的文件及相关材料	永久	永久	—
2.4	工程建设大事记	永久	永久	永久
2.5	重大事件、事故声像材料	长期	长期	—
2.6	有关工程建设管理及移民工作的各种合同、协议书	长期	长期	—
2.7	合同谈判记录、纪要	长期	长期	—
2.8	合同变更文件	长期	长期	—
2.9	索赔与反索赔材料	长期	—	—
2.10	工程建设管理涉及的有关法律事务往来文件	长期	长期	—
2.11	移民征地申请、批准文件及红线图（包括土地使用证）、行政区域图、坐标图	永久	永久	—
2.12	移民拆迁规划、安置、补偿及实施方案和相关的批准文件	永久	永久	—
2.13	各种专业会议记录	长期	*长期	—
2.14	专业会议纪要	永久	*永久	*永久
2.15	有关领导的重要批示	永久	永久	—
2.16	有关工程建设计划、实施计划和调整计划	长期	—	—
2.17	重大设计变更及审批文件	永久	永久	永久
2.18	有关质量及安全生产事故处理文件材料	长期	长期	—
2.19	有关招标技术设计、施工图设计及其审查文件材料	长期	长期	—
2.20	有关投资、进度、质量、安全、合同等控制文件材料	长期	—	—
2.21	招标文件、招标修改文件、招标补遗及答疑文件	长期	—	—
2.22	投标书、资质资料、履约类保函、委托授权书和投标澄清文件、修正文件	永久	—	—
2.23	开标、评标会议文件及中标通知书	长期	—	—
2.24	环保、档案、防疫、消防、人防、水土保持等专项验收的请示、批复文件	永久	永久	—
2.25	工程建设不同阶段产生的有关工程启用、移交的各种文件材料	永久	永久	*永久
2.26	出国考察报告及外国技术人员提供的有关文件材料	永久	—	—
2.27	项目法人在工程建设管理方面与有关单位（含外商）的重要来往函电	永久	—	—

序号	归档文件	保管单位/期限		
		项目法人	运行管理单位	流域机构档案馆
3	施工文件材料	—	—	—
3.1	工程技术要求、技术交底、图纸会审纪要	长期	长期	—
3.2	施工计划、技术、工艺、安全措施等施工组织设计报批及审核文件	长期	长期	—
3.3	建筑原材料出厂证明、质量鉴定、复验单及试验报告	长期	长期	—
3.4	设备材料、零部件的出厂证明(合格证)、材料代用核定审批手续、技术核定单、业务联系单、备忘录等	—	长期	—
3.5	设计变更通知、工程更改洽商单等	永久	永久	永久
3.6	施工定位(水准点、导线点、基准点、控制点等)测量、复核记录	永久	永久	—
3.7	施工放样记录及有关材料	永久	永久	—
3.8	地质勘探和土(岩)试验报告	永久	长期	—
3.9	基础处理、基础工程施工、桩基工程、地基验槽记录	永久	永久	—
3.10	设备及管线焊接试验记录、报告,施工检验、探伤记录	永久	长期	—
3.11	工程或设备与设施强度、密闭性试验记录、报告	长期	长期	—
3.12	隐蔽工程验收记录	永久	长期	—
3.13	记载工程或设备变化状态(测试、沉降、位移、变形等)的各种监测记录	永久	长期	—
3.14	各类设备、电气、仪表的施工安装记录,质量检查、检验、评定材料	长期	长期	—
3.15	网络、系统、管线等设备、设施的试运行、调试、测试、试验记录与报告	长期	长期	—
3.16	管线清洗、试压、通水、通气、消毒等记录、报告	长期	长期	—
3.17	管线标高、位置、坡度测量记录	长期	长期	—
3.18	绝缘、接地电阻等性能测试、校核记录	永久	长期	—
3.19	材料、设备明细表及检验、交接记录	长期	长期	—
3.20	电器装置操作、联动实验记录	短期	长期	—
3.21	工程质量检查自评材料	永久	长期	—
3.22	施工技术总结,施工预、决算	长期	长期	—
3.23	事故及缺陷处理报告等相关材料	长期	长期	—
3.24	各阶段检查、验收报告和结论及相关文件材料	永久	永久	＊永久
3.25	设备及管线施工中间交工验收记录及相关材料	永久	长期	—
3.26	竣工图(含工程基础地质素描图)	永久	永久	永久
3.27	反映工程建设原貌及建设过程中重要阶段或事件的声像材料	永久	永久	永久
3.28	施工大事记	长期	长期	—

序号	归 档 文 件	保管单位/期限		
		项目法人	运行管理单位	流域机构档案馆
3.29	施工记录及施工日记	—	—	长期
4	监理文件材料	—	—	—
4.1	监理合同协议,监理大纲,监理规划、细则,采购方案,监造计划及批复文件	长期	—	—
4.2	设备材料审核文件	长期	—	—
4.3	施工进度、延长工期、索赔及付款报审材料	长期	—	—
4.4	开(停、复、返)工令、许可证等	长期	—	—
4.5	监理通知,协调会审纪要,监理工程师指令、指示,来往信函	长期	—	—
4.6	工程材料监理检查、复检、实验记录、报告	长期	—	—
4.7	监理日志、监理周(月、季、年)报、备忘录	长期	—	—
4.8	各项控制、测量成果及复核文件	长期	—	—
4.9	质量检测、抽查记录	长期	—	—
4.10	施工质量检查分析评估、工程质量事故、施工安全事故等报告	长期	长期	—
4.11	工程进度计划实施的分析、统计文件	长期	—	—
4.12	变更价格审查、支付审批、索赔处理文件	长期	—	—
4.13	单元工程检查及开工(开仓)签证,工程分部分项质量认证、评估	长期	—	—
4.14	主要材料及工程投资计划、完成报表	长期	—	—
4.15	设备采购市场调查、考察报告	长期	—	—
4.16	设备制造的检验计划和检验要求、检验记录,以及试验、分包单位资格报审表	长期	—	—
4.17	原材料、零配件等的质量证明文件和检验报告	长期	—	—
4.18	会议纪要	长期	长期	—
4.19	监理工程师通知单、监理工作联系单	长期	—	—
4.20	有关设备质量事故处理及索赔文件	长期	—	—
4.21	设备验收、交接文件,支付证书和设备制造结算审核文件	长期	长期	—
4.22	设备采购、监造工作总结	长期	长期	—
4.23	监理工作声像材料	长期	长期	—
4.24	其他有关的重要来往文件	长期	长期	—
5	工艺、设备材料(含国外引进设备材料)文件材料	—	—	—
5.1	工艺说明、规程、路线、试验、技术总结	—	长期	—
5.2	产品检验、包装、工装图、检测记录	—	长期	—
5.3	采购工作中有关询价、报价、招投标、考察、购买合同等文件材料	长期	—	—
5.4	设备、材料报关(商检、海关)、商业发票等材料	永久	—	—
5.5	设备、材料检验、安装手册、操作使用说明书等随机文件	—	长期	—

续表

序号	归档文件	保管单位/期限		
		项目法人	运行管理单位	流域机构档案馆
5.6	设备、材料出厂质量合格证明、装箱单、工具单、备品备件单等	—	短期	—
5.7	设备、材料开箱检验记录及索赔文件等材料	永久	—	—
5.8	设备、材料的防腐、保护措施等文件材料	—	短期	—
5.9	设备图纸、使用说明书、零部件目录	—	长期	—
5.10	设备测试、验收记录	—	长期	—
5.11	设备安装调试记录、测定数据、性能鉴定	—	长期	—
6	科研项目文件材料	—	—	—
6.1	开题报告、任务书、批准书	永久	—	—
6.2	协议书、委托书、合同	永久	—	—
6.3	研究方案、计划、调查研究报告	永久	—	—
6.4	试验记录、图表、照片	永久	—	—
6.5	实验分析、计算、整理数据	永久	—	—
6.6	实验装置及特殊设备图纸、工艺技术规范说明书	永久	—	—
6.7	实验装置操作规程、安全措施、事故分析	长期	—	—
6.8	阶段报告、科研报告、技术鉴定	永久	—	—
6.9	成果申报、鉴定、审批及推广应用材料	永久	—	—
6.10	考察报告	永久	—	—
7	生产技术准备、试生产文件材料	—	—	—
7.1	技术准备计划	—	长期	—
7.2	试生产管理、技术责任制等规定	—	长期	—
7.3	开停车方案	—	长期	—
7.4	设备试车、验收、运转、维护记录	—	长期	—
7.5	安全操作规程、事故分析报告	—	长期	—
7.6	运行记录	—	长期	—
7.7	技术培训材料	—	长期	—
7.8	产品技术参数、性能、图纸	—	长期	—
7.9	工业卫生、劳动保护材料、环保、消防运行检测记录	—	长期	—
8	财务、器材管理文件材料	—	—	—
8.1	财务计划、投资、执行及统计文件	长期	—	—
8.2	工程概算、预算、决算、审计文件及标底、合同价等说明材料	永久	—	—
8.3	主要器材、消耗材料的清单和使用情况记录	长期	—	—
8.4	交付使用的固定资产、流动资产、无形资产、递延资产清册	永久	永久	—
9	竣工验收文件材料	—	—	—
9.1	工程验收申请报告及批复	永久	永久	永久

序号	归 档 文 件	保管单位/期限		
		项目法人	运行管理单位	流域机构档案馆
9.2	工程建设管理工作报告	永久	永久	永久
9.3	工程设计总结(设计工作报告)	永久	永久	永久
9.4	工程施工总结(施工管理工作报告)	永久	永久	永久
9.5	工程监理工作报告	永久	永久	永久
9.6	工程运行管理工作报告	永久	永久	永久
9.7	工程质量监督工作报告(含工程质量检测报告)	永久	永久	永久
9.8	工程建设声像材料	永久	永久	永久
9.9	工程审计文件、材料、决算报告	永久	永久	永久
9.10	环境保护、水土保持、消防、人防、档案等专项验收意见	永久	永久	永久
9.11	工程竣工验收鉴定书及验收委员签字表	永久	永久	永久
9.12	竣工验收会议其他重要文件材料及记载验收会议主要情况的声像材料	永久	永久	永久
9.13	项目评优报奖申报材料、批准文件及证书	永久	永久	永久

注:保管期限中有 * 的类项表示相关单位只保存与本单位有关或较重要的相关文件材料。

四、档案管理的依据

(1)《水利工程建设项目档案管理规定》(水办〔2005〕480 号);

(2)《水利工程建设项目档案验收管理办法》(水办〔2008〕336 号);

(3)《水利工程建设项目验收管理规定》(水利部 30 号令);

(4)《水利水电建设工程验收规程》(SL 223—2008);

(5)《水利基本建设项目竣工决算审计暂行办法》(水监〔2002〕370 号);

(6)《建设工程质量管理条例》(2000 年 1 月 30 日,国务院令第 279 号)。

五、工程档案验收的内容

(1) 水利工程档案的竣工验收(包括初步验收),应在基本建设项目验收委员会(或验收小组,以下同)的领导下,与工程(项目)验收同步或提前进行。

(2) 各级水利部门在组织水利工程竣工验收时,要通知相应的档案管理部门作为验收委员会成员参加验收工作:国家重点工程由国家档案局和水利部档案部门参加;部属重点工程由水利部和有关流域机构的档案部门参加;水利部投资比例较大的省属重点工程由水利部或有关流域机构和省级水利厅(局)的档案部门参加;其他的省属重点工程由省档案局和各省级水利厅(局)的档案管理部门参加;一般的地方水利工程由有关地、市、县档案局和水利局的档案部门参加;小型水利工程等其他项目则由项目建成后的产权单位的档案部门参加。

(3) 工程(项目)竣工验收前,建设单位应组织施工、设计、监理、管理等单位的项目负责人、工程技术人员和档案管理人员,依据本规定对水利工程档案的收集、整理、归档等工作,特别是竣工图的编制与整理情况,进行一次彻底的检查,并写出自检报告,在申请工程(项目)验收时,一并报送给验收主管单位,并抄送验收主管单位的档案部门。

(4)工程(项目)竣工验收时,应由参加验收的档案人员和建设、监理、管理、施工等单位的档案人员与工程技术人员组成档案资料验收组。大、中型建设项目要在验收工作结束时写出验收专题报告(此报告应作为工程竣工验收鉴定书的附件,并将主要内容反映到鉴定书中);一般工程也应在工程竣工验收鉴定书中反映出有关档案资料的情况与评价意见。

(5)档案资料验收组,应通过听汇报(工程建设与档案资料管理概况和竣工档案资料自检报告)、参观工程建设现场(了解工程结构及生产流程)、抽查有关档案资料(重点抽查竣工图的质量)等多种方式进行档案资料的检查验收。其中抽查工程档案资料的比例:有关文字材料不得少于案卷总数的10%;竣工图不得少于总张数的15%。

档案资料验收组的验收报告应包括以下内容:

① 档案资料工作概况:档案资料工作管理体制(包括机构、人员等)和档案保管条件(包括库房、设备等)及有关档案资料的形成、积累、整理(立卷)情况,其中包括项目单位、单项工程数和产生档案资料总数(卷、册、张)。

② 竣工图的编制情况与质量。

③ 档案资料的移交情况,并注明已移交的卷(册)数、图纸张数等有关数字。

④ 对档案资料完整、准确、系统性的评价及档案资料在施工、试运行和管理工作中发挥作用的情况。

⑤ 档案资料工作中存在的问题、解决措施及对整个工程建设项目验收产生的影响。

第二节　水利水电工程资料验收的基本要求

一、工程档案要求真实、完整、准确、系统

(1)真实:要求没有虚假的资料。

(2)完整:要求工程档案资料不能缺项,即所有应归档材料的类项必须齐全。

(3)准确:档案资料所反映的内容要准确,其中包括文字、数字、图形都要准确,特别是竣工图要能准确反映工程建设的实际状况。

(4)系统:所有应归档的文件材料,应保持其相互之间的有机联系,相关的文件材料要尽量放在一起,特别要注意工程项目文件材料的成套性。

反映建设项目建设过程的图片、照片、录音、录像等声像材料和电子文件材料,都是工程档案的重要内容,应做好这部分材料的收集、整理工作,关键是要及时整理,要将不同种类(照片或录像)的声像或电子材料分别立卷。

二、汇总、移交工程档案资料

(1)实行总承包的,应由总承包单位负责向建设与管理单位移交。

(2)实行分包的,应由各承包单位向建设单位移交,或由建设单位委托一个承包单位汇总后,再向建设与管理单位移交。

(3)实行监理制度的,应由监理部门负责审查合格后,再由各有关单位向建设与管理单位

移交。

审查与移交均应履行签字手续。

三、工程档案资料的移交与接收时间

移交与接收工程档案资料的时间应视工程建设的实际情况而定。

一般情况下,单位工程完工后,就应完成有关工程档案的收集、整理工作,随后即可进行档案资料移交与接收工作。

整个工程档案资料(包括竣工验收的文件材料)的交接工作,应在竣工验收后的 3 个月内完成。项目尾工档案资料的交接工作,应在尾工完工后的 1 个月内完成。

四、工程档案不合格,工程不能验收

工程档案资料应客观、真实地记录建设活动的过程与结果,这些档案资料与工程建设的关系十分密切,因而成为工程建设不可缺少的重要组成部分。所以档案工作也就成为工程建设过程中的一个必要环节。

工程档案资料达不到要求的,不能算完成工作任务,没有完成工作任务的工程,当然不能进行验收。

五、工程档案整理未达到要求,不能返还工程质量保证金

工程档案的质量,是衡量工程建设各阶段(包括勘测、设计、施工、监理)工作质量的重要内容之一。如果工程档案不合格,说明工程建设工作质量还存在一定的问题。质量存在问题,其质量保证金当然不能返还。水利部《水利工程建设项目档案管理规定》(水办〔2005〕480 号)对此有明确规定。

六、水利水电工程竣工验收档案管理要求(参建各方)

(1)资料装订时应采取三孔一线的装订方法,孔距为 7 cm。注意装订时装订线不得将字迹压住。

(2)资料用纸统一为 A4 纸,装订厚度一般在 0.5～1.5 cm,最厚不得超过 2 cm。若超过 2 cm,可分多本装订,但需标出能够说明该资料是一体的标志。

(3)各类资料必须有封面,并加盖印章,且附有相应的目录,并在页面底部(中间)注明页码。

(4)施工单位应负责向建设单位提交竣工资料原件一份,复印件两份,同时应加盖印章。进行资料移交时,施工单位应提供完整的资料清单供建设单位查阅。

以下分别介绍竣工验收参建各方的档案管理要求:

1. 施工单位资料

(1)开工资料,包括:

① 开工令;

② 开工申请;

③ 施工组织设计,施工计划、方案、措施资料(含施工单位相应的报验资料);

④ 进场设备报验单;

⑤ 进场人员报验单(含施工项目经理或总工的变更请示及函复);

⑥ 施工放样报验单;

⑦ 工程技术要求与图纸会审纪要、技术交底(包括设计交底)资料;

⑧ 材料检验报告(含出厂合格证、质量复验报告)。

(2) 综合资料,包括:

① 施工单位营业执照、资质;

② 停工报告、停工令、返工处理报告、复工令;

③ 事故处理资料;

④ 设计变更资料;

⑤ 工程建设有关会议记录;

⑥ 竣工报告、竣工验收报告(申验请示);

⑦ 成立项目经理部的通知及一些其他资料(如各种通知等)。

(3) 第×分部单元工程质量评定及报验回复:单元工程质量评定、工程报验单回复、施工自检原始记录表(按分部)可合订一本。

(4) 施工日志:单本装订。

(5) 质量评定资料:装订顺序为项目划分报告,单位、分部工程质量评定资料。

(6) 分部工程验收签证:单本装订。

(7) 工程计量资料、工程结算资料:含增加收、核减的各类报告,单本装订。

(8) 施工管理工作报告、附件、施工大事记可合订一本。

(9) 声像材料(照片、录音带、录像带、光盘、软盘等)。

(10) 竣工图:单本装订。

(11) 移交资料清单(一式三份,需盖章、签字)。

2. 监理资料

(1) 监理合同单本装订(建设单位提供);

(2) 监理规划、监理细则各订一本;

(3) 监理日志、监理大事记各订一本;

(4) 工程建设监理工作报告单本装订(监理大事记可作为附件一起装订);

(5) 监理抽检记录单本装订;

(6) 现场监理指示单本装订;

(7) 监理通知单本装订;

(8) 计量资料单本装订;

(9) 有必要归档的其他资料。

3. 建设单位资料

(1) 招投标文件;

(2) 工程计划、计划批复,工程设计(初步设计、施工图设计)、设计批复文件;

(3) 工程合同及协议书(设计、施工、监理等合同);

(4) 征地迁占委托书、征用土地批文附件等;

(5) 工程质量监督书;

(6) 工程建设有关会议记录,记载重大事件的声像资料、文字说明,建设单位检测记录;

（7）设计变更及批复；

（8）竣工财务决算、审计报告；

（9）工程建设管理报告、初步验收工作报告、工程竣工验收鉴定书（草稿）。

4. 设计单位资料

（1）设计合同；

（2）设计管理工作报告。

5. 质量监督单位资料

（1）质量监督计划；

（2）质量监督工作报告；

（3）质量评定报告（质量抽检记录）。

6. 管理单位资料

施工技术资料质量要求如下：

（1）归档的工程文件应为原件。

（2）工程文件的内容及其深度必须符合国家有关工程勘察、设计、施工、监理等方面的技术规范、标准规程。

（3）工程文件的内容必须真实、准确，与工程实际相符合。

（4）工程文件应采用耐久性强的书写材料，如碳素墨水，不得使用易褪色的书写材料，如红色墨水、纯蓝墨水、圆珠笔、复写纸、铅笔等。

（5）工程文件应字迹清楚，图样清晰，图表整洁，签字盖章手续完备。

（6）工程文件中文字材料幅面尺寸规格宜为 A4（297 mm ×210 mm），图纸应采用国家标准图幅。

（7）工程文件的纸张应采用能够长期保存的韧性大、耐久性强的纸张。图纸一般采用蓝晒图，竣工图应是新蓝图。计算机出图必须清晰，不得使用计算机出图的复印件。

（8）所有竣工图均应加"竣工图"章。"竣工图"章的基本内容应包括："竣工图"字样、施工单位、编制人、审核人、技术负责人、编制日期、监理单位、现场监理、总监。"竣工图"章尺寸为 50 mm×80 mm。"竣工图"章应使用不褪色的红印泥盖印，应盖在图标栏上方空白处。

（9）利用施工图改绘竣工图，必须标明变更修改依据，凡施工图结构、工艺、平面布置等有重大改变，或变更部分超过图面 1/3 的，应当重新绘制竣工图。

（10）不同幅面的工程图纸应统一折叠成 A4 幅面（297 mm ×210 mm），横向按手风琴式折叠，竖向按顺时针方向向内折，图标栏露在外面（按《技术制图——复制图的折叠方法》（GB 10609.3—89））。

第三节　水利水电工程项目划分基本要求

一、基本要求

工程项目划分应在工程建设正式开工前进行，项目法人是责任单位，监理、设计、施工单位是参加单位，项目法人可以委托监理单位根据批准的设计文件和施工合同文件，组织设计、施工单位进行划分,并确定主要单位工程、主要分部工程、重要隐蔽单元工程和关键部位单元工程。项目法人在主体工程开工前应将项目划分表及说明书面报相应工程质量监督机构确认。

监督工程项目划分是质量监督的重要工作,在项目划分过程中,质量监督员应关心划分情况,收到报告后应及时组织人员对项目划分的合理性进行研究,及时确认批复。进行工程项目划分确认应注意如下问题:

(一)审查单位工程、分部工程、单元工程划分原则是否正确,有无遗漏

水利水电工程项目划分应结合工程结构特点、施工部署及施工合同要求进行,划分结果应有利于保证施工质量以及施工质量管理。水利水电工程,执行国家和水利水电行业的有关规定和标准;水利水电工程中其他行业工程执行相关行业标准,如电站厂房及泵站的房屋建筑安装工程执行建筑行业标准。

1. 单位工程

单位工程是工程项目划分的第一级,按下述原则划分。

(1)枢纽工程:以每座独立的建筑物为一个单位工程,工程规模大时,也可将一个建筑物中具有独立施工条件的一部分划分为一个单位工程,如枢纽工程中挡水建筑物、溢洪道、放水系统、发电站、管理房屋等划分为单位工程。

(2)渠道工程:按渠道级别(干、支渠)或工程建设期、段划分,以一条干(支)渠或同一建设期、段的渠道工程为一个单位工程。大型渠道建筑物也可以每座独立的建筑物为一个单位工程。

(3)堤防工程:按招标标段或工程结构划分单位工程。规模较大的交叉联结建筑物及管理设施以每座独立的建筑物为一个单位工程。在实际操作中可以按下述原则划分单位工程:

① 一个工程项目由若干法人负责建设时,每一项目法人所负责的工程可划分为一个单位工程。

② 一个工程项目由几个施工企业施工时,每个施工企业施工的标段可划分为一个单位工程。

③ 根据设计和施工部署,堤身、堤岸防护、交叉连接建筑物和管理设施等可划分为单位工程。

(4)水库除险加固工程:按招标标段或加固内容,并结合工程量划分单位工程。在实际操作中可以按下述原则划分单位工程:

① 加固工程量大,由几个施工企业施工时,每个施工企业施工的标段可划分为一个单位工程。如每个施工企业施工的标段工程量还比较大,则以每座独立的建筑物为一个单位工程。

② 加固工程量大,由一个施工企业施工时,以每座独立的建筑物为一个单位工程。

③ 加固工程量不大,由一个施工企业施工时,整个加固工程可划分为一个单位工程。小(一)型水库除险加固工程可划分为一个单位工程。

2. 分部工程

分部工程是项目划分的第二级,在实际操作中可以按下述原则划分。

(1)枢纽的土建工程按设计的主要组成部分划分分部工程,如心墙土石坝按主要组成部分,即基础处理、上下游坝壳、心墙、反滤层、坝顶等划分分部工程。

(2)水库除险加固工程,按加固内容或部位划分。在实际操作中可以按下述原则划分分

部工程：

① 以每座独立的建筑物为一个单位工程时,按加固设计的组成部分划分,如主坝加固工程单位工程划分为上、下游坝体加固分部工程、塑性混凝土防渗墙分部工程、灌浆分部工程,新建放水隧洞单位工程划分为进口段、洞身段(包含开挖、衬砌、灌浆三个类型单元工程)、出口段等分部工程。

② 整个加固工程为一个单位工程时,以每座独立的建筑物为一个分部工程,加固设计的每个组成部分划分为一个类型单元工程。

(3) 堤防工程按长度或功能划分,如堤防工程堤身单位工程按功能划分为堤基处理工程、堤身填筑(视工程量及长度可划分为数个分部工程,混合堤按不同工种划分)、堤身防渗、堤身防护、堤脚防护等分部工程。

(4) 金属结构、启闭机及机电设备安装工程按组合功能划分。

(5) 引水(渠道)工程中的河(渠)道按施工部署或长度划分,大、中型建筑物按工程结构主要组成部分划分。

(6) 房屋工程及公路工程按《建筑工程施工质量验收统一标准》(GB 50300—2001)要求划分。房屋工程可划分为 10 个分部工程,其中:土建工程,6 个分部工程,即地基与基础、主体工程、地面与楼面工程、门窗工程、装饰工程、屋面工程;安装工程,4 个分部工程,即建筑采暖卫生与煤气工程、建筑电气安装工程、通风与空调工程、电梯安装工程。

(7) 凡机电、金结安装类一般只划分为分部工程。

3. 单元工程

单元工程是项目划分的第三级,在实际操作中可以按下述原则划分:

《水利水电基本建设工程单元工程质量等级评定标准》(DL/T 5113—2005)、《堤防工程施工质量评定与验收规程》(SL 239—1999)和《水利水电工程施工质量评定表填表说明与示例》对单元工程已有明确划分,一般均应按规定执行。

(二)审查单位工程、分部工程、单元工程划分结果是否有利于保证施工质量以及施工质量管理

(1) 单位工程应能独立发挥作用或有独立施工条件,工程施工期及试运行期能取得完整的工程观测资料。

(2) 由于现行的水利水电工程单位工程施工质量等级评定标准是以优良个数占总数的百分率计算的,分部工程划分是否恰当,对单位工程质量等级的评定影响很大。因此,分部工程划分应遵循如下原则:

① 同一单位工程中,同类型(如同是混凝土分部工程)的各个分部工程的工程量不宜相差太大,一般不超过 50%,不同类型(如混凝土分部工程、砌石分部工程)的各分部工程的投资不宜相差太大,一般不超过 1 倍。否则,应从结构缝或施工期再划分。

② 为了使单位工程的质量等级评定更为合理,每个单位工程中分部工程数量不宜少于 5个。

(3) 单元工程划分应注意如下问题:

① 单元工程量的大小应符合相应的规程规范和设计要求并应与施工企业施工能力相匹配。

② 单元工程的划分要齐全,不应遗漏。同一类型的单元工程应为同一编号,单元工程量不宜相差太大,一般不超过 50%。同一分部工程中的单元工程数量也不宜太少,一般不少于 3 个。

③ 要有利于施工质量检验与评定,取得较完整的技术数据。

(三)审查主要单位工程、主要分部工程、重要隐蔽单元工程和关键部位单元工程,确定是否正确

单位工程、分部工程、单元工程划分是否正确,严重影响到工程项目施工质量等级评定。

(1)主要单位工程:一般来说,一个工程项目中工程设计级别最高的建筑物为主要建筑物。这些建筑物所在单位工程为主要单位工程,其他建筑物不得划分为主要单位工程。

(2)主要分部工程:主要分部工程在主要单位工程和一般单位工程中都有,在划分时应根据《水利水电工程施工质量检验与评定规程》(SL 176—2007)进行确定,部分说明表如表 8-2 所示。凡分部工程名称前带"△"符号的,一定要划分为主要分部工程。带"＊"符号的,根据工程实际情况,可定为主要分部工程,也可定为一般分部工程。但带"△"符号的,一定要划分为主要分部工程,因为《水利水电工程施工质量检验与评定规程》(SL 176—2007)是强制性标准,不得改动。但也不要随意把带"＊"符号的划分为主要分部工程,因为质量、投资、进度三者密不可分,划为主要分部工程,将增加施工单位施工成本,加大施工质量优良难度。

表 8-2　说明表(部分)

工程类别	单位工程	分部工程	说　　明
一、拦河坝工程	土质心(斜)墙土石坝	1.坝基开挖与处理	—
		△2.坝基及坝肩防渗	视工程量可划分为数个分部工程
		△3.防渗心(斜)墙	视工程量可划分为数个分部工程
		＊4.坝体填筑	视工程量可划分为数个分部工程
		5.坝体排水	视工程量可划分为数个分部工程
		6.坝脚排水棱水(或贴坡排水)	视工程量可划分为数个分部工程
		7.上游坝面护坡	—
		8.下游坝面护坡	(1)含马道、梯步、排水沟; (2)如为浆砌石护坡时,应含排水孔及反滤层
		9.坝顶	含防浪墙、栏杆、路面、灯饰等
		10.护岸及其他	—
		11.高边坡处理	视工程量可划分为数个分部工程,当工程量很大时,可单列为单位工程

(3)重要隐蔽工程:要根据工程实际情况合理确定,如果工程地质情况良好,无断层、软弱夹层等情况,地基开挖、地下洞室开挖一般不用划分重要隐蔽工程,而且只能在主要建筑物的地基开挖、地下洞室开挖、地基防渗、加固处理和排水工程等才能有重要隐蔽工程,一般建筑物不得划分重要隐蔽工程。

（4）工程关键部位：对工程安全或效益显著影响的部位，包括土建类工程、金结及启闭机安装工程，如水库除险加固工程的溢洪道加固、塑性混凝土防渗墙、灌浆工程等。

二、水利水电工程施工质量评定填表基本要求

1. 基本规定

《水利水电工程施工质量评定表》（试行）（以下简称《评定表》）是检验与评定施工质量的基础资料，也是进行工程维修和事故处理的重要参考。《水利水电建设工程验收规程》（SL 223—2008）规定，《评定表》是水利水电工程验收的备查资料。按《水利基本建设项目（工程）档案资料管理规定》要求，工程竣工验收后，《评定表》归档长期保存。因此，对《评定表》的填写，作出如下基本规定：

（1）单元（工序）工程完工后，应及时评定其质量等级，并按现场检验结果，如实填写《评定表》。现场检验应遵守随机取样原则。

（2）《评定表》应使用蓝色或黑色墨水钢笔填写，不得使用圆珠笔、铅笔填写。

（3）文字：应按国务院颁布的简化汉字书写。字迹应工整、清晰。

（4）数字和单位：数字使用阿拉伯数字（1,2,3,…,9,0）。单位使用国家法定计量单位，并以规定的符号表示（如 MPa、m、t……）。

（5）合格率：用百分数表示，小数点后保留 1 位。如果恰为整数，则小数点后以 0 表示。

（6）改错。将错误处用斜线画掉，再在其右上方填写正确的文字（或数字），禁止使用改正液、贴纸重写、橡皮擦、刀片刮或用墨水涂黑等方法。

（7）表头填写。

① 单位工程、分部工程名称：按项目划分确定的名称填写。

② 单元工程名称、部位：填写该单元工程名称（中文名称或编号）部位可用桩号、高程等表示。

③ 施工单位：填写与项目法人（建设单位）签订承包合同的施工单位全称。

④ 单元工程量：填写本单元主要工程量。

⑤ 检验（评定）日期：年，填写 4 位数；月，填写实际月份；日，填写实际日期。

（8）质量标准中，凡有"符合设计要求"者，应注明设计具体要求（如内容较多，可附页说明），标出所执行的规范名称及编号。

（9）检验记录。文字记录应真实、准确、简练。数字记录应准确、可靠，小数点后保留位数应符合有关规定。

（10）设计值按施工图填写。实测值填写实际检测数据，而不是偏差值。当实测数据多时，可填写实测组数、实测值范围（最小值至最大值）、合格数，但实测值应作表格附件备查。

（11）《评定表》中列出的某些项目，如实际工程无该项内容，应在相应检验栏内用斜线"/"表示。

（12）《评定表》表从表头至"评定意见"栏均由施工单位经"三检"合格后填写，"质量等级"栏由复核质量的监理人员填写。监理人员复核质量等级时，如对施工单位填写的质量检验资料有不同意见，可写入"质量等级"栏内或另附页说明，并在"质量等级"栏内填写出正确的等级。

（13）单元（工序）工程表尾填写。

① 施工单位由负责终验的人员签字。如果该工程由分包单位施工,则单元(工序)工程表表尾由分包施工单位的终验人员填写分包单位全称,并签字。重要隐蔽工程、关键部位的单元工程,在分包单位自检合格后,总包单位应参加联合小组核定其质量等级。

② 建设、监理单位,实行监理制的工程,由负责该项目的监理人员复核质量等级并签字。未实行监理制的工程,由建设单位专职质检人员签字。

③ 表尾所有签字人员必须由本人按照身份证上的姓名签字,不得使用化名,也不得由其他人代为签名。签名时应填写填表日期。

(14) 表尾填写:××单位是指具有法人资格单位的现场派出机构,若需加盖公章,则加盖该单位的现场派出机构的公章。

2. 水利水电工程施工质量评定内容

质量评定项目共九部分,共计 246 个表格。

(1) 第一部分,工程项目施工质量评定表(6 个);

(2) 第二部分,水工建筑工程单元工程施工质量评定表(30 个);

(3) 第三部分,金属结构及启闭机安装工程单元工程质量评定表(59 个);

(4) 第四部分,水轮发电机组安装工程单元工程质量评定表(47 个);

(5) 第五部分,水力机械辅助设备安装工程单元工程质量评定表(10 个);

(6) 第六部分,发电电气设备安装工程单元工程质量评定表(17 个);

(7) 第七部分,升压变电电气设备安装工程单元工程质量评定表(11 个);

(8) 第八部分,碾压式土石坝和浆砌石坝工程单元工程质量评定表(52 个);

(9) 第九部分,堤防工程外观质量及单元工程质量评定表(14 个)。

思 考 题

1. 水利水电工程档案管理的内容有哪些?

2. 简述水利水电工程资料验收的基本要求。

3. 简述水利水电工程项目划分的方法。

4. 简述水利水电工程质量评定的内容。

第九章 施工现场安全管理和环境保护

教学重点:施工现场安全管理的任务、安全管理的程序、施工现场的不安全因素、施工现场安全管理的措施、各工种安全生产规定、文明施工和环境保护。

教学目标:了解施工现场安全管理的任务和安全管理的程序;熟悉施工现场的不安全因素及施工现场安全管理的制度;掌握各工种安全生产规定。

施工现场是施工生产因素的集中点,其动态特点是:多工种立体作业,生产设施的临时性,作业环境多变性,人机的流动性。施工现场中直接从事生产作业的人员密集,机、料集中,存在着多种危险因素。因此,施工现场属于事故多发的作业现场。控制人的不安全行为和物的不安全状态,是施工现场安全管理的重点,也是预防与避免伤害事故,保证生产处于最佳安全状态的根本环节。

施工项目要实现以经济效益为中心的工期、成本、质量、安全等的综合目标管理。安全生产是施工项目重要的控制目标之一,也是衡量施工项目管理水平的重要标志。因此,施工项目必须把实现安全生产,当作组织施工活动时的重要任务。

第一节 水利工程施工现场安全管理概述

一、施工安全管理的概念

施工安全管理是指在项目施工的全过程中,运用科学管理的理论、方法,通过法规、技术、组织等手段所进行的规范劳动者行为,控制劳动对象、劳动手段和施工环境条件,消除或减少不安全因素,使人、物、环境构成的施工生产体系达到最佳安全状态,实现项目安全目标等一系列活动的总称。

二、施工安全管理的任务

直接从事施工操作的人随时随地活动于危险因素的包围之中,随时受到自身行为失误和危险状态的威胁或伤害。因此,对施工现场的人机环境系统的可靠性,必须进行经常性的检查、分析、判断、调整,强化动态中的安全管理活动。

(1)贯彻落实国家安全生产法规,落实"安全第一,预防为主"的安全生产方针。

(2)制定安全生产的各种规程、规定和制度,并认真贯彻实施。

(3)制定并落实各级安全生产责任制。

(4)积极采取各种安全工程技术措施,进行综合治理,使企业的生产机械设备和设施达到本质化安全的要求,保障职工有一个安全可靠的作业条件,减少和杜绝各类事故造成的人员伤亡和财产损失。

（5）对企业领导、特种作业人员和所有职工进行安全教育，提高安全素质。

（6）对职工伤亡及生产过程中各类事故进行调查、处理和上报。

（7）推动安全生产目标管理，推广和应用现代化安全管理技术与方法，深化企业安全管理。

对生产因素具体状态进行控制，使生产因素不安全的行为和状态减少或消除，不引发为事故，尤其是不引发使人受到伤害的事故，使施工项目效益目标的实现得到充分保证。

三、施工安全管理的特点

1. 安全管理的复杂性

水利工程施工具有项目固定性、生产流动性、外部环境影响不确定性，这些决定了施工安全管理的复杂性。

（1）生产流动性主要指生产要素的流动性，它是指生产过程中人员、工具和设备的流动，主要表现在以下几个方面：

① 同一工地不同工序之间的流动；

② 同一工序不同工程部位之间的流动；

③ 同一工程部位不同时间段之间的流动；

④ 施工企业向新建项目迁移的流动。

（2）外部环境对施工安全影响因素很多，主要表现在：露天作业多；气候变化大；地质条件变化；地形条件影响；地域、人员交流障碍影响。这些生产因素和环境因素的影响使施工安全管理变得复杂，考虑不周会出现安全问题。

2. 安全管理的多样性

受客观因素影响，水利工程项目具有多样性的特点，建筑产品的单件性使得施工作业要根据特定条件和要求进行，安全管理也就具有了多样性的特点，表现在以下几个方面：

（1）不能按相同的图纸、工艺和设备进行批量重复生产；

（2）因项目需要设置组织机构，项目结束后组织机构随即不存在，生产经营的一次性特征突出；

（3）新技术、新工艺、新设备、新材料的应用给安全管理带来新的难题；

（4）人员的改变、安全意识、经验不同带来安全隐患。

3. 安全管理的协调性

施工过程的连续性和分工决定了施工安全管理的协调性。水利施工项目不能像其他工业产品一样可以分成若干部分或零部件同时生产，必须在同一个固定的场地按严格的程序连续生产，上一道工序完成才能进行下一道工序，上一道工序生产的结果往往被下一道工序所掩盖，而每一道工序都是由不同的部门和人员来完成的，这样，就要求在安全管理中，不同部门和人员做好横向配合和协调，共同注意各施工生产过程接口部分的安全管理的协调，确保整个生产过程和安全。

4. 安全管理的强制性

由于建设工程市场的竞争，工程标价往往会被压低，造成施工单位不按有关规定组织生产，减少安全管理费用投入，不安全因素增加；同时，施工作业人员文化素质低，并处在动态调整的不稳定状态中,给施工现场的安全管理带来很多不利因素。因此要求建设单位和施工单位重视安全管理经费的投入,达到安全管理的要求,政府也要加大对安全生产的监管力度。

5. 持续性

建设工程项目一般具有建设周期长的特点,从设计、实施直至投产阶段,诸多工序环环相扣。前一道工序的隐患可能会在后续的工序中暴露,而酿成安全事故。

四、施工安全控制

安全管理重在控制,重点控制人的不安全行为、物的不安全状态及环境的不安全因素。

(一) 安全控制的概念

1. 安全生产

安全生产是指施工企业使生产过程避免人身伤害、设备损害及其不可接受的损害风险的状态。

不可接受的损害风险通常是指超出了法律、法规和规章的要求,超出了方针、目标和企业规定的其他要求,超出了人们普遍接受要求(通常是隐含的要求)的风险。安全与否是一个相对的概念,要根据风险接受程度来判断。

2. 安全控制

安全控制是指企业通过对安全生产过程中涉及的计划、组织、监控、调节和改进等一系列致力于满足施工安全措施所进行的管理活动。

(二) 安全控制的方针与目标

1. 安全控制的方针

安全控制的方针是"安全第一,预防为主"。安全第一是指把人身的安全放在第一位,安全为了生产,生产必须保证人身安全,充分体现以人为本的理念;预防为主是实现安全第一的手段,采取正确的措施和方法进行安全控制,从而减少甚至消除事故隐患,尽量把事故消除在萌芽状态,这是安全控制最重要的思想。

2. 安全控制的目标

安全控制的目标是减少和消除生产过程中的事故,保证人员健康安全,避免财产损失。安全控制目标具体包括:

(1)减少和消除人的不安全行为的目标;

(2)减少和消除设备、材料的不安全状态的目标;

(3)改善生产环境和保护自然环境的目标。

(三) 施工安全控制的特点

1. 安全控制面大

水利工程,由于建设规模大、生产工序多、工艺复杂,生产过程中流动作业多、野外作业多、高空作业多,作业位置多变,因此施工中不确定因素多,安全控制涉及范围广、控制面广。

2. 安全控制的动态性

水利枢纽工程由许多单项工程所组成,使得生产建设所处的条件不同,危险因素和措施也会有所不同,施工作业人员进驻不同的工地,面对不同的环境,需要时间去熟悉,对工作制度和安全措施进行调整。

由于工程建设项目的分散性,现场施工分散于不同的空间部位,作业人员面对具体的生产环境,除需熟悉各种安全规章制度和安全技术措施外,还要作出自己的判断和处理,即使有经验的人员也必须适应不断变化的新问题、新情况。

3. 安全控制体系的交叉性

工程项目的建设是一个开放系统,受自然环境和社会环境的影响,同时也会对社会和环境造成影响,施工安全控制必然与工程系统、环境系统和社会系统密切联系、交叉影响,因此,建立和运行安全控制体系要与各相关关系统结合起来。

4. 安全控制的严谨性

安全事故的出现是随机的,偶然中存在必然性,一旦发生,就会造成伤害和损失。因此,预防措施必须严谨,如有疏漏就可能发展到失控,酿成事故。

(四) 施工安全控制程序

施工安全控制程序如图 9-1 所示。

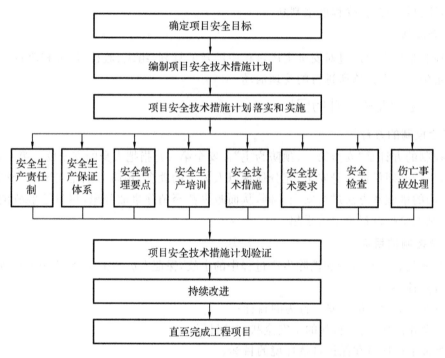

图 9-1　施工安全控制程序图

1. 确定项目的安全目标

按目标管理的方法,将安全目标在以项目经理为首的项目管理系统内进行分解,从而确定每个岗位的安全目标,实现全员安全控制。

2. 编制项目安全技术措施计划

对生产过程中的不安全因素,应采取技术手段加以控制和消除,并采用书面文件的形式,作为工程项目安全控制的指导性文件,落实预防为主的方针。

3. 项目安全技术措施计划的落实和实施

项目安全技术措施包括建立健全安全生产责任制、设置安全生产设施、采用安全技术和应急措施,进行安全教育和培训、安全检查、事故处理、安全信息的沟通和交流等,使生产作业的安全状况处于可控制状态。

4. 项目安全技术措施计划的验证

项目安全技术措施计划的验证包括安全检查、纠正不符合因素、检查安全记录、安全技术措施修改与再验证。

5. 持续改进

根据项目安全技术措施计划的验证结果,不断对项目安全技术措施计划进行修改、补充和完善,直到工程项目全面工作完成为止。

(五)施工安全控制的基本要求

(1)必须取得安全行政主管部门颁发的安全施工许可证后才可开工。

(2)总承包单位和每一个分包单位都应持有施工企业安全资格审查认可证。

(3)各类人员必须具备相应的执业资格才能上岗。

(4)所有新员工必须经过三级安全教育,即进厂、进车间和进班组的安全教育。

(5)特殊工种作业人员必须持有特种作业操作证,并严格按规定定期进行复查。

(6)对查出的安全隐患要做到“五定”,即定整改责任人、定整改措施、定整改完成时间、定整改完成人、定整改验收人。

(7)必须把好安全生产“六关”,即措施关、交底关、教育关、防护关、检查关、改进关。

(8)施工现场安全设施齐全,并符合国家及地方有关规定。

(9)施工机械(特别是现场安设的起重设备等)必须经安全检查合格后方可使用。

五、施工现场不安全因素

(一)事故潜在的不安全因素

事故潜在的不安全因素是造成人的伤害、物的损失事故的先决条件,各种人身伤害事故均离不开物与人这两个因素。人的不安全行为和物的不安全状态,是造成绝大部分事故的两个潜在的不安全因素,通常也可称作事故隐患。在人与物两个因素中,人的因素是最根本的,因为物的不安全状态的背后,实质上还是隐含着人的因素。人身伤害事故就是人与物之间产生的一种意外现象。分析大量事故的原因可以得知,单纯由于不安全状态或者单纯由于不安全行为导致的事故情况并不多,事故几乎都是多种原因交织而形成的,是由人的不安全因素和物的不安全状态结合而成的。

(二)人的不安全因素

人的不安全因素,是指影响安全的人的因素,即能够使系统发生故障或发生性能不良的事件的人员个人的不安全因素和违背设计和安全要求的错误行为。人的不安全因素可分为个人的不安全因素和人的不安全行为两个大类。

1. 个人的不安全因素

个人的不安全因素是指人员的心理、生理、能力中所具有不能适应工作、作业岗位要求而影响安全的因素,其主要包括以下几个方面:

1) 生理上的不安全因素

生理上的不安全因素,大致有以下五个方面:

(1) 有不适合工作作业岗位要求的疾病;

(2) 疲劳和酒醉或刚睡过觉,感觉朦胧;

(3) 年龄不能适应工作作业岗位要求的因素;

(4) 体能不能适应工作、作业岗位要求的因素;

(5) 视觉、听觉等感觉器官不能适应工作、作业岗位要求的因素。

2) 心理上的不安全因素

心理上的不安全因素是指,人在心理上具有的影响安全的性格、气质和情绪(如急躁、懒散、粗心等)。

3) 能力上的不安全因素

能力上的不安全因素包括知识技能、应变能力、资质等不能适应工作和作业岗位要求的影响因素。

2. 人的不安全行为

人的不安全行为,通俗地用一句话讲,就是指能造成事故的人的失误,是能造成事故的人为错误,是人为地使系统发生故障或发生性能不良事件的错误行为,是违背设计和操作规程的错误行为。

(1) 产生不安全行为的主要原因:①工作上的原因;②系统、组织上的原因;③思想上责任性的原因。

(2) 不安全行为在施工现场的类型:①不安全装束;②物体存放不当;③使用不安全设备;④手代替工具操作;⑤攀坐不安全位置;⑥进入危险场所;⑦造成安全装置失效;⑧有分散注意力的行为;⑨在起吊物下作业、停留;⑩操作失误、忽视安全、忽视警告;⑪对易燃易爆等危险物品处理错误;⑫没有正确使用个人防护用品、用具;⑬在机器运转时进行检查、维修、保养等工作。

(3) 产生不安全行为的主要工作上的原因:①作业的速度不适当;②技能不熟练或经验不充分;③工作知识的不足或工作方法不适当;④工作不当,但又不听或不注意管理提示。

3. 物的不安全状态

物的不安全状态是指能导致事故发生的物质条件,包括机械设备等物质或环境所存在的不安全因素,通常人们将此称为物的不安全状态或物的不安全条件,也可直接称其为不安全状态。

(1) 物的不安全状态的内容:①防护保险方面的缺陷;②物的放置方法的缺陷;③作业环境场所的缺陷;④外部的和自然界的不安全状态;⑤作业方法导致的物的不安全状态;⑥保护器具信号、标志和个体防护用品的缺陷;⑦物(包括机器、设备、工具、物质等)本身存在的缺陷。

(2) 物的不安全状态的类型:①防护等装置缺乏或有缺陷;②生产(施工)场地环境不良;③设备、设施、工具、附件有缺陷;④个人防护用品用具缺少或有缺陷。

4. 组织管理上的不安全因素

组织管理上的不安全因素通常也可称为组织管理上的缺陷,它也是事故潜在的不安全因素,作为间接的原因共有以下方面:①技术上的缺陷;②教育上的缺陷;③生理上的缺陷;④心理上的缺陷;⑤管理工作上的缺陷;⑥学校教育和社会、历史上的原因造成的缺陷。

六、水利工程施工安全隐患分析

(1) 工程规模较大,施工单位多,往往现场工地分散,工地之间的距离较大,交通联系多有不便,系统的安全管理难度大。

(2) 涉及施工对象纷繁复杂,单项管理形式多变:有的涉及土石方爆破工程,接触炸药雷管,具有爆破安全问题;有的涉及潮汐、洪水期间的季节施工,必须保证洪水和潮汐侵袭情况下的施工安全;有海涂基础、基坑开挖处理(如大型闸室基础)时,应注意基坑边坡的安全支撑;大型机械设施的使用,更应保证架设及使用期间的安全;有引水发电隧洞、施工导流隧洞施工时,应注意洞室施工开挖衬砌、封堵的安全问题。

(3) 施工难度大,技术复杂,易造成安全隐患。如隧洞洞身钢筋混凝土衬砌,特别是封堵段的混凝土衬砌,采用泵送混凝土时,模板系统的安全问题;高空、悬空大体积混凝土立模、扎筋、混凝土浇筑施工时的安全问题等。

(4) 现场施工均为敞开式施工,无法进行有效的封闭隔离,这给施工对象、工地设备、材料、人员的安全管理增加了很大的难度。

(5) 水利工地招用的施工作业人员普遍文化层次较低,素质普遍较低,加之分配工种的多变,使其安全应变能力相对较差,增加了安全隐患。

第二节 施工安全管理措施

一、建立健全安全组织机构

为了保证施工过程不发生安全事故,必须建立安全管理的组织机构,建全安全管理规章制度。统一施工生产项目的安全管理目标、安全措施、检查制度、考核办法、安全教育措施等。其具体工作如下:

(1) 成立以施工项目经理为首的安全生产施工领导小组,具体负责施工期间的安全工作。

(2) 项目副经理、技术负责人、各科负责人和生产工段的负责人作为安全生产施工领导小组成员,共同负责安全工作。

(3) 聘用有国家安全员职业资格或经培训持证上岗的专职安全员,专门负责施工过程中安全工作。只要施工现场有施工作业人员,安全员就要上岗值班。在每个工序开工前,安全员要检查工程环境和设施情况,认定安全后方可进行工序施工。

(4) 各技术及其他管理科室和施工段队要设兼职安全员,负责本部门的安全生产预防和检查工作。各作业班组组长要兼本班组的安全员,具体负责本班组的安全检查。

(5) 工程项目部应定期召开安全生产工作会议,总结前期工作,找出问题,布置落实后面工作,利用施工空闲时间进行安全生产工作培训,在培训工作中和其他安全工作会议上,安全生产施工领导小组成员要讲解安全工作的重要意义,学习安全知识,增强员工安全警觉意识,把安全工作落实在预防阶段。根据工程的具体特点,把不安全的因素和相应措施制定成册,以便全体员工学习和掌握。

(6)严格按国家有关安全生产规定,在施工现场设置安全警示标志,在不安全因素的部位设立警示牌,严格检查进场人员是否佩带安全帽、高空作业时是否佩带安全带,严格持证上岗工作制度、风雨天禁止高空作业工作制度、施工设备专人使用制度,严禁在场内乱拉用电线路,严禁非电工人员从事电工作业。

(7)安全生产工作和现场管理结合起来,同时进行,防止因管理不善产生安全隐患,工地防风、防雨、防火、防盗、防疾病等预防措施要健全,都有专人负责,以确保各项措施及时落实到位。

(8)完善安全生产考核制度,实行安全问题一票否决制,安全生产互相监督制,提高自检自查意识,开展科室、班组经验交流和安全教育活动。

(9)对构件和设备吊装、爆破、高空作业、拆除、上下交叉作业、夜间作业、疲劳作业、带电作业、汛期施工、地下施工、脚手架搭设拆除等重要安全环节,必须开工前进行技术交底,安全交底、联合检查后,确认安全,方可开工。施工过程中,加强安全员的旁站检查,加强专职指挥协调工作。

二、制定全安全管理制度

我国是社会主义国家,劳动者是国家的主人,做好安全管理工作,保护劳动者在劳动过程中的安全和健康是我国的一项重要国策,是社会主义企业管理的基本原则。《中华人民共和国建筑法》《中华人民共和国安全生产法》和《水利工程建设安全生产管理规定》的实施,使我国建筑行业安全管理真正走上了法制化轨道,依法管理安全有了更高的要求。随着改革的深化,企业进一步推向市场,为了在激烈的市场竞争中立于不败之地,保证安全生产是提高企业声誉的基本条件之一。

企业安全管理是企业管理的一部分,企业安全管理制度是国家各项安全生产法律、法规、规范、标准在企业的延伸和细化。因此,建立健全安全管理制度必须遵循三个基本原则,即科学性、可行性和现实性。也就是说,企业制定的安全管理规章制度既要有科学依据,又要有可操作性,还要符合企业的实际情况,满足劳动者的安全需要。根据国家的有关安全生产的法律、法规、规范、标准,企业应建立以下几项安全管理基本制度。

1. 建立健全安全生产责任制

安全生产责任制是安全管理的核心,是保障安全生产的重要手段,可有效预防事故的发生。

安全生产责任制是根据"管生产必须管安全""安全生产,人人有责"的原则,明确各级领导和各职能部门及各类人员在生产活动中应负的安全职责的制度。有了安全生产责任制,就能把安全与生产从组织形式上统一起来,把"管生产必须管安全"的原则从制度上固定下来,从而增强各级管理人员的安全责任心,使安全管理纵向到底、横向到边、专管成线、群管成网、责任明确、协调配合、共同努力,真正把安全生产工作落到实处。

安全生产责任制的内容要分级制定和细化,如企业、项目、班组都应建立安全生产责任制、按其职责分工,确定各自的安全责任,并组织实施和考评,保证安全生产责任制的落实。

2. 制定安全教育制度

安全教育制度是企业对职工进行安全法律、法规、规范、标准、安全知识和操作规程培训教育的规定，是提高职工安全意识的重要手段，是企业安全管理的一项重要内容。

安全教育制度内容应规定定期和不定期安全教育的时间、应受教育的人员、教育的内容和形式，如新工人、外施队人员等进场前必须接受三级（公司、项目、班组）安全教育。对危险性较大的特殊工种，必须经过专门的培训机构培训合格后持证上岗，每年还必须进行一次安全操作规程的训练和再教育。对采用新工艺、新设备、新技术和变换工种的人员，进行安全操作规程和安全知识的培训和教育。

3. 制定安全检查制度

安全检查是发现隐患、消除隐患、防止事故、改善劳动条件和环境的重要措施，是企业预防安全生产事故的一项重要手段。

安全检查制度内容应规定安全检查负责人、检查时间、检查内容和检查方式。它包括经常性的检查、专业性的检查、季节性的检查和专项性的检查，以及群众性的检查等。对于检查出的隐患，应进行登记，并采取定人、定时间、定措施的"三定"办法给予解决，同时对整改情况应进行复查验收，确保隐患彻底消除。

4. 制定各工种安全操作规程

工种安全操作规程是消除和控制劳动过程中的不安全行为，预防伤亡事故，确保作业人员的安全和健康的手段，也是企业安全管理的重要制度之一。

应根据国家和行业安全生产法律、法规、标准、规范，结合施工现场的实际情况制定各工种的安全操作规程。同时根据现场使用的新工艺、新设备、新技术，制定相应的安全操作规程，并监督其实施。

5. 制定安全生产奖罚办法

企业必须制定安全生产奖罚办法，目的是不断提高劳动者进行安全生产的自觉性，调动劳动者的积极性和创造性，防止和纠正违反法律、法规和劳动纪律的行为。这也是企业安全管理的重要制度之一。

安全生产奖罚办法规定了奖罚的目的、条件、种类、数额、实施程序等。企业只有建立安全生产奖罚办法，做到有奖有罚，奖罚分明，才能鼓励先进，督促落后。

6. 制定施工现场安全管理规定

施工现场安全管理规定是施工现场安全管理制度的基础，目的是规范施工现场安全防护设施的标准化、定型化。

施工现场安全管理规定的内容包括施工现场一般安全规定、安全技术管理、脚手架工程安全管理（包括特殊脚手架、工具式脚手架等）、电梯井操作平台安全管理、马道搭设安全管理、大模板拆装存放安全管理、水平安全网支搭拆除安全管理、井字架龙门架安全管理、孔洞临边防护安全管理、拆除工程安全管理、防护棚支搭安全管理等。

7. 制定机械设备安全管理制度

机械设备是指目前工程施工普遍使用的垂直运输和加工机具，由于机械设备本身存在一定的危险性，如果管理不当，就可能造成机毁人亡，因此它是目前施工安全管理的重点。

机械设备安全管理制度应规定：大型设备应到上级有关部门备案；遵守国家和行业有关规

定；应设专人负责定期进行安全检查、保养，保证机械设备处于良好的状态；建立各种机械设备的安全管理制度。

8．制定施工现场临时用电安全管理制度

施工现场临时用电是目前工程施工现场离不开的，由于其使用广泛、危险性比较大，因此它牵涉到每个劳动者的安全，施工现场临时用电管理制度也是施工现场一项重点的安全管理制度。

施工现场临时用电管理制度的内容应包括：外电的防护、地下电缆的保护、设备的接地与接零保护、配电箱的设置及安全管理规定（总箱、分箱、开关箱）、现场照明、配电线路、电器装置、变配电装置、用电档案的管理等。

9．制定生产安全事故报告和调查处理办法

制定生产安全事故报告和调查处理办法，目的是规范生产安全事故的报告和调查处理，主要为查明事故原因，吸取教训，采取改进措施，防止事故重复发生。生产安全事故报告和调查处理办法也是企业安全管理的一项重要内容。

生产安全事故报告和调查处理办法的内容：企业内部生产安全事故的报告程序、内容和要求；根据生产安全事故的情况成立事故调查组的流程；生产安全事故的调查程序、调查组人员的组成、调查组人员的分工和职责，以及事故调查报告的时间、内容、要求；对事故责任人的处理和采取防止同类事故发生的措施等。

10．制定劳动防护用品管理制度

劳动防护用品是为了减轻或避免劳动过程中，劳动者受到的伤害和职业危害，是保护劳动者安全健康的一项预防性辅助措施。使用劳动防护用品是安全生产、防止职业性伤害的需要，对于减少职业危害起着相当重要的作用。

劳动防护用品管理制度的内容主要包括安全网、安全帽、安全带、绝缘用品、防职业病用品等的采购、验收、发放、使用、维护等的管理要求。

11．建立应急救援预案

《中华人民共和国安全生产法》规定，生产经营单位必须建立应急救援组织，建立应急救援的目的是保障一旦发生生产安全事故，迅速启动预案，采取有效措施，组织抢救，防止事故扩大，减少人员伤亡和财产损失。

应急救援预案的主要内容应包括应急救援组织机构、应急救援程序、应急救援要求、应急救援器材、设备的配备、应急救援人员的培训、应急救援的演练等，以保证应急救援的正常运转。

12．其他制度

除以上主要的安全管理制度外，企业还应建立有关的安全管理制度，如安全值班制度、班前安全活动制度、特种作业安全管理制度、安全资料管理制度、总分包安全管理制度等，使企业安全管理更加完善和有效，达到以制度管理安全。

第三节　施工现场安全管理

在大中型水电水利建筑安装工程及其附属工程的建设中，为防止安全事故与职业性危害的发生,实施安全生产,各生产企业必须按相应生产安全标准、规范进行工程建设,以下介绍部分水利工程建设施工安全管理规定。

一、施工现场安全管理基本规定

（1）施工区域宜按规划设计和实际需要采用封闭措施,对施工中关键区域和危险区域,应实行封闭。

（2）进入施工现场的工作人员必须按规定佩带安全帽和使用其他相应的个体防护用品。从事特种作业的人员必须持有政府主管部门核发的操作证,并配备相应的安全防护用具。

（3）施工现场的各种施工设施、管道线路等,应符合防洪、防火、防爆、防强风、防雷击、防砸、防坍塌及工业卫生等要求。

（4）施工现场的洞（孔）、井、坑、升降口、漏斗口等危险处,应有防护设施和明显标志。

（5）施工现场存放设备、材料的场地应平整牢固,设备材料存放整齐稳固,周围通道畅通,且宽度宜不小于 1 m。

（6）施工现场的排水系统应设置合理,沟、管、网排水畅通。

（7）接送上下班人员宜选用客车,若采用载重汽车载人,则必须取得公安车辆管理部门的许可证,并采取相应的安全措施。

（8）施工照明应符合下列要求：

① 大规模露天施工现场宜采用大功率、高效能灯具。

② 施工现场及作业地点应有足够的照明,主要通道应设有路灯。

③ 在高温、潮湿、易于导电触电的作业场所（如洞室、闸门井、蜗壳、压力钢管等处）使用照明灯具地面高度低于 2.2 m 时,其照明电源电压不得大于 24 V。

④ 照明灯具与导线的绝缘应符合有关规定。

（9）施工区域、作业区及建筑物应执行消防安全的有关规定,设置必备的消防水管、消防栓,配备相应的消防器材和设备,保持消防通道畅通。

二、施工用风、水、电安全管理

（一）供风

（1）空气压缩机站布置应符合以下要求：

① 机房内壁和屋顶宜采用吸声材料。

② 机房内设有排风降温设施,处于寒冷地区的空气压缩机站机房还应设有取暖设备。

③ 配有适量的灭火器等消防器材。

④ 冷却水池周围设有防护栏杆。

⑤ 维修平台和电动机机坑的周围应设有防护栏杆,栏杆下部应有防护网或板,地沟应铺设盖板。

⑥ 设废油收集沟。

（2）空气压缩机安装运行应符合以下规定：

① 空气压缩机进气口必须装有吸声消音器。

② 压力表、安全阀、调压装置等齐全灵敏,并按国家有关规定定期检验和标定。

（3）储气罐必须设置压力表、安全阀等安全装置,并按国家有关规定定期检验和标定。

（4）供风管路布设在滚石、塌方等区域内时,应采用埋设或设置防护挡墙,并设有警告标志。在坡度大于 15°的坡面铺设管路时,管道下应设挡墩支撑,明管弯段应设固定支墩。

（5）移动式空气压缩机供风,宜设有防雨、防晒棚等设施。

（6）施工现场供风胶管应有防脱、防爆等措施。

（二）供排水

（1）水泵站（房）应符合以下要求：

① 基础稳固、岸坡稳定。

② 设有专门的值班工作房。

③ 配备有防洪器材与救生衣等救生设备。

④ 配备可靠的通信设施。

（2）缆车式泵站的缆车轨道上端应设有行程限位装置,下端设有挡车装置,取水位置应设明显的停车标志。

（3）浮船式泵站,必须采取趸船锚固措施,船上设有航标灯或信号灯。

（4）蓄水池的布设应符合以下要求：

① 地基稳固、边坡稳定、排水畅通。

② 设有指示灯、报警器等极限水位警示连锁装置。

③ 水池和池间通道的边缘设有钢防护栏杆。

（5）供水消毒设施场所应设有紧急处理的中和水池,配有防毒器具。

（6）给排水管路采用柔性材料时应有防脱、防爆等措施。

（7）施工现场排水应符合以下要求：

① 排水系统应有足够的排水能力和备用能力。

② 排水系统的设备应设独立的动力电源供电。

③ 大流量排水管出口（如基坑排水等）的布设必须避开围堰坡脚及易受冲刷破坏的建筑物、岸坡等,或设置可靠的防冲刷措施。

（三）供电

（1）施工变电所应符合以下要求：

① 设有避雷装置,接地电阻不大于 $10\ \Omega$。

② 设有排水沟、槽等设施,其坡度不应小于 5‰。

③ 室内变电设备周围设有净宽不小于 1.0 m 的维护通道,室外配电装置区设有巡视小道。

④ 变电站周围设有高度不低于 2 m 的实体围墙或围栏。

⑤ 通往室外的门外开,并配锁。

⑥ 配有足量的防火用砂和相应灭火器材。

⑦ 高压电气设备设有高度不低于 1.7 m、网孔不大于 40 mm×40 mm 的栅栏或遮栏,并有安全警告标志。

⑧ 设有专门的值班工作室。

（2）施工变压器的安装使用必须符合以下规定：

① 设有高度不低于 1.7 m 的栅栏和带锁的门,并有警告标志。

② 采用柱式安装,底部距地面不应小于 2.5 m。

③ 外壳接地电阻不大于 4 Ω。

(3) 施工现场的配电(箱)、开关箱等安装使用应符合以下规定:

① 各级配电盘(箱)的外壳完整,金属外壳设有通过接线端子板连接的保护接零。

② 装有漏电保护器。

③ 设置防雨设施。

④ 开关箱高度不低于 1.0 m。

(4) 施工用电线路架设应符合以下要求:

① 施工供电线路应架空敷设,其高度不得低于 5.0 m,并满足电压等级的安全要求。

② 配电干线电缆可采用埋地敷设,敷设深度不应小于 0.6 m,并应在电缆上下铺设 0.3 m 厚的细砂保护层。埋设电缆线路应设明显标志。

③ 线路穿越道路或易受机械损伤的场所时必须设有套管防护。管内不得有接头,其管口应密封。

④ 在构筑物、脚手架上安装用电线路,必须设有专用的横担与绝缘子等。

⑤ 作业面的用电线路高度不低于 2.5 m。

⑥ 大型移动设备或设施的供电电缆必须设有电缆绞盘,拖拉电缆人员必须佩带个体防护用具。

⑦ 井、洞内敷设的用电线路应采用横担与绝缘子沿井(洞)壁固定。

(5) 施工现场或车间内的变配电装置均应设置遮栏或栅栏屏护,并符合以下规定:

① 高压设备屏护高度不应低于 1.7 m,下部边缘离地高度不应大于 0.1 m。

② 低压设备室外屏护高度不应低于 1.5 m,室内屏护高度不应低于 1.2 m,屏护下部边缘离地高度不应大于 0.2 m。

③ 遮栏网孔不应大于 40 mm×40 mm,栅栏条间距不应大于 0.2 m。

三、土方和石方工程施工安全管理

(一)土石方明挖安全管理

(1) 土石方明挖施工应符合以下要求:

① 作业区应有足够的设备运行场地和施工人员通道。

② 悬崖、陡坡、陡坎边缘应有防护围栏或明显警告标志。

③ 施工机械设备颜色鲜明,灯光、制动和作业信号、警示装置齐全可靠。

④ 凿岩钻孔宜采用湿式作业,若采用干式作业必须有捕尘装置。

(2) 在高边坡、滑坡体、基坑、深槽及重要建筑物附近开挖,应有相应可靠的防止坍塌的安全防护和监测措施。

(3) 在土质疏松或较深的沟、槽、坑、穴作业时,应设置可靠的挡土护栏或固壁支撑。

(4) 坡高大于 5.0 m、坡度大于 45°的高边坡、深基坑开挖作业,应符合以下规定:

① 清除设计边线外 5 m 范围内的浮石、杂物。

② 修筑坡顶截水天沟。

③ 坡顶应设置安全防护栏或防护网,防护栏高度不得低于 2 m,护栏材料宜采用硬杂圆

木或竹跳板,圆木直径不得小于 10 cm。

④ 坡面每下降一层台阶应进行一次清坡,对不良地质构造应采取有效的防护措施。

(5)爆破施工应按《爆破安全规程》(GB 6722—2011)规定执行,同时还应符合以下规定:

① 工程施工爆破作业周围 300 m 区域为危险区域,危险区域内不得有非施工生产设施。对危险区域内的生产设施设备应采取有效的防护措施。

② 爆破危险区域边界的所有通道应设有明显的提示标志或标牌,标明规定的爆破时间和危险区域的范围。

③ 区域内设有有效的音响和视觉警示装置,使危险区内人员都能清楚地听到和看到警示信号。

(6)土石围堰拆除施工应符合以下要求:

① 水上部分围堰拆除时,应设有交通和警告标志,围堰两侧边缘应设防坍塌警戒线及标志。

② 围堰混凝土部分采用爆破拆除时,应符合爆破作业的有关规定,必要时应进行覆盖防护。

③ 水下部分围堰拆除,必须配有供开挖作业人员穿戴的救生衣等防护用品。

④ 围堰水下开挖影响通航时,应按航道主管部门要求设置临时航标或灯光信号标示等。

(二)土石方填筑安全管理

(1)土石方填筑机械设备的灯光、制动、信号、警告装置齐全可靠。

(2)水下填筑应符合以下要求:

① 截流填筑应设置水流流速监测设施。

② 向水下填掷石块、石笼的起重设备必须锁定牢固,人工抛掷应有防止人员坠落的措施和应急施救措施。

(3)土石方填筑坡面碾压、夯实作业时,应设置边缘警戒线,设备、设施必须锁定牢固,工作装置应有防脱、防断措施。

(4)土石方填筑坡面整坡、砌筑应设置人行通道,双层作业设置遮挡护栏。

(三)地下工程开挖安全管理

(1)隧洞洞口施工应符合以下要求:

① 有良好的排水措施。

② 应及时清理洞脸,及时锁口。在洞脸边坡外侧应设置挡渣墙或积石槽,或在洞口设置网或木构架防护棚,其顺洞轴方向伸出洞口外长度不得小于 5 m。

③ 洞口以上边坡和两侧岩壁不完整时,应采用喷锚支护或混凝土永久支护等措施。

(2)洞内施工应符合以下规定:

① 在松散、软弱、破碎、多水等不良地质条件下进行施工时,对洞顶、洞壁应采用锚喷、预应力锚索、钢木构架或混凝土衬砌等围岩支护措施。

② 在地质构造复杂、地下水丰富的危险地段和洞室关键地段,应根据围岩监测系统设计和技术要求,设置收敛计、测缝计、轴力计等监测仪器。

③ 进洞深度大于洞径 5 倍时,应采取机械通风措施,送风能力必须满足施工人员正常呼吸需要($3 m^3/(人·min)$),并能满足冲淡、排除爆炸施工产生的烟尘需要。

④ 凿岩钻孔必须采用湿式作业。

⑤ 设有爆破后降尘喷雾洒水设施。

⑥ 洞内使用内燃机施工设备时，应配有废气净化装置，不得使用汽油发动机施工设备。

⑦ 洞内地面保持平整、不积水、洞壁下边缘应设排水沟。

⑧ 应定期检测洞内粉尘、噪声、有毒气体。

（3）斜、竖井开挖应符合以下要求：

① 及时进行锁口。

② 井口设有高度不低于 1.2 m 的防护围栏。围栏底部距 0.5 m 处应全封闭。

③ 井壁应设置人行爬梯。爬梯应锁定牢固，踏步平齐，设有拱圈和休息平台。

④ 施工作业面与井口应有可靠的通信装置和信号装置。

⑤ 井深大于 10 m 时应设置通风排烟设施。

⑥ 施工用风、水、电管线应沿井壁固定牢固。

（4）采用正井法施工应符合以下规定：

① 井壁应设置待避安全洞或移动式安全棚。

② 竖井上口应设置可靠的工作平台，斜井下部设置接渣遮栏。

③ 提升机械设置可靠的限位装置、限速装置、断绳保护装置和稳定吊斗装置。

（5）采用反井法施工应符合以下规定：

① 反井下部井口应有足够的存渣场地，设有足够的照明。

② 出渣场地应设置安全围栏和警告标志。

③ 利用爬罐、吊罐作业时，罐内应备有氧气袋。

四、基础处理安全管理

（一）灌浆

（1）灌浆作业应符合以下要求：

① 需要固定的钻机至少设有 3 个地锚，抗拔力不应小于钻机额定最大上顶力的 1.5 倍。

② 交叉作业场所，各通道应保持畅通，危险出入口应设有警告标志或钢防护设施。

③ 斜坡施工应设有平整、牢固、安全系数不低于 1.3 的工作平台，且钻脚周边应有 0.5～1.0 m 的安全距离，临空面设有钢或混合防护栏杆，斜坡与平台间应设有通道或扶梯。

④ 现场通风、照明良好，水源充足。

（2）化学灌浆应符合以下规定：

① 设有专门的各种材料堆放处所，明显处悬挂有"禁止饮食""禁止吸烟"等警告标志。

② 配有足量专用灭火器材。

③ 配有足够供施工人员佩带的防毒面具、防护眼镜、防护手套、防护鞋等用具。

④ 应有防止污染环境的措施。

（3）灌浆皮管应确保灌浆压力的要求，且应有足够的安全系数，严防爆管伤人。

（二）灌注桩、地下连续墙和振冲加固

（1）冲击钻机安装运行应符合以下要求：

① 桅杆绷绳应用直径不小于 16 mm 的钢丝绳，并辅以不小于 $\phi75$ 的无缝钢管作前撑。

② 绷绳地锚埋深不得小于 1.2 m,绷绳与水平面夹角不应大于 45°。

（2）钻机各重要部件应涂有相应的警示标志颜色。

（3）地下连续墙施工时,槽口必须安全稳固,除钻头升降部位外,其余部位槽面应设有足够承载力的槽盖板。槽盖板与槽口的搭接长度不应小于 10 cm。

（4）灌注桩和地下连续墙混凝土浇筑后,应设有防护盖板或及时回填至地面。

（5）振冲加固作业现场应设有符合要求的吊车等的出入通道,作业面应有良好的排水设施。工作回转范围边缘应设有安全警告标志。

五、砂石料生产安全管理

（一）破碎

（1）破碎机械进料口部位必须设置进料平台,若采用机动车辆进料,则平台应符合以下要求:

① 平整、不积水、不应有坡度。平台宽度不宜小于运料车辆宽度的 1.5 倍,长度不宜小于运料车辆长度的 2.5 倍。

② 平台与进料口连接处必须设置混凝土车挡,其高度以 0.2～0.3 m 为宜,宽度不小于 0.3 m,长度不小于进料口宽度。

③ 有清除洒落物料的措施。

（2）破碎机械进料口除机动车辆进料平台以外的边缘必须设置钢防护栏杆,栏杆外侧应设有宽度不小于 0.8 m 的通道。

（3）破碎机械进料口处设置人工处理卡石或超径石的工作平台,其长度应不小于 1 m,宽不小于 0.8 m,并和走道相接,周围设置防护栏杆。

（4）破碎机械的进料口和出料口宜设置喷水等降尘装置。

（5）破碎机的进料平台、控制室、出料口等之间应设置宽度不小于 0.8 m 的人行通道或扶梯。通道临空面高度大于 2 m 时,应设置防护栏杆。

（二）筛分

（1）筛分机械安装运行应符合以下规定:

① 筛分楼应设置避雷装置,接地电阻不大于 10 Ω。

② 各层设备设有可靠的指示灯等联动的启动、运行、停机、故障联系信号。

③ 设备周边应设置宽度不小于 1 m 的通道。

④ 筛分设备前应设置长、宽分别不小于筛网长、宽 1.5 倍的检修平台。

⑤ 筛分设备各层之间应设有至少一个以上钢扶梯或混凝土楼梯,楼梯宽度应不小于 0.8 m,边缘设置防护钢栏杆。

（2）筛分楼的进料口宜设置洒水等降尘设备,振动筛宜采用低噪声的塑胶材料。

（三）脱水与人工制砂

（1）制砂机、洗泥机、沉砂箱周围应设有宽 1 m 以上的通道。

（2）螺旋洗砂槽、洗泥槽的上部应设置符合要求的安全防护网。

（3）应设置专用排水沟或排水管,处理洗砂、洗泥等的废水。

（4）棒磨机转动筒体与行人通道的距离不应小于 1.5 m，并设置防护栏（网），将通道与棒磨机隔开，装棒侧面宜设宽度不小于 5 m 的工作平台。

（四）输送

（1）堆取料机械安装运行应符合以下要求：

① 行走轨道应平直，轨面纵向坡度应小于 3%。

② 轨道设有可靠的夹轨装置。

③ 设有启动、运行、停机、故障等音响、灯光联动警告信号装置。

④ 轨道两端应设有弯轨止挡，其高度不应小于行车轮半径。

（2）皮带机安装运行应符合以下规定：

① 头架和尾架的主动轮、从动轮应设有防护栏或网等防护装置。采用防护栏时，栏杆与转动轮、电动机等之间的距离不应小于 0.5 m，并高于防护件 0.7 m 以上。采用防护网时，网孔口尺寸不宜大于 50 mm×50 mm。

② 地面设置的皮带机，皮带两侧应设宽度不小于 0.8 m 的走道。

③ 架空设置皮带机时，两侧应设置宽度不小于 0.5 m 的走道，走道底板宜采取防滑措施，走道外侧应设有防护栏杆。

④ 皮带的前后均应设置事故开关，当皮带长度大于 100 m 时，在皮带的中部还应增设事故开关，事故开关应安装在醒目、易操作的位置，并设有明显标志。

⑤ 长度超过 60 m 的皮带中部应设横过皮带的人行天桥，天桥高度距皮带不得小于 0.5 m。

⑥ 设有启动、运行、停机、故障等音响、灯光联动警告信号装置。

（3）架空皮带机横跨运输道路、人行通道、重要设施（设备）时，下部应设有防护棚，并符合以下要求：

① 棚面应采用木板、脚手板等抗冲击的材料，且满铺无缝隙。

② 防护棚覆盖面宽度应超过皮带机架两侧各 0.75 m，长度应超过横跨的道路两侧各 1 m。

③ 防护棚设有明显的限高警告标志。

（4）输料皮带隧洞应符合以下要求：

① 洞口应采取混凝土衬砌或上部设置安全挡墙等设施。

② 洞顶高度不应低于 2 m，围岩稳定。

③ 皮带机一侧应设宽度不小于 0.8 m 的通道。

④ 洞内地面应设有排水沟，且排水畅通。

六、混凝土工程施工安全管理

（一）模板工程

（1）木模板加工厂（车间）应采取相应安全防火措施，并符合以下要求：

① 车间厂房与原材料码堆之间的距离不得小于 10 m。

② 码堆之间应设有路宽不小于 3.5 m 的消防车道，进出口畅通。

③ 车间内设备与设备之间、设备与墙壁等障碍物之间的距离不得小于 2 m。

④ 设有水源可靠的消除栓,车间内配有适量的灭火器。

⑤ 场区入口、加工车间及重要部位应设有醒目的"严禁烟火"的警告标志。

（2）木材加工机械安装运行应符合以下规定：

① 每台设备均装有事故紧急停机单独开关,开关与设备的距离应不大于 5 m,并设有明显的标志。

② 刨车的两端应设有高度不低于 0.5 m,宽度不小于轨道宽 2 倍的木质防护栏杆。

③ 应配备有锯片防护罩、排屑罩、皮带防护罩等安全防护装置,锯片防护罩底部与工件的间距不应大于 20 mm,在机床停止工作时,防护罩应全部遮盖住锯片。

（3）大型模板加工与安装应符合以下规定：

① 应设有专用吊耳。

② 应设宽度不小于 0.4 m 的操作平台或走道,其临空边缘设有钢防护栏杆。

③ 高处作业安装模板时,模板的临空面下方应悬挂水平宽度不小于 2 m 的安全网,配有足够安全绳。

（4）滑模安装使用应符合以下规定：

① 操作平台的宽度不宜小于 0.8 m,临空边缘设置防护栏杆,下部悬挂水平防护宽度不小于 2 m 的安全网,操作平台上所设的洞孔应有标志明显的活动盖板。

② 操作平台应设有联络通信信号装置和供人员上下的设施。

③ 提升人员或物料的简易罐笼与操作平台衔接处应设有宽度不小于 0.8 m 的安全跳板,跳板应设扶手或钢防护栏杆。

④ 独立建筑物滑模在雷雨季节施工时,应设有避雷装置,接地电阻不宜大于 10 Ω。

（5）钢模台车的各层应设有宽度不小于 0.5 m 的操作平台,平台外围应设有钢防护栏杆和挡脚板,上下爬梯应有扶手,垂直爬梯应加设护圈。

（二）钢筋工程

（1）钢筋加工厂（车间）应符合以下规定：

① 设有相应的材料、成品或半成品堆放场地。

② 电力线路电线绝缘良好,禁止采用裸线。

③ 照明灯具设有防护网罩。

（2）钢筋加工设备安装运行应符合以下规定：

① 设备与墙壁、设备与设备之间的距离不得小于 1.5 m。

② 每台设备应设有独立的事故紧急停机开关和触电保安器,事故紧急停机开关应装设在醒目、易操作的位置,且有明显标志。

③ 冷拉钢筋的卷扬机前及另一端应设置木防护挡板,其宽度不应小于 3 m,高度不小于 1.8 m,并设置孔径为 200 cm 的观察孔,或者卷扬机与冷拉方向布置呈 90°,并采用封闭式导向滑轮。

④ 冷拉作业沿线应设置宽度不小于 4 m,设置明显警告标志的工作区域。

（3）钢筋除锈加工应有相应除尘设施,备有个体防尘用品。

（4）在 2 m 以上高处、深坑绑扎钢筋和安装骨架时,应搭设相应脚手架和马道平台,并配有安全带。

（5）钢筋绑扎焊接施工中，要求电焊机接地可靠、电缆线绝缘良好并装有漏电保护器。

（三）混凝土生产

（1）制冷系统车间应符合以下规定：

① 车间应设为独立的建筑物，厂房建材应用二级耐火材料或阻燃材料，并设不相邻的出入口不少于 2 个。

② 门窗向外开，墙的上、下部设有气窗。

③ 配有适量的消防器材、专用防毒面具、急救药品和解毒饮料。

④ 设备、管道、阀门、容器密封良好，有定期校验合格的安全阀和泄压排污装置。

⑤ 设备与设备、设备与墙之间的距离应不小于 1.5 m，并设有巡视检查通道。

⑥ 车间设备（设施）多层布置时，应设有上下连接通道扶梯。

（2）拌和站（楼）的布设应符合以下规定：

① 各层之间设有钢扶梯或通道，临空边缘设有栏杆。

② 各平台的边缘应设有钢防护栏杆或墙体。

③ 各层、各操作部位之间应设有音响、灯光等操作联系和警告指示信号。

④ 拌和机械设备周围应设有宽度不小于 0.6 m 的巡视检查通道。

⑤ 应设有合格的避雷装置。

（3）拌和站（楼）应设防尘、降低噪声设施，设置有独立的隔音、防尘操作（控制）室。水泥、粉煤灰的输送进料、配料密封良好，无泄漏。

（4）水泥和粉煤灰罐储存运行应符合以下要求：

① 罐体、管道、阀门严密，不泄漏。

② 罐顶部门盖设置不小于顶部面积二分之一的平台，平台周围设置栏杆和挡脚板，顶部平台至地面建筑物、道路设施之间应设置栈桥、扶梯。

③ 罐内设有破拱装置和从顶盖垂直至下的爬梯。

④ 袋装水泥拆包，应设置有效的除尘装置。

⑤ 配有供作业人员使用的防尘口罩等防护用品。

（5）拌和、制冷、储罐拆除时应符合以下要求：

① 划定安全警戒区，封闭通道口应设专人监护。

② 上层拆除时，下方应设安全网。

③ 现场应配备安全绳、灭火器、防毒面具等防护用品。

（四）混凝土浇筑

（1）混凝土仓面清理应符合以下规定：

① 用电线路应使用木杆支撑，高度应不低于 2.5 m，严禁采用裸线或麻皮线，电缆绝缘良好，并装有事故紧急切断开关或触电保安器。

② 应设宽度不小于 0.5 m 的人行通道、栈桥或简易木梯。

③ 冲洗、冲毛等废水应集中排放。

④ 砂罐、冲毛机等压力容器设备应经专业部门检验合格。

⑤ 配有操作人员使用的防护面具、绝缘手套、长筒胶靴等防护用品。

（2）混凝土浇筑平台脚手板应铺满、平整，临空边缘应设防护栏杆和挡脚板，下料口在停用时应加盖封闭。

（3）混凝土电动振捣器必须绝缘良好，并装设有触电保安器。

（4）振捣车、平仓机应有倒车音响装置及灯光信号且醒目颜色。

（5）皮带机混凝土入仓应符合以下要求：

① 皮带机架设平稳、支撑稳固，伸缩机构灵敏可靠；皮带机的支撑柱不能以仓边模板为支撑基座；皮带机两端应设高度不小于 0.5 m 的挡板。

② 进料斗周围设置宽度不小于 1.2 m 的走道和平台，平台四周设有防护栏杆。

③ 设有通向进料斗平台的通道、扶梯或爬梯。

（6）水下混凝土浇筑平台应符合以下规定：

① 平台边缘应设有钢防护栏杆和挡脚板。

② 平台与岸或建筑物、构件之间应设置经设计确定的交通栈桥，两侧设置钢防护栏杆。

③ 应配有相应救生衣、救生圈等水上救生防护用品。

（7）地下工程混凝土浇筑应符合以下规定：

① 用电设备的电源线路应绝缘良好，并装有触电保安器等保护装置。

② 可能发生坠落的部位应设置安全防护网和警告标志。

七、工地运输安全管理

（一）水平运输

（1）施工场内汽车运输道路应符合以下规定：

① 道路纵坡度不宜大于 8%，个别短距离地段坡度最大不得超过 12%；道路回头曲线最小半径不得小于 15 m；路面宽度不得小于施工车辆宽度的 1.5 倍，单车道设有会车位置。

② 在急弯、陡坡等危险路段右侧应设有相应警告标志，岔路、施工生产场所设有指标标志。

③ 高边坡路临空边缘应设有安全墩挡墙及反光警告标志。

④ 弃渣下料临边应设置高度不低于 0.3 m，厚度不小于 0.6 m 的石渣作为车挡，料口下料临边应设置混凝土车挡。

⑤ 配有清扫、维护设备，保持路面完好、整洁、无积水。

⑥ 有工程车辆、大型自卸车专用的停车和清洗车辆场地。

（2）机动车辆应符合以下规定：

① 车辆制动、方向、灯光、音响等装置良好、可靠，经政府车检部门检测合格。

② 按规定配备相应的消防器材。

③ 冰雪天气运输应配备有防滑链条、三角木等防滑器材。

④ 油罐车等特种车辆按国家规定配备安全设施，并涂有明显颜色标志。

⑤ 水泥罐车密封良好，不得泄漏。

⑥ 工程车外观颜色鲜明醒目、整洁。

（3）轨道机车的道路应符合以下要求：

① 路面不积水、积渣，坡度应小于 3%。

② 机车轨道的端部应设有钢轨车挡，其高度不低于机车轮的半径，并设有红色警告信号

灯。

③ 机车轨道的外侧应设有宽度不小于 0.6 m 的人行通道，人行通道为高处通道时，临空边应设置防护栏杆。

④ 机车轨道与现场公路、人行通道等的交叉路口应设置明显的警告标志或设专人值班监护。

⑤ 机车隧洞高度不低于机车以及装运货物设施高度的 1.2 倍，宽度不小于车体以及货物设施最大宽度加 1.2 m。

⑥ 设有专用的机车检修轨道。

⑦ 通信联系信号齐全可靠。

（4）场内公路、铁路、水路运输按国家有关法规、标准执行。

（二）垂直运输

（1）各种起重机械必须经国家专业检验部门检验合格。

（2）起重机械运行空间内不得有障碍物、电力线路、建筑物和其他设施；空间边缘与建筑物或施工设施或山体的距离应不小于 2 m，与架空输电线路的距离符合相关规定。

（3）起重机械设备移动轨道应符合以下规定：

① 距轨道终端 3 m 处应设置高度不小于行车轮半径的极限位移阻挡装置，设置警告标志。

② 轨道的外侧应设置宽度不小于 0.5 m 的走道，走道平整满铺。当走道为高处通道时，应设置防护栏杆。

③ 轨道外侧应设置排水沟。

（4）起重机械安装运行应符合以下规定：

① 起重机械应配备荷载、变幅等指示装置和荷载、力矩、高度、行程等限位、限制及连锁装置。

② 操作司机室应防风、防雨、防晒、视线良好，地板铺有绝缘垫层。

③ 设有专用起吊作业照明和运行操作警告灯光音响信号。

④ 露天工作起重机械的电气设备应装有防雨罩。

⑤ 吊钩、行走部分及设备四周应有警告标志和涂有警示色标。

（5）门式、塔式、桥式起重机械安装运行还应符合以下规定：

① 设有距轨道面不高于 10 mm 的扫轨板。

② 轨道及机上任何一点的接地电阻应不大于 4 Ω。

③ 露天布置时，应有可靠的避雷装置，避雷接地电阻应不大于 30 Ω。

④ 桥式起重机供电滑线应有鲜明的对比颜色和警示标志。扶梯、走道与滑线间和大车滑线端的端梁下应设有符合要求的防护板或防护网。

⑤ 多层布置的桥式起重机，其下层起重机的滑线应沿全长设有防护板。

⑥ 门、塔式起重机应有可靠的电缆自动卷线装置。

⑦ 门、塔式起重机最高点及壁端应装有红色障碍指示灯和警告标志。

（6）轮胎式起重机械在公路上行走还应符合机动车辆的有关规定。

（7）使用扒杆式起重机、简易起重机械应符合以下要求：

① 按施工技术和设备要求进行设计安装使用。

② 安装地点应能看清起吊重物。

③ 制动装置可靠且设有排绳器。

④ 设有高度限制器或限位开关。

⑤ 开关箱除应设置过负荷、短路、漏电保护装置外,还应设置隔断开关。

⑥ 固定扒杆的缆风绳不得少于 4 根。

⑦ 吊栏与平台的连接处应设有宽度不小于 0.5 m 的走道,边缘设有扶手和栏杆。

⑧ 卷扬机应搭设操作棚。

(三) 缆机运输

(1) 缆机必须经国家专业检验部门检验合格。

(2) 缆机布置应符合以下规定:

① 主副塔架、行走机构边缘与山体边坡之间的距离应不小于 1.5 m,不稳定的边坡应有浆砌石或混凝土挡墙或喷锚支护等护体。

② 有长、宽均不小于 20 m 的拆装、检修场地。

③ 轨道栈桥混凝土平台边缘临空高度大于 2 m 时,轨道的外侧应设有宽度不小于 1 m 的走道,临空面设有防护栏杆。

④ 钢轨接地电阻不应大于 4 Ω。

⑤ 轨道两端应设有坚固且高度不低于 1 m 的止挡设施。

(3) 缆机安装运行应符合以下规定:

① 设有从地面通向缆机各机械电气室、检修小车和控制操作室等处所的通道、楼梯或扶梯。

② 设有两套以上的通信联络装置和统一音响、灯光指挥信号。

③ 主副塔水平移动位移极限、吊钩上升和下降高度极限、检修小车水平移动极限等各种控制限制装置应齐全有效。

④ 设有可靠的防风夹轨器和扫轨板。

⑤ 设有专用照明电源和可靠的工作行灯。

⑥ 主副塔的最高点、吊钩等部位应设有红色信号指示灯或警告标志。

⑦ 避雷装置可靠,接地电阻不宜大于 10 Ω。

⑧ 设有单独的操作、值班工作室,工作室视线开阔,照明良好,铺有绝缘垫。

⑨ 主副塔机器房、开关控制室、值班室等处所应配有足量的灭火器材。

⑩ 缆机检修小车工作平台四周应设有高度不低于 1.2 m 的钢防护栏杆,底部四周有高度不小于 0.3 m 的挡脚板,平台底部满铺,不得有孔洞,并备有供检修作业人员使用的安全绳。

(四) 大型起重机械拆除

(1) 塔式、门式、桥式和缆索起重机等大型起重机械,在拆除前应根据施工情况和起重机特点,制定拆除施工技术方案和安全措施。

(2) 大型起重机械的拆除应符合以下规定:

① 拆除现场周围应设有安全围栏或用色带隔离,并设置警告标志。

② 拆除工作范围内的设备及通道上方应设置防护棚。

③ 设有防止在拆除过程中行走机构滑移的锁定装置。

④ 不稳定的构件应设有缆风钢丝绳,缆风钢丝绳的安全系数不应小于 3.5,与地面夹角应为 $30°\sim40°$。

⑤ 在高处空中拆除结构件时,应架设工作平台。

⑥ 配有足够安全绳、安全网等防护用品。

(五) 载人的提升机械与装置

(1) 施工现场载人机械传动设备应符合以下要求:

① 采用慢速可逆式卷扬机,其升降速度不应大于 0.15 m/s。

② 卷扬机制动器为常闭式,供电时制动器松开。

③ 卷扬机缠绕应有排绳装置。

④ 电气设备金属外壳均应接地,接地电阻应不大于 $4 \ \Omega$。

(2) 提升钢丝绳应符合以下规定:

① 钢丝绳的安全系数不得小于 14。

② 钢丝绳上 10 倍直径长度范围内,断丝根数不得大于总根数的 5%。

③ 钢丝绳绳头宜采用金属或树脂充填绳套,套管铰接绳环,套筒箍头紧固绳环固定。

④ 钢丝绳卷绕在卷筒上的安全圈数不得小于 3 圈,绳头在卷筒上固定可靠。

(3) 采用绳卡固定钢丝绳应符合表 9-1 所示的规定,其绳卡间距不得小于钢丝绳直径的 6 倍,绳头距安全绳卡的距离不得小于 140 mm,绳卡安放在钢丝绳受力一侧,不得正反交错设置绳卡。

表 9-1　钢丝绳绳卡选用表

钢丝绳直径/mm	≤10	10~20	21~26	28~36	37~40
最小绳卡数目	3	4	5	6	7

注　绳卡数目中未包括安全绳卡,安全绳卡数目为 1。

(4) 使用滑轮应符合以下规定:

① 滑轮的名义直径与钢丝绳名义直径之比不得小于 40。

② 滑轮绳槽圆弧半径应比钢丝绳名义半径大 5%~7.5%,槽深不得小于钢丝绳直径的 1.5 倍。

③ 钢丝绳进出滑轮的允许偏角不得大于 $4°$。

④ 吊顶滑轮和导向滑轮固定可靠。

(5) 载人吊笼应符合以下规定:

① 根据施工需要,吊笼的承载能力按每人 100 kg 进行吊笼结构强度设计。

② 吊笼顶部设计强度在任一 0.4 m^2 的面积上应能承受 1500 N 载荷的作用。

③ 吊笼内空净高不得小于 2 m,吊笼每人占据的底面积不得小于 0.2 m^2,设置水平拉门,其高度应不低于 1.95 m,并设有可靠的锁紧装置。

④ 吊笼内应有足够的照明,吊笼外安装滚轮或滑动导向靴。

(6) 钢构井架应具备足够的强度、刚度和稳定性。

(7) 升降吊笼必须在导轨上运行,导轨应能承受额定重量偏载制动以及安全装置动作时产生的冲击力并附着牢固。

（8）载人提升机械应设置以下安全装置，并保持灵敏可靠：

① 上限位装置（上限位开关）。

② 上极限限位装置（越程开关）。

③ 下限位装置（下限位开关）。

④ 断绳保护装置。

⑤ 限速保护装置。

（9）载人提升机械运行出入口处，应明示安全操作规程和限载规定，并设置信号和通信设施。

八、金结制作与安装安全管理

（一）金结制作

（1）生产厂区应符合以下要求：

① 行走通道，其宽度不得小于 1 m，两侧用宽 80 mm 的黄色油漆标明，通道内不得堆放物品。

② 架空设置的安全走道，底板为防滑钢板，临边应设置带有挡脚板的钢防护栏杆。

③ 厂区内应布设有接地网，各用电设备、电气盘柜的接地或接零装置应与接地网可靠连接，接地电阻不得大于 4 Ω，保护零线的重复接地电阻不应大于 10 Ω。

④ 车间及操作场所照明充足，照明灯具应设有备用电源，或在值班岗位附近、主要通道、楼梯、进出口处设置自动应急灯等。

（2）金结制作机构设备、电气盘柜和其他危险部位应悬挂安全标志。

（3）焊接作业应符合以下要求：

① 焊机外壳应有可靠的接地或接零保护。

② 大型电焊作业宜进行隔离，设置电焊防护屏，屏高应不低于 1.8 m。

③ 焊接现场配备足够的通风、排烟设施，有害烟尘浓度应符合有关规定。

④ 露天拼装焊接时，应搭设防雨棚。

⑤ 高处焊割作业点的周围及下方地面上火星所及的范围内，应彻底清除可燃、易爆物品，并配置足够的灭火器材。

（4）氧气、乙炔集中供气系统应符合以下规定：

① 氧气和乙炔管路在室外架设或敷设时，应按规定设置接地系统。

② 氧气和乙炔管路与其他金属物之间绝缘应良好。

③ 供气间应使用防爆电器。

④ 配备有足够的灭火器材。

⑤ 储气罐、气包等应定期检验，做好标志。

⑥ 氧气、乙炔使用区域应设置通风设施，防止气体聚集；乙炔总管及各分管的出气口应装防回火装置。

（5）氧气瓶、乙炔瓶在罐装、搬运、存储、使用中的安全防护，均应按有关规定执行。

（6）金属加工设备防护罩、挡屑板、隔离围栏等安全设施应齐全、有效，有火花溅出或有可能飞出物的设备应设有挡板或保护罩。

（7）探伤作业应作好防射线辐射措施，并符合以下规定：

① 各类射线检测仪器应配备相应的防护用具。

② 现场 X 射线探伤作业时，应划定安全区域，悬挂明显的警告标志。

（8）喷砂除锈作业应采取防护措施，并符合以下要求：

① 除锈设备应采取隔声、减振等措施。

② 设有独立的排风系统和除尘装置。

③ 操作人员应佩带护目镜、防尘面具，并穿上带有空气分配器的工作服。

④ 喷砂室应设有用不易碎材料制成的观察窗，室内外均应设控制开关，并设有声、光等联系信号装置。

⑤ 粒丸回收地槽应设有上下扶梯、照明和排水设施等。

⑥ 电动机的启动装置和配电设备应采用防爆型。

（9）油漆、涂料涂装作业应符合以下要求：

① 涂料库房应配备相应灭火器和黄沙等消防器材，并设有明显的防火安全警告标志。

② 工作现场宜配置通风设备或温控装置。

③ 配有供操作人员穿戴的工作服、防护眼镜、防毒口罩或供气式头罩或过滤式防毒面具。

④ 喷漆室和喷枪应设有避免静电聚积的接地装置。

（二）金结安装

（1）安装施工现场应符合以下要求：

① 应有足够的光源，必须照明充足。

② 潮湿部位应选用密闭型防水照明器或配有防水灯头的开启式照明器。

③ 应设有带有自备电源的应急灯等照明器材。

（2）用电线路宜采用装有漏电保护器的便携式配电箱。

（3）压力钢管安装应符合以下要求：

① 配备有联络通信工具。

② 洞、井内必须装设示警灯、电铃等。

③ 斜道内应安装爬梯。

④ 钢管上的焊接安装工作平台、挡板、支撑架、扶手、栏杆等应牢固稳定，临空边缘设有钢防护栏杆或铺设安全网等。

⑤ 洞内危石应清除干净或有可靠的锚固措施。

⑥ 配有足够供洞内人员佩带的安全帽、安全带、绝缘防护鞋等。

（4）各类埋件、闸门安装应符合以下要求：

① 门槽口应设有安全防护栏杆和临时盖板。

② 设有牢固的扶梯、爬梯等。

③ 有防火要求的设备和部位应设置挡板或盖板防护。

④ 搭设有满足人员、工件、工具等载重要求的工作平台，平台距工作面高度不应超过 1 m，平台的周边设有钢防护栏杆。

⑤ 闸门在拼装时，应有牢靠的防倾覆设施。

⑥ 闸门沉放时,底槛处、门槽口及启闭机室应设专人监护,并配备可靠联络通信工具。

九、水轮发电机组安装与调试安全管理

(一)水轮发电机组安装

(1)机组安装现场应设足够的固定和移动式照明,埋件安装、机坑、廊道和蜗壳内作业应采用低压照明,并备有应急灯。

(2)机组安装现场对预留进入孔、排水孔、吊物孔、放空阀等孔洞应加防护栏杆或盖板封闭。

(3)尾水管、肘管、座环、机坑里衬安装时,机坑内应搭设脚手架和安全工作钢平台,平台基础应稳固,并满足承载力要求。

(4)蜗壳安装高度超过2 m时,内外均需搭设脚手架和安全作业平台,并需铺设安全通道和护栏。

(5)水轮机室、蜗壳内等密闭场所进行焊接和打磨作业时应配备通风、除尘设施。

(6)尾水管、蜗壳内和水轮机过流面进行环氧砂浆作业时,应有相应的防火、防毒设施并设置安全围栏和警告标志。

(7)在专用临时棚内焊接分瓣转轮、定子干燥和转子磁极干燥时周围应设安全护栏和防静电、防磁等警告标志,并配有专门的消防设施。

(8)发电机下部风洞盖板、机架及风闸基础埋设时,应搭设与水轮机室隔离封闭的钢平台,其承载力必须满足安全作业要求。

(9)机组零部件使用脱漆剂清扫去锈时,作业人员应佩带防毒口罩和皮手套,进入转轮体内或轴孔内清扫时,应设置通风设施,清扫去锈施工现场还应设临时围栏和消防设施。

(10)在机坑内进行定子组装、铁芯叠装和定子下线作业时,应搭设牢固的脚手架、安全工作平台和爬梯。临空面必须设防护栏杆并悬挂安全网,定子上端与发电机层平面应设安全通道和护栏。

(11)转子铁片堆积时,铁片堆放应整齐、稳固并留有安全通道,转子外围应搭设宽度不小于1.2 m的安全工作平台,转子支架上平台之间必须铺满木板或钢板,并设置上下转子的钢梯或木梯。

(12)定子线棒环氧浇灌,定子、转子喷漆,以及机组内部喷(刷)漆时,应配备消防、通风、防毒设施,周围应设围栏和警告标志。

(13)与安装机组相邻的待安装机组周围必须设安全防护栏杆,并悬挂警告标志。

(14)运行机组与安装机组之间应采用围栏隔离,并悬挂警告标志。

(二)电气设备安装

(1)变压器安装应符合以下规定:
① 设置保护网门和安全防护栏杆。
② 蓄油坑装有盖板。
③ 搭设操作平台,并设有爬梯、安全绳、安全带等。
④ 现场设有通风及消防装置。
(2)GIS(气体绝缘全封闭组合电器)安装应符合以下要求:
① GIS安装前,应搭设有作业平台和脚手架,平台周围应设有防护栏杆和地脚挡板,并有

爬梯。

② GIS 安装时,应有 SF6 气体回收装置和漏气监测装置。

(3) 高压试验现场应设围栏,并悬挂"高压有电"警告标志。高压设备安装应设有爬梯,高压试验设备外壳应接地良好(含试验仪器),接地电阻不得大于 4 Ω。

(4) 高层构架上的爬梯应焊接成整体,不得虚架,并设走道板和防护栏杆等。

(5) 在带电高压设备附近作业时,应有预防感应电击人的防护措施。

(6) 母线焊接场地应设有通风设施,并配有足够的防护口罩等个体防护用品。

(7) 蓄电池安装时,蓄电池室应设有通风设施和供水设施,备有防酸和防铅中毒的防护衣和橡皮手套等,并配有适量相应的灭火器材。

(三)水轮发电机组调试

(1) 水轮发电机组整个运行区域与施工区域之间必须设安全隔离围栏,在围栏入口处应设专人看守,并挂"非运行人员免进"的标志牌,在高压带电设备上均应挂"高压危险""请勿合闸"等标志牌。

(2) 吊物孔、临时未形成永久盖板的孔洞等应制作临时盖板,盖板强度应满足相应安全要求,运行现场临时通道应牢固、可靠。

(3) 运行现场临时用电部位,应设带有漏电保护器的低压配电箱。

(4) 在低压配电设备前后两侧的操作维护通道上,均应铺设绝缘垫。

(5) 水轮机层、发电机层、开关室、电缆屋、附属设备等处均应配备足够的消防器材。

(6) 厂房运行区域通风系统应完善可靠,在通风不良的部位应增设临时通风设施。GIS设备检修时,应配有氧气探测仪。

(7) 机组调试过程中,对需要测量机组运行情况的部位应设可靠的临时测量平台和爬梯等。

第四节 文明施工与施工现场环境保护

一、文明施工

1. 文明施工的概念

文明施工是保持施工现场良好的作业环境、卫生环境和工作秩序的施工制度,其主要包括以下几个方面的工作:

(1) 规范施工现场的场容,保持作业环境的整洁卫生。

(2) 科学组织施工,使生产有序进行。

(3) 减少施工对周围居民和环境的影响。

(4) 遵守施工现场文明施工的规定和要求,保证职工的安全和身体健康。

2. 文明施工的意义

1) 文明施工能促进企业综合管理水平的提高

保持良好的作业环境和秩序,对促进安全生产、加快施工进度、保证工程质量、降低工程成本、提高经济和社会效益有较大作用。文明施工涉及人、财、物各个方面,贯穿于施工全过程之中,体现了企业在工程项目施工现场的综合管理水平。

2)文明施工适应了现代化施工的客观要求

现代化施工更需要采用先进的技术、工艺、材料、设备和科学的施工方案,需要严密组织、严格要求、标准化管理和较好的职工素质等。文明施工能适应现代化施工的要求,是实现优质、高效、低耗、安全、清洁、卫生的有效手段。

3)文明施工代表企业的形象

良好的施工环境与施工秩序可以使企业得到社会的支持和信赖,提高企业的知名度和市场竞争力。

4)文明施工有利于员工的身心健康,有利于培养和提高施工队伍的整体素质

文明施工可以提高职工队伍的文化、技术和思想素质,培养尊重科学、遵守纪律、团结协作的大生产意识,促进企业精神文明建设,从而促进施工队伍整体素质的提高。

二、施工现场环境保护

(一)施工现场环境保护的意义

1. 保护和改善施工环境是保证人们身体健康和社会文明的需要

采取专项措施防止粉尘、噪声和水源污染,保护好作业现场及其周围的环境是保证职工和相关人员身体健康、体现社会总体文明的一项利国利民的重要工作。

2. 保护和改善施工现场环境是消除外部干扰、保护施工顺利进行的需要

随着人们的法制观念和自我保护意识的增强,尤其对距离当地居民或公路等较近的项目,施工扰民和影响交通的问题比较突出,项目经理部应针对具体情况及时采取防治措施,减少对环境的污染和对他人的干扰,这也是施工生产顺利进行的基本条件。

3. 保护和改善施工环境是现代化大生产的客观要求

现代化施工广泛应用新设备、新技术、新的生产工艺,对环境质量要求很高,如果粉尘、振动超标就可能损坏设备、影响功能发挥,使设备难以发挥作用。

4. 节约能源、保护人类生存环境、保证社会和企业可持续发展的需要

人类社会即将面临环境污染危机的挑战。为了保护子孙后代赖以生存的环境,每个公民和企业都有责任和义务保护环境。良好的环境和生存条件也是企业发展的基础和动力。

(二)施工现场环境保护措施

1. 确立环境保护目标,建立环境保护体系

施工企业在施工过程中要认真贯彻落实国家有关环境保护的法律、法规和规章,做好施工区域的环境保护工作,对施工区域外的植物、树木尽量维持原状,防止由于工程施工造成施工区附近地区的环境污染,加强开挖边坡治理,防止冲刷和水土流失。积极开展尘、毒、噪音治理,合理排放废渣、生活污水和施工废水,最大限度地减少施工活动给周围环境造成的不利影响。

施工企业应建立由项目经理领导下,生产副经理具体管理、各职能部门(工程管理部、机电物资部、质量安全部等)参与管理的环境保护体系。工程开工前,施工单位要编制详细的施工

区和生活区的环境保护措施计划,根据具体的施工计划制定与工程同步的防止施工环境污染的措施,认真做好施工区和生活营地的环境保护工作,防止工程施工造成施工区附近地区的环境污染和破坏。质量安全部全面负责施工区及生活区的环境监测和保护工作,定期对本单位的环境事项及环境参数进行监测,积极配合当地环境保护行政主管部门对施工区和生活营地进行的定期或不定期的专项环境监督监测。

2. 防止扰民与污染

(1) 工程开工前,编制详细的施工区和生活区的环境保护计划,施工方案尽可能减少对环境产生不利影响。

(2) 与施工区域附近的居民和团体建立良好的关系。可能造成噪声污染的,事前通知,随时通报施工进展,并设立投诉热线电话。

(3) 采取合理的预防措施避免扰民施工作业,以防止公害的产生为主。

(4) 采取一切必要的手段防止运输的物料进入场区道路和河道,并安排专人及时清理。

(5) 由于施工活动引起的污染,采取有效的措施加以控制。

3. 保护空气质量

(1) 减少开挖过程中产生大气污染的措施。

① 岩石层尽量采用凿裂法施工。工程开挖施工中,表层土和砂卵石覆盖层可以用一般常用的挖掘机械直接挖装,岩石层的开挖尽量采用凿裂法施工,或者采用凿裂法适当辅以钻爆法施工,降低产尘率。

② 钻孔和爆破过程中尽量减少粉尘污染。钻机安装除尘装置,减少粉尘;运用产尘较少的爆破技术,如正确运用预裂爆破、光面爆破或缓冲爆破、深孔微差挤压爆破等,都能起到减尘作用。

③ 湿法作业。凿裂和钻孔施工尽量采用湿法作业,减少粉尘。

(2) 水泥、粉煤灰的防泄漏措施。在水泥、粉煤灰运输装卸过程中,保持良好的密封状态,并由密封系统从罐车卸载到储存罐,储存罐安装警报器,所有出口配置袋式过滤器,并定期对其密封性能进行检查和维修。

(3) 混凝土拌和系统防尘措施。混凝土拌和楼安装除尘器,在拌和楼生产过程中,除尘设施同时运转使用。制定除尘器的使用、维护和检修制度及规程,使其始终保持良好的工作状态。

(4) 机械车辆使用过程中,加强维修和保养,防止汽油、柴油、机油的泄露,保证进气、排气系统畅通。

(5) 运输车辆及施工机械,使用 0♯柴油和无铅汽油等优质燃料,减少有毒、有害气体的排放量。

(6) 采取一切措施尽可能防止运输车辆将砂石、混凝土、石碴等撒落在施工道路及工区场地上,安排专人及时进行清扫。场内施工道路保持路面平整、排水畅通,并经常检查、维护及保养。晴天洒水除尘,道路每天洒水不少于4次,施工现场不少于2次。

(7) 不在施工区内焚烧会产生有毒或恶臭气体的物质。因工作需要时,报请当地环境行政主管部门同意,采取防治措施,方可实施。

4. 加强水质保护

(1) 砂石料加工系统生产废水的处理。生产废水经沉砂池沉淀,去除粗颗粒物后,再进入反应池及沉淀池，为保护当地水质，实现废水回用零排放，在沉淀池后设置调节池及抽水泵，将经过处理后的水储存于调节池，采取废水回收循环重复利用，损耗水从河中抽水补充，与废水一并处理再用。在沉淀池附近设置干化池，沉淀后的泥浆和细砂由污水管输送到干化池，经干化后运往附近的渣场。

（2）混凝土拌和楼生产废水集中后经沉淀池二级沉淀，充分处理后回收循环使用，沉淀的泥浆定期清理送到渣场。

（3）机修含油废水一律不直接排入水体，集中后经油水分离器处理，使出水中的矿物油浓度达到 5 mg/L 以下，对处理后的废水进行综合利用。

（4）施工场地修建给排水沟、沉沙池，减少泥沙和废渣进入江河。施工前制定施工措施，做到有组织地排水。土石方开挖施工过程中，保护开挖邻近建筑物和边坡的稳定。

（5）施工机械、车辆定时集中清洗。清洗水经集水池沉淀处理后再向外排放。

（6）生产、生活污水采取治理措施，对生产污水按要求设置水沟塞、挡板、沉砂池等净化设施，保证排水达标。生活污水先经化粪池发酵杀菌后，按规定集中处理或由专用管道输送到无危害水域。

（7）每月对排放的污水监测一次，发现排放污水超标，或排污造成水域功能受到实质性影响，立即采取必要治理措施进行纠正处理。

5. 加强噪声控制

（1）严格选用符合国家环保标准的施工机具。尽可能选用低噪声设备，对工程施工中需要使用的运输车辆以及打桩机、混凝土振捣棒等施工机械提前进行噪声监测，对噪声排放不符合国家标准的机械，进行修理或调换，直至达到要求为止。加强机械设备的日常维护和保养，降低施工噪声对周边环境的影响。

（2）加强交通噪声的控制和管理。合理安排车辆运输时间，限制车速，禁鸣高音喇叭，避免交通噪声污染对敏感区的影响。

（3）合理布置施工场地，隔音降噪。合理布置混凝土及砂浆搅拌机等机械的位置，尽量远离居民区。空压机等产生高噪声的施工机械尽量安排在室内或洞内作业；如不能避免，须露天作业的，应建立隔声屏障或隔声间，以降低施工噪声；对振动大的设备使用减振机座，以降低声源噪声；加强设备的维护和保养。

6. 固体废弃物处理

（1）施工弃渣和生活垃圾以《中华人民共和国固体废物污染环境防治法》为依据，按设计和合同文件要求送至指定弃渣场。

（2）做好弃渣场的综合治理。要采取工程保护措施，避免渣场边坡失稳和弃渣流失。按照批准的弃渣规划有序地堆放和利用弃渣，堆渣前进行表土剥离，并将剥离表土合理堆存。完善渣场地表给排水规划措施，确保开挖的渣场边坡稳定，防止因任意倒放弃渣而降低河道的泄洪能力，影响其他承包人的施工，危及下游居民的安全。

（3）施工后期对渣场坡面和顶面进行整治，使场地平顺，利于复耕或覆土绿化。

（4）保持施工区和生活区的环境卫生，在施工区和生活营地设置足够数量的临时垃圾贮存设施，防止垃圾流失，定期将垃圾送至指定垃圾场，按要求进行覆土填埋。

（5）遇有含铅、铬、砷、汞、氰、硫、铜、病原体等有害成分的废渣，要报请当地环保部门批准，在环保人员指导下进行处理。

7. 水土保持

(1) 按设计和合同要求合理利用土地。不因堆料、运输或临时建筑而占用合同规定以外的土地,施工作业时表面土壤妥善保存,临时施工完成后,恢复原来地表面貌或覆土。

(2) 施工活动中采取设置给排水沟和完善排水系统等措施,防止水土流失,防止破坏植被和其他环境资源。合理砍伐树木,清除地表余土或其他地物,不乱砍、滥伐林木,不破坏草灌等植被;进行土石方明挖和临时道路施工时,根据地形、地质条件采取工程或生物防护措施,防止边坡失稳、滑坡、坍塌或水土流失;做好弃渣场的治理措施,按照批准的弃渣规划有序地堆放和利用弃渣,防止任意倒放弃渣,阻碍河、沟等水道,降低水道的行洪能力。

8. 生态环境保护

(1) 尽量避免在工地内造成不必要的生态环境破坏或砍伐树木,严禁在工地以外砍伐树木。

(2) 在施工过程中,对全体员工加强保护野生动植物的宣传教育,提高保护野生动植物和生态环境的认识,注意保护动植物资源,尽量减轻对现有生态环境的破坏,创造一个新的良性循环的生态环境。不捕猎和砍伐野生植物,不在施工区水域捕捞任何水生动物。

(3) 在施工场地内外发现正在使用的鸟巢或动物巢穴及受保护动物,要妥善保护,并及时报告有关部门。

(4) 施工现场内有特殊意义的树木和野生动物生活,设置必要的围栏并加以保护。

(5) 在工程完工后,按要求拆除有必要保留的设施外的施工临时设施,要清除施工区和生活区及其附近的施工废弃物,完成环境恢复。

9. 文物保护

(1) 对全体员工进行文物保护教育,提高保护文物的意识和初步识别文物的能力。认识到地上、地下文物都归国家所有,任何单位或个人不能据为己有。

(2) 施工过程中,发现文物(或疑为文物)时,立即停止施工,采取合理的保护措施,防止移动或破坏,同时将情况立即通知业主和文物主管部门,执行文物管理部门关于处理文物的指示。

施工工地的环境保护不仅仅是施工企业的责任,同时也需要业主的大力支持。在施工组织设计和工程造价中,业主要充分考虑到环境保护因素,并在施工过程中进行有效监督和管理。

思　考　题

1. 简述施工现场安全管理的任务。

2. 安全管理的程序是什么?

3. 试述施工现场的不安全因素有哪些。

4. 施工现场安全管理的措施有哪些?

5. 简述文明施工的意义。

6. 简述施工现场环境保护措施有哪些。

第十章　施工现场收尾管理

教学重点:施工现场收尾管理的工作内容、竣工决算的主要依据、竣工决算的程序。

教学目标:了解施工现场收尾管理的工作内容;熟悉竣工决算的主要依据;掌握竣工决算的程序。

第一节　收尾管理基本知识

收尾阶段是建设项目生命周期的最后阶段,没有这个阶段,项目就不能正常投入使用。如果不能做好收尾工作,项目各相关人就不能终止他们完成本项目所承担的义务和责任,也不能从项目中获取应得的利益。因此,当项目的所有活动均已完成,或者虽未完成,但由于某种原因而必须停止并结束时,项目经理部应当做好项目收尾管理工作。

一、收尾管理的要求

建设项目收尾阶段的管理工作应符合下列要求:

(1)项目竣工收尾。在项目竣工验收前,施工项目经理应检查合同约定的哪些工作内容已经完成,或完成到什么程度,并将检查结果记录形成文件;总分包之间还有哪些连带工作需要收尾接口,项目近外层和远外层还有什么工作需要沟通协调等,以保证竣工收尾完成。

(2)项目竣工验收。项目竣工收尾工作内容按计划完成后,除了承包人的自检评定外,应及时向发包人提交竣工工程申请验收报告。发包人应根据竣工验收法规,向参与项目各方发出竣工验收通知单,组织进行项目竣工验收。

(3)项目竣工结算。项目竣工验收条件具备后,承包人应按合同约定和工程价款结算的规定,及时编制并向发包人递交项目竣工结算报告及完整的结算资料,经双方确定后,按有关规定办理项目竣工结算。办完竣工结算,承包人应履约按时移交工程成品,并建立交接记录,完善交工手续。

(4)项目竣工决算。项目竣工结算是由项目发包人(业主)编制的项目从筹建到竣工投产或使用全过程的全部实际支出费用的经济文件。竣工结算综合反映了竣工项目的建设成果和财务情况,是竣工验收报告的重要组成部分。

(5)项目回访保修。项目竣工验收后,承包人应按工程建设法律、法规的规定,履行工程质量保修义务,并采取适宜的回访方式为顾客提供售后服务。

(6)项目考核评价。项目结束后,应对项目管理的运行情况进行全面评价。通过定量指标和定性指标的分析、比较,从不同的管理范围总结项目管理经验,找出差距,提出改进处理意见。

二、收尾管理的内容

项目收尾管理的内容,是指项目收尾阶段的各项工作内容,主要包括竣工收尾、竣工结算、竣工决算、回访保修、考核评价等方面的管理工作。

建筑工程项目收尾管理工作的具体内容如图 10-1 所示。

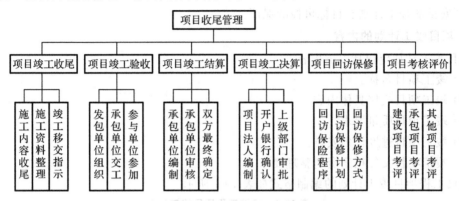

图 10-1　建设项目收尾管理工作内容示意图

第二节　工程竣工管理

工程项目竣工验收、交付使用,是项目生命期的最后一个阶段,是检验项目管理好坏和项目目标实现程度的关键阶段,也是工程项目从实施到投入运行使用的衔接转换阶段。

从宏观上看,工程项目竣工验收是全面考核项目建设结果,检验项目决策、设计、施工、设备制造、管理水平,总结工程项目建设经验的重要环节。一个工程项目建成投产并交付使用后,能否取得预想的宏观效益,需经过国家权威性管理部门按照技术规范、技术标准组织验收确认。

从投资者角度看,工程项目竣工验收是投资者全面检验项目目标实现程度,并就工程投资、工程进度和工程质量进行审查认可的关键。它不仅关系到投资者在项目建设周期的经济利益,也关系到项目投产后的运营效果。因此,投资者应重视和集中力量组织好竣工验收,并督促承包者抓紧收尾工程,通过验收发现隐患、消除隐患,为项目正常生产、迅速达到设计能力创造良好条件。

从承包者角度看,工程项目竣工验收是承包者对所承担的施工工程接受投资者全面检验,按合同全面履行义务,按完成的工程量收取工程价款,积极主动配合投资者组织好试生产、办理竣工工程移交手续的重要阶段。

一、竣工计划

建设项目进入竣工收尾,项目经理部应全面负责项目竣工收尾工作,组织编制详细的项目竣工计划,采取有效措施逐项落实。

1. 建设项目竣工计划的编制程序

建设项目竣工计划的编制应按下列程序进行:

（1）制订项目竣工计划。项目收尾应详细整理项目竣工的工程内容，列出清单，做到安排的竣工计划有切实可靠的依据。

（2）审核项目竣工计划。项目经理应全面掌握项目竣工收尾条件，认真审核项目竣工内容，做到安排的竣工计划有切实可行的措施。

（3）批准项目竣工计划。上级主管部门应调查核实项目竣工收尾情况，按照报批程序执行，做到安排的竣工计划有目标可控的保证。

2. 项目竣工计划的内容

项目竣工计划应包括以下内容：

（1）竣工项目名称。

（2）竣工项目收尾具体内容。

（3）竣工项目质量要求。

（4）竣工项目进度计划安排。

（5）竣工项目文件档案资料整理要求。

建设工程项目竣工计划的编制格式如表 10-1 所示。

表 10-1　建设工程项目竣工计划

序号	收尾项目名称	简要内容	起止时间	作业队组	班组长	竣工资料	整理人	验证

3. 项目竣工计划的审核

施工项目经理应定期和不定期地组织对项目竣工计划进行审核。有关施工、质量、安全、材料、作业等技术、管理人员要积极协助配合，对列入计划的收尾、修补、成品保护、资料整理、场地清扫等内容，要按分工原则逐项检查核对，做到完工一项，验证一项，消除一项，不给竣工收尾留下遗憾。

项目竣工计划的审核应依据法律、行政法规和强制性标准的规定严格进行，发现偏差要及时进行调整、纠偏，发现问题要强制执行整改。竣工计划的审核应满足下列要求：

（1）全部收尾项目施工完毕，工程符合竣工验收条件的要求。

（2）工程的施工质量结果自检合格，各种检查记录、评定资料齐备。

（3）水、电、气、设备安装、智能化等试验、调试达到使用功能的要求。

（4）建筑物室内外做到文明施工，四周 2 m 以内的场地达到了工完、料净、场地清。

（5）工程技术档案和施工管理资料收集整理齐全，装订成册，符合竣工验收规定。

二、竣工自查与验收

（一）建设项目竣工自查

项目经理部完成项目竣工计划，确定达到较高条件后，应按规定向所在企业报告，进行项目竣工自查验收，填写工程质量竣工验收记录、工程质量观感记录表，并对工程施工质量作出合格结论。

建设工程项目竣工自查的步骤如下：

（1）由一家承包人独立承包的施工项目，应由企业技术负责人组织项目经理部的施工项目经理、技术负责人、施工管理人员和企业的有关部门对工程质量进行检查验收，并做好质量检验记录。

（2）依法实行总分包的项目，应按照法律、行政法规的规定，承担质量连带责任，按规定的程序进行自检、复查和报审，直到项目竣工交接报验结束为止。

（3）当项目达到竣工报验条件后，承包人应向工程监理机构递交工程竣工报验单，提请监理机构组织竣工预验收，审查工程是否符合正式竣工验收的条件。

（二）竣工验收

工程项目的竣工验收是施工全过程的最后一道程序，也是工程项目管理的最后一项工作。它是建设投资成果转入生产或使用的标准，也是全面考核投资效益、检验设计和施工质量的重要环节，是项目业主、合同商向投资者汇报建设成果和交付新增固定资产的过程。按照我国政府的有关规定，所有完工的新建项目和技术改造项目都必须进行竣工验收。竣工验收是国内投资项目在后评价之前最重要的环节，项目竣工验收的内容、方法和资料又是进行项目后评价的重要基础。

1. 竣工验收的条件

建设工程符合以下条件方可组织竣工验收：

（1）建设工程按照工程合同的规定和设计的要求，完成了全部施工任务，达到了国家规定的质量标准，能够满足生产和使用的要求。

（2）施工单位在工程完工后对工程质量进行了检查，确认工程质量符合有关法律、法规和工程建设强制性标准，符合设计文件及合同要求，并提出工程竣工报告。工程竣工报告应经施工单位法定代表人和工程施工项目经理审核签字。

（3）对于实行监理的工程项目，监理单位对工程进行了质量评估，并提出工程质量评估报告。工程质量评估报告应经总监理工程师和监理单位法定代表人签字。

（4）勘察、设计单位对勘察、设计文件及施工过程中由设计单位签署的设计变更通知书进行了检查，并提出质量检查报告。质量检查报告应经项目勘察、设计负责人和勘察、设计单位法定代表人审核签字。

（5）有国家和省规定的完整的技术档案和施工管理资料。

（6）主要建筑材料、建筑构配件和设备有按国家和省规定的质量合格文件及进场试验报告。

（7）建设单位已按照合同约定支付工程款。

（8）建设单位和施工单位已签订工程质量保修书。

（9）城乡规划行政主管部门对工程是否符合规划设计要求进行检查，并出具认可文件。

（10）居住建筑及其附属设施应达到节能标准，并出具建筑节能部门颁发的节能建筑认定书。

（11）法律、行政法规规定应当由公安、消防、环保、气象等部门出具认可文件或者准许使用证书。

（12）上级主管部门及其委托的工程质量监督机构等有关部门责令整改的问题全部整改

完毕。

2. 竣工验收的依据

水利工程项目竣工验收主要依据以下几个方面:

(1) 有关标准及规范:

① 业主与承包商签订的工程合同和其他相关合同;

② 有关竣工验收标准;

③ 有关规范,主要是指现行的水利水电工程施工验收规范。

(2) 工程资料:

① 批准的设计任务书及有关文件;

② 施工图纸和设备技术说明书,以及上级主管部门的有关文件;

③ 设计变更和技术核定单;

④ 永久性水准点坐标位置,建筑物、构筑物在施工过程中的测量定位记录,沉降观测及变形观测记录;

⑤ 施工记录,隐蔽工程记录,工程事故的发生和处理记录,试验、检验记录,材料、构配件及设备的质量合格证明;

⑥国外引进新技术或成套设备项目的有关技术资料及验收记录。

3. 建设工程项目竣工验收的程序

建设工程项目竣工验收工作通常按图 10-2 所示程序进行。

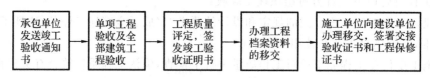

图 10-2　建筑工程项目竣工验收程序

(1) 发送竣工验收通知书。项目完成后,承包人应在检查评定合格的基础上,向发包人递交预约竣工验收的书面通知,提交工程竣工报告,说明拟交工程项目的情况,商定有关竣工验收事宜,说明竣工验收前的准备情况,包括施工现场准备和竣工资料审查结论。发出预约竣工验收的书面通知应表达两个含义:① 承包人按施工合同的约定已全面完成建设工程施工内容,预验收合格;②请发包人按合同的约定和有关规定,组织施工项目的正式竣工验收。

竣工验收通知书的格式如下。

竣工验收通知书

××××(发布单位名称):

根据施工合同的约定,由我单位承建的××××工程,已于××××年××月××日竣工,经自检合格,监理单位审查认可,可以正式组织竣工验收。请贵公司接到通知后,尽快洽谈,组织有关单位和人员于××××年××月××日前进行竣工验收。

附件:1. 工程竣工报验单

　　　2. 工程竣工报告

××××(单位公章)

年　　月　　日

（2）正式验收。项目正式验收的工作程序一般分两个阶段进行。

① 单位工程验收。建设项目中一个单位工程，按设计图纸的内容和要求建成，并能满足生产和使用要求，达到竣工标准时，可单独整理施工技术资料及试车记录等，进行工程质量评定，组织竣工验收和办理固定资产转移手续。

② 全部验收。整个建设项目按设计要求全部建成，并符合竣工验收标准时，组织竣工验收，办理工程档案移交及工程保修等移交手续。在全部验收时对已验收的单位工程不再办理验收手续。

（3）进行工程质量评定，签发竣工验收证明书。验收小组或验收委员会根据设计图纸和设计要求，以及国家规定的工程质量验收标准，提出验收意见，在确认工程符合竣工标准和合同款项规定之后，应向施工单位签发竣工验收证明书。

（4）进行工程档案资料的移交。在工程竣工后，应立即将全部工程档案资料按单位工程分类立卷，装订成册，然后列出工程档案资料移交清单，注册资料编号、专业、档案资料内容、页数及附注。双方按清单上所列资料，查点清楚，移交后，双方各自保存一份，以备查对。

（5）办理工程移交手续。工程验收完毕，施工单位要向建设单位逐项办理工程和固定资产移交手续，并签署交接竣工验收证明书和工程保修证书。

4. 建设工程竣工验收的内容

竣工验收一般包括竣工技术资料的审查和工程实体的检验两项主要工作。

（1）竣工技术资料的审查内容一般包括：

① 竣工图纸（包括原设计图及变更修改后的）。

② 竣工测试记录、隐蔽工程的签证。

③ 重大障碍、事故的处理记录，已完成的工程量清单。

④ 其他相关资料，包括设计变更通知，开、停、复、竣工报告，工程洽商记录等。

（2）工程实体的检验。工程实体的检验主要是依据设计文件和合同中明确的工程建设内容和质量标准，按照国家、行业主管部门颁布的相关的竣工技术验收规范，对拟验工程实体的数量和质量进行检验。发现问题，明确责任，提出整改意见。工程实体的检验主要包括以下内容：

① 隐蔽工程验收。隐蔽工程是指在施工过程中上一道工序的工作结束被下一道工序所掩盖，而无法进行复查的部位。对这些工程在下一道工序施工前，建设单位驻现场人员应按照设计要求及施工规范的规定，及时签署隐蔽工程记录手续，以便施工单位继续进行下一道工序的施工，同时将隐蔽工程记录交施工单位归入技术资料；如不符合有关规定，应以书面形式告诉施工单位，令其处理，符合要求后再进行隐蔽工程验收与签证。

② 分项工程验收。对于重要的分项工程，建设单位或其他代表应按工程合同的质量等级要求，根据该工程施工的实际情况，参照质量评定标准进行验收。在分项工程验收中，必须严格按照有关验收规范选择检查点数，然后计算检验项目和实测项目的合格或优良的百分比，最后确定出该分项工程的质量等级，从而确定能否验收。

③ 分部工程验收。在分项工程验收的基础上，根据各分项工程质量验收结论对照分部工程的质量等级，以便决定是否验收。另外，单位或分部土建工程完工后交转安装工程施工前，

或中期其他工程,均应进行中间验收,施工单位得到建设单位或中间验收认可的凭证后,方可继续施工。

④ 单位工程竣工验收。在分项工程和分部工程验收的基础上,施工单位自行组织有关人员进行检查评定。自行验收合格后提交竣工验收报告(申请验收)。建设单位收到竣工验收报告后,由建设单位(项目)负责人组织施工(含分包)、设计、监理等单位(项目)负责人进行单位工程验收。分包单位对所承包的工程项目检查评定,总包单位派人参加,验收合格后将资料交总包单位。当参加验收各方对工程质量验收意见不一致时,可请当地行业主管部门或工程质量监督机构协调处理。

通过对分项、分部工程质量等级的统计推断,结合直接反映单位工程结构的资料及性能质量保证资料,便可系统地检查结构的安全,是否达到设计要求;再结合观感等直接检查以及对整个单位工程进行全面的综合评定,从而决定是否验收。

⑤ 全部验收。全部验收是指整个建设项目按设计要求全部建设完成,并已符合竣工验收标准,施工单位预验通过,建设单位初验认可,由建设单位主持,设计单位、施工单位、档案管理机关、行业主管部门参加的正式验收。在整个项目进行全部验收时,对已验收过的单项工程,可以不再进行正式验收和办理验收手续,但应将单位工程验收单作为全部工程验收的附件而加以说明。

5. 建设工程竣工验收报告

工程竣工验收报告是指建设单位组织的工程竣工验收所形成的,以证明工程项目符合竣工验收条件,可以投入使用的文件。项目竣工验收应依据批准的建设文件的规定和合同约定的竣工验收要求,提出工程竣工验收报告,有关承发包当事人和项目相关组织应签署验收意见,签名并盖单位印章。

工程竣工验收报告主要包括以下几个方面的内容:

(1)建设依据,包括简要说明项目可行性研究报告批复或计划任务书和核准单位及批准文号、批准的建设投资和工程概算(包括修正概算)、规定的建设规模及生产能力、建设项目包干协议的主要内容。

(2)工程概括,包括:

① 工程前期工作及实验情况。

② 设计、施工、总承包、建设监理、设备供应商、质量监督机构等单位。

③ 各单项工程的开工及完工日期。

④ 完成工作量及形成的生产能力(详细说明工程提前或延迟原因和生产能力与原计划有出入的原因,以及建设中为保证原计划实施所采取的对策)。

(3)初验与试运行情况,包括初验时间与初验的主要结论以及试运情况(应附初验报告及试运转主要测试指标,试运转时间一般为 3~6 个月)。

(4)竣工决算概况,包括概算(修正概算)、预算执行情况与初步决算情况,并进行建设项目的投资分析。

(5)工程技术档案的整理情况,包括:工程施工中的大事记载,各单位工程竣工资料、隐蔽工程随工验收资料,设计文件和图纸,监理文件,主要器材技术资料,以及工程建设中的来往文件等整理归档的情况。

（6）经济技术分析，包括：

① 主要技术指标测试值及结论。

② 工程质量分析，以及对施工中发生的质量事故处理后的情况说明。

③ 建设成本分析和主要经济指标，以及采用新技术、新设备、新材料、新工艺所获得的投资效益。

④ 投资效益分析，包括固定资产占投资的比例、企业直接收益、投资回报年限分析、盈亏平衡分析。

（7）投产准备工作情况，包括运行管理部门的组织结构、生产人员配备情况、培训情况及建立的运行规章制度的情况。

（8）收尾工程处理意见。

（9）对工程投产的初步意见。

（10）工程建设经验、教训及今后工作的建议。

三、项目竣工结算与决算

（一）项目竣工结算

项目竣工结算是指施工单位完成合同规定的承包工程，经验收质量合格，并且符合合同要求之后，根据工程实施过程中所发生的实际情况及合同的有关规定而编制的，向建设单位结算自己应得的全部工程价款的过程。通常通过编制竣工结算书来办理。单位工程或工程项目竣工验收后，施工单位应及时整理交工技术资料，绘制主要工程制图，编制竣工结算书，经建设单位审查确认后，由建设银行办理工程价款拨付。因此，竣工结算是施工单位确定工程的最后收入，进行经济核算及考核工程成本的依据，是总结和衡量企业管理水平的依据，也是建设单位落实投资额，拟付工程价款的依据。

1. 竣工结算依据

（1）《中华人民共和国合同法》《中华人民共和国招标投标法》《中华人民共和国预算法实施条例》等有关法律、行政法规。

（2）工程承包合同及补充协议、中标的投标书中的报价单。

（3）设计、施工图及设计变更通知单，施工变更记录。

（4）采用的有关工程额度、取费定额及调价规定。

（5）经审查批准的竣工图、工程竣工验收单、结算报告单等。

（6）工程质量保修书。

（7）其他有关资料。

2. 项目竣工结算原则

建设工程项目竣工结算的办理应遵循以下原则：

（1）以单位工程或合同约定的专业项目为基础，对工程量清单报价的主要内容，包括项目名称、工程量、单价或计算结果，进行认真检查和核对，根据中标价订立合同的，应对原报价单的主要内容进行检查和核对。

（2）在检查和核对过程中，发现有漏算、多算或计算误差的，应及时进行调整。

（3）多个单位工程组成的建设项目，应将各单位工程竣工结算书汇总，编制单项工程竣工综合结算书。

（4）多个单项工程组织成的建设项目，应将各单项工程综合结算书汇总，编制建设项目总结书，并编写编制说明。

3. 竣工结算程序

由于工程项目的施工周期比较长，很多工程是跨年度施工的，而且一个项目可能包括很多单位工程，涉及面广，因此办理竣工结算应按一定程序进行。图 10-3 所示的是工程竣工结算的程序。

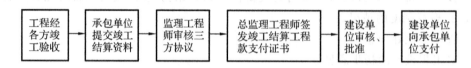

图 10-3　工程竣工结算基本程序

工程竣工结算报告的结算资料应按规定报企业主管部门审定，加盖专用章，在竣工验收报告认可后，在规定的期限内递交发包人或其委托的咨询单位审查。承发包双方应按约定的工程款及调价内容进行竣工结算。

工程竣工结算报告和结算资料递交后，施工项目经理应按照项目管理目标责任书的规定，配合企业主管部门，督促发包人及时办理竣工结算手续。企业预算部门应将结算资料送交财务部门，进行工程价款的最终结算和收款。发包人应在规定期限内支付竣工结算价款。

工程竣工结算后，承包人应将工程竣工结算报告及完整的结算资料纳入工程竣工资料，及时归档保存。

（二）竣工决算

项目竣工决算是在工程竣工验收交付使用阶段，由建设单位编制的建设项目从筹建到工程验收、交付使用全过程中实际支付的全部建设费用。它以实物数量和货币为计量单位，综合反映了竣工验收的建设项目的实际造价和投资效益。竣工决算是整个建设项目的最终价格，是工程竣工验收、交付使用的重要依据。通过竣工决算，一方面能够正确反映建设工程的实际造价和投资结果；另一方面可以通过竣工决算与概算、预算的对比分析，考核投资控制的工作成效，总结经验教训，积累技术经济方面的基础资料，提高未来建设工程的投资效益。

1. 项目竣工决算依据

编制项目竣工决算的主要依据如下：

（1）经批准的可行性研究报告及其投资估算书。

（2）经批准的初步设计或扩大初步设计及其总概算。

（3）经批准的施工图设计及其施工图预算。

（4）设计交底或图纸会审资料。

（5）合同文件。

（6）施工记录或施工签字单及其他施工发生的费用记录。

（7）竣工图及各种竣工验收资料。

（8）相关基建资料、财务决算及批复文件。

（9）设备、材料等调价文件和调价记录。

（10）有关财务核算制度、办法和其他有关资料、文件等。

2. 项目竣工决算内容

竣工决算的内容应包括从项目策划到竣工投产全过程的全部实际费用。竣工决算的主要内容包括项目竣工财务决算说明书、项目竣工决算报表、工程造价对比分析等三个部分。其中竣工财务决算说明书和竣工决算报表又合称为竣工财务决算表，它是竣工决算的核心内容。

（1）竣工财务决算报表。建设项目竣工财务表根据大、中型建设项目和小型建设项目分别制定。大、中型建设项目竣工决算报表包括：大、中型建设项目工程概况表（见表 10-2），大、中型建设项目竣工财务决算表（见表 10-3），大、中型建设项目交付使用资产总表（见表 10-4）。小型建设项目竣工财务决算报表包括小型建设项目交付使用资产明细表（见表 10-5）、小型建设项目竣工决算总表（见表 10-6）。

表 10-2 大、中型建设项目工程概况表

建设项目名称					项目	概算/元	实际/元	说明
建设地址		占地面积			建筑安装工程			
		设计	实际		设备、工具、器具			
新增生产能力	能力或效益名称	设计		实际	其他基本建设： 1. 土地征用费 2. 生产职工培训费 3. 施工机构迁移费 4. 建设单位管理费 5. 联合试车费 6. 出国考察费 7. 勘察设计费			
建设时间	计划	从　年　月开工至 　年　月竣工						
	实际	从　年　月开工至 　年　月竣工						
初步设计和概算批注机关日期、文号					合计			
完成主要工程量	名称	单位		数量	名称	单位	概算	实际
					钢材	t		
建筑面积和设备	m²	设计		实际	木材	m²		
	台/t				水泥	t		
收尾工程	工程内容	投资额	负责单位	完成时间	主要技术经济指标：			

表 10-3　大、中型建设项目竣工财务决算表

建设项目名称:

资金来源	金额/万元	资金运用	金额/万元	
一、基建预算拨款		一、交付使用财产		补充材料
		二、在建工程		
二、基建其他拨款		三、应核销投资支出		基本建设收入
		1.拨付其他单位基建款		
三、基建收入		2.移交其他单位未完工程		总计
		3.报废工程损失		
四、专项基金		四、应核销其他支出		其中:应上缴财政
		1.器材销售亏损		
五、应付款		2.器材损失		已上缴财政
		3.设备报废盈亏		
		五、器材		支出
		1.需要安装设备		
合计		2.库存材料		
		六、专用基金财产		
		七、应收款		
		八、银行存款及现金		
		合计		

表 10-4　大、中建设项目交付使用资产总表

建设项目名称:　　　　　　　　　　　　　　　　　　　　　　　　单位:元

工程项目名称	总计	固 定 资 产				流动资产
		合计	建筑安装工程	设备	其他费用	

交付单位盖章　　　　　　　　　　　　　　　　　　接收单位盖章

　年　月　日　　　　　　　　　　　　　　　　　　年　月　日

表 10-5　小型建设项目交付使用资产明细表

建设项目名称：

工程项目名称	建设工程			设备、器具、工具、家具					设备安装费
	结构	面积/m²	价值/元	名称	规格型号	单位	数量	价值/元	

交付单位盖章　　　　　　　　　　　　　　　　接收单位盖章

年　月　日　　　　　　　　　　　　　　　　　年　月　日

表 10-6　小型建设项目竣工决算总表

建设项目名称						项　目	金额	主要事迹说明
建设地址					资金来源	1.基建预算拨款 2.基建其他拨款 3.应付款 合计		
新增生产能力	能力或效益名称	设计	实际	初步设计或概算批准日期				
建设时间	计划	从　年　月开工至 　年　月竣工						
	实际	从　年　月开工至 　年　月竣工						
建设成本	项目		概算（元）	实际（元）	资金运用	1.交付使用固定资产 2.交付使用流动资产 3.应核销投资支出 4.应核销其他支出 5.库存设备、材料 6.银行存款及现金 7.应收款 合计		
	建筑安装过程 设备、工具、器具 其他基本建设 1.土地征用费 2.生产职工培训费 3.联合试车费 合计							

① 建设项目的概况，以及对工程总的评价：主要叙述建设项目的主要概况，对工程作出总的评价，一般从进度、质量、安全和造价、施工方面进行分析说明。进度方面主要说明开工和竣工时间，对照合理工期和要求，分析工期是提前还是延期；质量方面主要根据竣工验收委员会的验收评定结果；安全方面主要根据劳动工资和施工部门的记录，对有无设备和人身事故进行说明；造价方面主要对照概算造价，说明是节约还是超支，用金额和百分率分析说明。

② 资金来源及运用等财务分析：主要包括工程价款结算、会计账务处理、财产物资情况及债权债务的清偿情况。

③ 基本建设收入、投资包干结余、竣工结余资金的上交分配情况：通过对基本建设投资包干情况的分析，说明投资包干数、实际支用数和节约额、投资包干节余的有机构成和包干节余的分配情况。

④ 各项经济技术指标的分析：概算执行情况分析，根据实际投资完成额与概算进行对比分析；新增生产能力的效益分析，说明支付使用财产占总投资额的比例、占支付使用财产的比例、不增加固定资产的造价占投资总额的比例，分析有机构成和成果。

⑤ 工程建设的经验及项目管理和财务管理工作以及竣工财务决算中有待解决的问题。

⑥ 决算与概算的差异和原因分析。

⑦ 需要说明的其他事项。

（2）工程造价比较分析。对控制工程造价所采取的措施、效果及其动态变化进行认真的对比，总结经验教训。批准的概算是考核建设工程造价的依据。在分析时，可先对比整个项目的总概算，然后将建筑安装工程费、设备工器具费和其他工程费用逐一与竣工决算表中所提供的实际数据和相关资料及批准的概算指标、预算指标、实际的工程造价进行对比分析，以确定竣工项目总造价是节约还是超支，并在对比的基础上，总结先进经验，找出节约和超支的内容和原因，提出改进措施。在实际工作中，应主要分析以下内容：

① 主要实物工程量。对于实物工程量出入比较大的情况，必须查明原因。

② 主要材料消耗量。考核主要材料消耗量，根据竣工决算表中所列明的材料实际超概算的消耗量，查明是在工程的哪个环节超出量最大，再进一步查明超耗的原因。

③ 考核建设单位管理费、建筑安装工程费和间接费的取费标准。建设单位管理费、建筑安装工程费和间接费的取费标准要按照国家和各地的有关规定，根据竣工决算报表中所列的建设单位管理费与概预算所列的建设单位管理费数额进行比较，依据规定查明是否少列或多列费用项目，确定其节约或超支的数额，并查明原因。

3. 建设项目竣工决算的编制程序

项目进入竣工验收交付使用阶段，编制工程竣工决算时应遵循相应的程序，才能保证竣工决算工作准确、顺利地进行。工程竣工决算的编制程序如图 10-4 所示。

图 10-4 工程竣工决算程序

（1）收集、整理有关竣工决算依据。为了做好竣工决算工作，保证竣工决算编制的完整性，在进行项目竣工决算之前，应认真收集、整理有关的项目竣工决算编制依据，做好各项基础工作。项目竣工决算的编制依据主要有可行性研究报告、投资估算、设计文件及施工图、设计概算、变更记录、调价文件、批复文件、工程合同、工程结算、竣工档案等各种工程文件资料。

（2）清理项目账务、债务和结算物资。为了保证项目竣工决算编制工作能够准确有效地进行，在编制项目竣工决算时，一个主要的环节是对项目账务、债务和结余物资的清理核对。这项工作主要要认真核实项目交付使用资产的成本，做好各种账务、债务和结余物资的清理工作，做到及时清偿、及时回收。清理的具体工作要做到逐项清点、核实账目、整理汇总、妥善管理。

（3）填写项目竣工决算报告。项目竣工决算报告中的各种财务决算表格中的内容应依据编制资料进行认真计算和统计，按有关规定进行填写，使之能综合反映项目的建设成果。

（4）编写竣工决算说明书。项目竣工决算说明书综合反映了项目从筹建到竣工交付使用全过程的建设情况，包括项目建设成果和主要技术经济指标的完成情况。

（5）报上级审核。项目竣工决算编制完毕，应将编写的文字和说明及填写的各种报表、结果反复认真校核装订成册，形成完整的项目竣工决算文件报告，及时报上级审查。

思　考　题

1. 什么叫收尾管理？它包括哪些工作内容？

2. 什么叫竣工结算？什么叫竣工决算？它们两者之间有什么区别？

3. 竣工决算时的主要依据有哪些？竣工决算时遵循的程序是什么？

4. 承发包双方在办理竣工结算时采用的结算依据有哪些？按照什么样的原则来办理竣工结算？

参 考 文 献

[1] 龙振华,张保同,龙立华.水利工程资料整编[M].郑州:黄河水利出版社,2013.
[2] 龙振华,张保同,闫玉民,等.水利工程建设监理[M].武汉:华中科技大学出版社,2014.
[3] 王火利.水利水电工程建设项目管理[M].北京:中国水利水电出版社,2005.
[4] 丛培经.工程项目管理[M].北京:中国建筑工业出版社,2003.
[5] 陆惠民.工程项目管理[M].南京:东南大学出版社,2010.
[6] 陈建国.施工现场管理[M].北京:中国水利水电出版社,2010.
[7] 张玉福.水利工程施工组织与管理[M].郑州:黄河水利出版社,2012.
[8] 任金明.SL 303—2004.水利水电工程施工组织设计规范[S].北京:中国水利水电出版社,2005.
[9] 水利水电工程施工组织设计与施工新技术规范实施手册[M].长春:银声音像出版社,2004.
[10] 魏璇.水利水电工程施工组织设计指南(上)[M].北京:中国水利水电出版社,1999.
[11] 魏璇.水利水电工程施工组织设计指南(下)[M].北京:中国水利水电出版社,1999.
[12] 杨薇,郑崇军.水利工程质量事故分析及其处理[J].水利科技与经济,2011,17(4).
[13] 中国建设监理协会.建设工程成本管理[M].北京:知识产权出版社,2005.
[14] 钟汉华.水利水电工程施工组织与管理[M].北京:中国水利水电出版社,2005.
[15] 张守金.水利水电工程施工组织设计[M].北京:中国水利水电出版社,2008.
[16] 危道军.建筑施工组织[M].北京:中国建筑工业出版社,2004.
[17] 张守金.水利水电工程施工组织设计[M].北京:中国水利水电出版社,2008.
[18] 中国建设监理协会.建设工程成本管理[M].北京:知识产权出版社,2005.
[19] 孟秀英,谢永亮,段凯敏.水利工程施工组织与管理[M].武汉:华中科技大学出版社,2013.
[20] 史商于,陈茂明.工程招投标与合同管理[M].北京:科学出版社,2004.
[21] 康世荣.水利水电工程施工组织设计手册[M].北京:中国水利水电出版社,2003.
[22] 安静华.浅谈水利工程施工组织设计问题[J].科技情报开发与经济,2003,6.